創新創業

全方位必修課

張譯尹、劉逸平 著

五南圖書出版公司 印行

自序

　　我們持續致力於探索創新與創業領域，在結合理論與實務的旅程中，簡化成功案例輔以清晰的理論論述，才是幫助學習者按部就班地理解創新創業精髓的最佳方式，同時藉由兩者的相輔相成，期望能爲更多讀者提供啟發與方向。

　　《創新創業全方位必修課》是我們再版的心血之作，承襲《創新創業 12 堂課》，本書每一章仍都包含兩個精挑細選的精彩或經典個案，幫助讀者將理論與實務緊密結合，在具體情境中掌握章節重點，使本書不僅是學術教材，更是創業者與管理者的實用指南與解方。

　　此次改版的核心內容，特別新增了一些篇章以拓展產業應用廣度。例如：在行銷管理中增加了品牌行銷的探討；在財務預估部分納入了併購與家族企業的議題；也對應當前的永續發展趨勢，新增了永續商業模式的介紹，期盼讓更多產業能從中受益。同時，我們適當精簡了部分章節內容，在不影響理論豐富度的前提下，提升閱讀的流暢性與可用性。

　　案例的選取也隨著時代變遷與時俱進。我們更新了諸如黃仁勳與輝達（NVIDIA），以因應近年 AI 熱潮，並探討其背後的成功關鍵；也帶入更多本土創業案例如國介消防與雪坊優格。值得一提的是，雪坊／蔬軾在取得更大成功的同時，也讓我們得以大膽介紹更多本土新興案例，包括高洋一對一學習、懷生數位與晶翎美學診所等。這些案例不僅展現了創業初期的挑戰與策略，也爲讀者提供了長期觀察其成敗因素的寶貴視角，更爲我們充實了理論的實用性。

　　最後，感謝五南圖書出版公司的鼎力支持，讓本書得以嶄新面貌再次問世，又在更名再版之際，欣喜地見證五南榮獲博客來最佳專業教科書的榮耀，也與這份榮譽一同分享喜悅。並且，深深感謝家人親友耐心的陪伴，以及所有讀者的支持與期待，一起堅持這份努力的價值。

　　「創新把靈感具體化，創業則落實推動這份理想。」然而創業維艱，期盼本書能成爲您探索創業路途中的良師益友，助您在激烈競爭的浪潮中，乘風破浪，開創屬於自己的未來。

目 錄

Part 3　新創企業管理　　249

Part 1

創業家與創新管理

Chapter

1

創新創業心理學

個案介紹

案例 1-1 / AI 教父黃仁勳的創業家性格

2024 年的臺北國際電腦展（computex）再度成為世界目光的焦點，不為別的，就是因為 NVIDIA（輝達）創辦人、臺灣黃仁勳，再度重磅來臺——而這次，更是帶著「AI 教父」的光環，也同時讓臺灣 AI 供應鏈一躍進入世界的目光而來！

當然，「AI 教父」是臺灣新聞媒體給的稱號，因為黃仁勳既沒有發明或開創出 AI，也不是這波 chatGPT 的創辦人，但別誤會，他仍值得榮膺這個稱號，畢竟他是最初提供 OpenAI 運算力設備的人，更是 chatGPT 開啟了 AI 平民化時代的幕後重要推手。而且，你知道的，不只如此！

有趣的是，這波黃仁勳旋風，不僅吹起了臺灣 AI 的驕傲，更帶來更多話題，包括創業前後的故事、公司領導風格、與客戶或供應商的互動……等，尤其，你何時看過臺灣半導體教父張忠謀與廣達林百里一起逛寧夏夜市呢？若非這位超級重量級的客戶，怎可能有此機會？！

除了看看熱鬧，我們藉由這次難得的近距離觀察報導，綜合幾次專訪與演講的內容，深入淺出的來看看幾個關於教父級創業家性格的有趣的門道。

自信心與熱情，是天生性格？

黃仁勳在 1993 年與 Chris Malachowsky 和 Curtis Priem 共同創立了輝達，當時正值遊戲從 2D 轉向 3D 圖像的關鍵時期。輝達早期發展並不順利，公司在 1995 年接下了 SEGA Dreamcast 遊戲機的 GPU 製造合約，卻在研發過程中策略的失誤而遇到危機，眼看就要面臨崩潰，在這個關鍵時刻，黃仁勳竟仍展現極強的自信心和熱情，向 SEGA 社長入交昭一郎尋求 500 萬美元的資金支持。入交昭一郎對黃仁勳的熱情與遠見留下深刻印象，最終提供了急需的資金，幫助輝達度過難關。

最看重勤奮與努力的態度

對勤奮工作的人的敬意源於黃仁勳自己的經歷。年輕時曾在 Denny's 餐廳洗碗，「我應該是最會洗碗的員工」，而這段經歷讓他深刻理解了勤奮工作的價

值；之後據說，在創業之初，他去找當時 LSI 的老闆幫忙投資遭拒，但回頭就協助聯繫紅杉創投的人脈，並順利取得初期資金。

在輝達的創業過程中，黃仁勳更是每天早上 4 點開始工作，並持續工作 14 小時。他的勤奮和努力不僅體現在工作時間上，也同時體現在關注每個細節和迎接每個挑戰。

尤其，你知道他為何如此喜歡夜市嗎？你知道為何他最喜歡「花娘小館」嗎？因為好吃？據他自己說「因為在夜市可以看到好多好多勤奮工作的人……她們姊妹倆工作好努力喔！」看得出來，這是他最重視的工作態度！

好奇心與創新精神，科技創業之必需

黃仁勳一直強調好奇心和創新精神的重要性。他希望員工像小孩般保持好奇心，認為這是科技業生存之道。在輝達的發展過程中，黃仁勳不斷推動技術創新，從最初的圖形處理單元（GPU）到後來的人工智慧（AI）應用，輝達迎頭趕上成為技術創新的先驅。尤其 CUDA 平台和 Tensor Core 技術，在 AI 和深度學習領域取得了重大突破，這些創新都源於黃仁勳對技術的熱情和不斷探索的精神。

很重視解決問題的能力

在輝達招募人才的過程中，黃仁勳特別重視應徵者的解決問題能力。至今對於一、二級主管，他都親自參與面試，也會要求候選應聘者分享自己如何解決問題及得出方案的過程，正反映了他對實際解決問題能力的高度重視。這種重視解決問題的態度也體現在輝達的產品開發中，無論是面對技術挑戰還是市場競爭，黃仁勳總是能夠帶領團隊找到創新的解決方案 —— 但必先經歷失敗。

不怕失敗、接受失敗並從中學習

黃仁勳勉勵員工「慶祝失敗」，以正面的態度接納失敗，認為只有在嘗試和犯錯的過程中才能真正學到東西。他強調對風險的承受度和從失敗中學習的能力，這種態度幫助輝達在面對市場波動和技術挑戰時能夠保持韌性和創新。

不斷在失敗中累積經驗的高效率團隊，黃仁勳從中學到了寶貴的教訓，並且不斷調整公司的策略，這使得輝達連續 10 年投資在 AI 晶片的研發成果，最終得以在機會降臨時掌握並匯聚，一舉成功。

企圖打造以人為本的企業文化

　　黃仁勳經營輝達的哲學是「以人為本」，他認為每個人都是組織的超級英雄，並採取扁平化管理，提高員工參與度。他在挑選員工時非常謹慎，重視價值觀與公司契合。這種以人為本的企業文化不僅提升了員工的工作滿意度和忠誠度，也促進了公司的創新和發展。

領導風格：追求效率的酷吏，卻不失效果，更不失人心

　　「他是個不好相處的主管」，這則員工的爆料竟然不會得到負面評價，原因不是輝達股價高或薪水高，而是不僅黃仁勳大方承認「要做大事本來就不容易」，且極度講究效率，email 寫太多字還會被退。但事實上，黃仁勳相當尊重員工的專業，即便在高度競爭的企業中不得不凡事講究效率、任務、目標達成，但卻也有足夠的授權、尊重，與相應的組織架構，加上員工福利不差、發展有遠見，離職率並不高。

　　講究效率的領導風格，必然缺乏人情味；因此若是只講究效率，組織氣氛容易變壞、相互競爭，最終可能反而失去效果。但黃仁勳運用雙歧管理思維方式彌補了這矛盾問題，授權且不究責、尊重專業、重視失敗的經驗、對事不對人，反而展現了組織中難得的凝聚力。

擇善固執與完美主義

　　即使被同事評價為「要求多、完美主義者、不易共事」，黃仁勳卻認為這些評價相當正確，並認為成就非凡不應該如此容易。他的執拗性格和對細節的要求使得輝達能夠達到今天的成就。據了解，在產品開發過程中，黃仁勳對每一個細節都要求完美，這種堅持和完美主義的態度保證了輝達產品的高品質和市場競爭力。

黃仁勳的創業家性格

　　綜合上述，黃仁勳的創業歷程絕非一帆風順，反而充滿了想像不到的挑戰和機遇，卻因他的創業家性格，包括自信心與熱情、好奇心與創新精神、重視解決問題的能力、勤奮與努力、接受失敗並從中學習、以人為本的企業文化，以及堅持完美，這些特點不僅構成了黃仁勳成功創業家的多樣化性格，塑造其領導風格，似乎也深刻影響了輝達的企業文化和發展。

成功的創業家都有一定的成功特質嗎？還是有什麼創業基因存在呢？成功創業應該可以學得吧？那是什麼？我們從創業家的特質、認知與能力講起。

一、創業人格特質

當我們看到那些成功創業家光鮮亮麗的一面，你首先會想到什麼呢？

你會認為，「她怎麼這麼有創意」、「他好刻苦耐勞」、「她都能抓住機會」、「他運氣好好」，還是「聽說他不喜歡溝通」、「她常常發脾氣」、「他人很 nice，是好好先生」、「她很海派，所以人脈很廣」？

往往有創業念頭的人，甚至正在創業中的人——尤其正在經歷創業的辛苦，無比煎熬時，都會想一個問題：「我適合創業嗎？」「我可能不像他那樣……。」

究竟，怎樣的人適合創業呢？創業家擁有怎樣的人格特質？我們先從了解人格特質著手。

什麼是人格特質？是 MBTI 嗎？

人格特質是典型的心理學名詞，若從心理學理論定義的話，心理學家 Allport 和 Odbert[1] 最早於 1936 年對人格特質（personality trait）的定義為：「產生並且決定個人行為的傾向，當個體在適應環境後所產生較一致性和穩定的表徵。」後來的心理學家雖有多少自己的不同定義，但大致可將人格與特質區分說明，簡單來說，人格就是使每個人跟別人不同的屬性、特性、特徵的總和[2]；而特質是一種較為持久性的反應傾向，是人格的基本結構單位[3]。

目前對人格特質定義比較完整的描述是：指一個人在對人、對己、對事物乃至對整個環境適應時，所顯示的行為模式、思維方式，持久且一致的特

---

[1] Allport, G. W., & Odbert, H. S. (1936). Trait-names: A psycho-lexical study. *Psychological monographs*, 47(1), i.

[2] Thomas, B. V., & Gerald, Z. (1994). *Psychology for management*. Georgia: Hippo Books.

[3] Cattell, R. B. (1965). Personality, role, mood, and situation perception: A unifying theory of modulators. *Psychological Review*, 70, 1-18.

質，這些特質包含了獨特性、複雜性、統整性與持續性。也就是一個人在一般情形之下，通常會表現出來的想法或行為模式。

其實，人格特質既然是在講人在一般情況下的行為想法的反應，因此，我們通常也會使用「個性」、「性格」、「氣質」，甚至「特徵」、「屬性」等類似的言語。所以俗話說：「一樣米養百樣人」、「牛就是牛，牽到北京還是牛」、「心寬體胖」等，這類描述關於人的特性，就是人格特質。

而近年在亞洲圈爆紅的 MBTI 人格測驗，為何不在這本書討論？且似乎不被學術界，尤其是心理學家認同呢？並不是「文人相輕」的因素，而是 MBTI 其實在理論與實證數據兩方面都沒有經過嚴謹的檢驗之故——尤其是這種人格量表，不該嚴謹一點嗎？

為何 MBTI 如此流行呢？就是因為不嚴謹所以簡單易懂！加上大眾傳播與流行文化（如 K-pop 藝人）的使用，以及行銷手法（如圖像化、人物故事）等的交叉運用，才使得這個約百年前由一對母女根據自己觀察而自創的休閒用量表，在亞洲突然走紅。

試想，人格只能分成四個維度嗎？人格特質並沒有這麼簡單，你知道的，但若深入了解卻又複雜且耗時；當你只想約略了解自己大約怎麼被這個世上的人們歸類時，簡單測一下、沒那麼精準，也無妨吧？而且還能成為聊天搭訕的話題啊！

於是，MBTI 就被想要認真對待的這本書犧牲掉了……。

那麼，人格特質是天生的嗎？跟習慣一樣嗎？會受到什麼因素變化嗎？隨著年紀大了，個性不是會變嗎？這部分我們並不在此探究，簡言之，人格特質所顯示的獨特性，是由其遺傳、環境、成熟、學習等因素的複雜交互作用下，表現在各種身心方面的整體特質，例如：氣質、動機、興趣、態度、觀念、行動等，並會保持一段長的時間。研究也認為，隨年紀越大越趨於穩定。

不僅如此，由於人格特質上述的幾個特性，我們能藉由了解情境與特質的關係後，來預測個人在特定情境下的行為或想法。因此，每當我們在談論或認識特定人時，你會說某人內向沉穩，說另一些人主動積極，或者好勇鬥狠，或者恭謙隨和，而當我們以沉靜、積極、內向、主動、攻擊性、隨

和……等詞彙來描述某特定人格特質時，我們就企圖將他們進行區別或分類，以便預測。由於人格特質是每個人心理狀態或個性的綜合表現，且決定了個人思考與行為的獨特形式，因此我們經常會以人格特質作為區分人們的依據[4]。

怎麼知道人格特質？以五大人格特質為例

關於人格特質的分類，過去也有學者們做了許多研究。從 D. W. Fiske（1949）的研究開始，後來被其他研究人員持續擴展，包括 Norman（1967）、Smith（1967）、Goldberg（1982）及 McCrae 和 Costa（1987），至今所綜整出來的是 McCrae 和 Costa 兩位學者所提出稱為「五大人格特質模型」[5]（The Five Factor Model），或 Goldberg 提出稱為「大五人格因素」（Big Five factors）[6] 最被廣為認可。依據其模型內容，可以用五個向度：經驗開放性（openness to experience）、嚴謹性（conscientiousness）、外向性（extroversion）、親和性（agreeableness）、負向情緒性（neuroticism/negative emotionality），來為人格特質做區分的依據。其內容整理如表 1-1[7]。

事實上，上述的五大人格特質只是大方向的分類，在每個人格特質大分類之下又包含某些細部特質，而且每個人格因素中都代表了該人格特質連續光譜兩個極端之間的範圍，在現實世界中，大多數人位於每個維度的兩個極點之間，且可能隨時間及環境的影響而有所改變。

在學術研究上，雖然有大量文獻支持這五大因素人格模型，但研究人員對於細部特質並沒有一致的看法，以至於各種人格特質量表在細部分類上

[4] Robbins, S. P. (1992). *Essential of organizational behavior*. Upper Saddle River. New Jersey: Prentice-Hall International.

[5] McCrae, R. R., & Costa, P. T. (1987). Validation of the five-factor model of personality across instruments and observers. *Journal of personality and social psychology*, 52(1), 81-90.

[6] Goldberg, L. R. (1982). From Ace to Zombie: Some explorations in the language of personality. In C. D. Spielberger & J. N. Butcher (Eds.), *Advances in personality assessment* (Vol. 1, pp. 203-234). Hillsdale, NJ: Erlbaum.

[7] Zhao, H., Seibert, S. E., & Lumpkin, G. T. (2010). The relationship of personality to entrepreneurial intentions and performance: A meta-analytic review. *Journal of management*, 36(2), 381-404.

表 1-1　五大人格特質

五大人格特質	意義	特徵
經驗開放性	描述對於求知欲、想像力、創造力和自由開放的傾向	尋求創新想法或方式處理問題，與創造力如發散性思維相關
嚴謹性	描述對於具有較高的成就與工作動機、目標導向、自我控制和有序性的傾向	接受傳統規範及道德感與責任感，而守規矩、可靠並勤奮
外向性	描述對於外向、合群、熱情、友好、樂觀和善於交際的傾向	樂於與他人相處而非獨處，精力充沛、積極主動、果斷且在社交場合占主導地位，尋求興奮和刺激
親和性	描述對於與其他人合作態度和行為的傾向	信任、利他、和善、同情、關心、合作、服從和謙虛，容易相處，且可能會受到廣泛歡迎
負向情緒性	描述對於缺乏積極正面的心理調整和穩定情緒的傾向	易情緒波動、焦慮、低落和抑鬱，而很難被描述為冷靜、穩定、心平氣和或堅強

有所差異。但由於五大分類的看法是一致的，因而在實務上，也不難發現這些人格特質與學習成果、職業選擇、團隊合作、工作績效及創業活動等的相關性。

在此先針對五大人格特質的細部內容進一步說明，以更清楚了解每個人格特質的內涵與意義[8]，藉此待後面章節對於創業家的人格特質能有更深刻的認識與洞察。

(一) 經驗開放性

描述對於求知欲、想像力、創造力和自由開放的傾向，尋求創新想法或方式處理問題，與創造力如發散性思維相關。除具有想像力和洞察力等特徵外，有這種特質的人也同時會有較為廣泛的興趣，對世界和其他人充滿好奇心，渴望學習新事物和享受新體驗。這種特質較高的人，通常較有冒險精神和創造力；而較低的人則通常比較傳統，也較難以進行抽象思考。

8　https://www.verywellmind.com/the-big-five-personality-dimensions-2795422

✓ 不喜歡改變
✓ 不喜歡新事物
✓ 抵制新想法
✓ 不是很有想像力
✓ 不喜歡抽象或理論概念

低　　高

✓ 很有創意
✓ 樂於嘗試新事物
✓ 專注於應對新挑戰
✓ 樂於思考抽象概念

(二) 嚴謹性

　　描述對具有較高的成就與工作動機、目標導向、自我控制和有序性（計畫性和組織性）的傾向，接受傳統規範及道德感與責任感，守規矩、可靠並勤奮。標準特徵包括高度體貼、衝動控制和目標導向行為……等，嚴謹性較高的人也較有條理、注意細節，總是提前計畫，留意截止日期，有較高的自我要求，因此較勤奮努力，並在行動時會考慮自己的行為是否影響他人。

圖 1-2　嚴謹性特質示意

✓ 不喜歡結構和時間表
✓ 製造混亂、不照顧事情
✓ 未能歸還物品或放回原處
✓ 拖延重要任務
✓ 未能完成必要或分配的任務

低　　高

✓ 花時間提早準備
✓ 立即完成重要任務
✓ 注重細節
✓ 喜歡有固定的時間表

(三) 外向性

　　描述對於外向、合群、熱情、友好、樂觀和善於交際的傾向，樂於與他人相處、精力充沛、積極主動、主導社交場合，尋求興奮和刺激。標準特徵是自信、健談、易興奮、好社交，以及大量的情感表達。外向性較高的人喜歡往外跑，在社交場合易獲得能量，或感到興奮和精力充沛。相反的，外向性較低的人往往較含蓄，不會花精力在社交場合，而且社交活動會感到疲累，需要一段時間的獨處和安靜才能充電。

圖 1-3　外向性特質示意

低　　　　　　高
✓ 喜歡獨處 ✓ 對社交時感到疲累 ✓ 很難展開對話 ✓ 不喜歡閒聊 ✓ 說話前深思熟慮 ✓ 不喜歡成為關注焦點	✓ 喜歡成為關注焦點 ✓ 喜歡展開對話 ✓ 喜歡結識新朋友 ✓ 容易結交新朋友 ✓ 朋友熟人社交圈很廣 ✓ 在其他人身邊時感到精力充沛 ✓ 在考慮之前先說事情

(四) 親和性

　　描述對於與他人合作態度和行為的傾向，包含信任、利他、和善、同情、關心、合作、服從和謙虛，容易相處，甚至可能廣受歡迎。由於包含了信任他人、利他主義、善良關懷、感受他人，以及其他親社會行為屬性如合作、服從等，因此，親和性較高的人往往較傾向於與他人合作；相反的，這種特質較低的人，往往較傾向彼此競爭，甚至會擺布、操弄他人。

圖 1-4　親和性特質示意

低　　　　　　高
✓ 對他人毫不關心 ✓ 不在乎別人的感受 ✓ 對別人的困難沒興趣 ✓ 侮辱或貶低他人 ✓ 操縱他人以獲己欲	✓ 對他人很感興趣 ✓ 關心他人 ✓ 對人感到同情和關心 ✓ 樂於助人並致力於讓人幸福 ✓ 幫助需要幫助的人

(五) 負向情緒性

　　描述對於缺乏積極正面的心理調整和穩定情緒的傾向，容易出現情緒波動、焦慮、低落和抑鬱，而很難被描述為冷靜、穩定、心平氣和或堅強。悲傷、喜怒無常和情緒不穩定為其典型特徵，因此具該人格特質較高的人，往往會經歷情緒波動、焦慮、易生氣和感到悲傷；相反的，在此人格特質上較低的人，則往往情緒較為穩定，也較有彈性。

圖 1-5　負向情緒性特質示意

✓ 情緒穩定	低 ⟷ 高	✓ 承受許多壓力
✓ 很會應付壓力		✓ 擔心各種不同事情
✓ 不易感到悲傷或沮喪		✓ 很容易生氣
✓ 很多事都不太擔心		✓ 經歷戲劇性的情緒轉變
✓ 感覺很輕鬆		✓ 常感到焦慮
		✓ 壓力事件後難以恢復

　　如果要再更近一步深入去了解自己（或他人）的人格特質爲何，可能就必須要參考適合的「人格特質量表」了。在量表中，五大人格特質中會衡量每個大分類中更細部的特質，這些細部特質雖然中文維基百科[9]有詳細介紹與說明，但由於英文版的並沒有，且從最近的國外學術研究[10]中，也沒有這麼多細部特質項目。加上心理量表每隔幾年就有學者予以更新，以符合時代性，因此，我們僅列出最近學術研究中的更新量表提供參照（表 1-2）。該量表一般稱爲 BFI-2 人格量表（第二版 BFI 人格量表，目前尚無繁體中文版本）。

表 1-2　人格特質量表 BFI-2 項目及其對照量表

年代	2017	2010	2007	1999	1992
量表名稱	BFI-2	NEO PI-R	Big Five	Lexical subcomponents	AB5C
提出學者	Soto & John	McCrae & Costa	De Young et al.	Saucier & Ostendorf	Hofstee (Golberg, 1999)
大分類	經驗開放性（Open-Mindedness）				
次項目	Intellectual Curiosity	Ideas	Intellect	Intellect	Intellect
	Aesthetic Sensitivity	Aesthetics	Openness	--	Reflection

（接下頁）

9　搜尋「五大人格特質」，但事實上，英文維基百科中卻沒有這麼多的過度解釋。

10　Soto, C. J., & John, O. P. (2017). The next Big Five Inventory (BFI-2): Developing and assessing a hierarchical model with 15 facets to enhance bandwidth, fidelity, and predictive power. *Journal of Personality and Social Psychology*, 113(1), 117-143.

（承上頁）

	Creative Imagination	Fantasy	--	Imagination-creativity	Ingenuity
大分類	嚴謹性（Conscientiousness）				
次項目	Organization	Order	Orderliness	Orderliness	Orderliness
	Productiveness	Self-Discipline	Industriousness	Industriousness	Efficiency
	Responsibility	Dutifulness	--	Reliability	Dutifulness
大分類	外向性（Extraversion）				
次項目	Sociability	Gregariousness	Enthusiasm	Sociability	Gregariousness
	Assertiveness	Assertiveness	Assertiveness	Assertiveness	Assertiveness
	Energy Level	Positive Emotion/Activity	Enthusiasm	Activity-adventurousness	--
大分類	親和性（Agreeableness）				
次項目	Compassion	Altruism	Compassion	Warmth-affection	Understanding
	Respectfulness	Compliance	Politeness	Gentleness	Cooperation
	Trust	Trust	--	--	Pleasantness
大分類	負向情緒性（Negative Emotionality）				
次項目	Anxiety	Anxiety	Withdrawal	Emotionality	Toughness（反向）
	Depression	Depression	Withdrawal	Insecurity	Happiness（反向）
	Emotional Volatility	Angry Hostility	Volatility	Irritability	Stability（反向）

　　說了這麼多，無非想讓讀者深入了解人格特質的內容，然而，與其說量表的好壞會直接影響人格特質的應用，不如說，即使找到適合的量表，也需要花時間作答，且測量出了真正的人格特質，也需要再加以解讀，這也並不容易。不過，若只是要了解自己，則市面上這樣的測驗很多[11]，也多半已經簡化、網路化、免費化了，這倒不失為一個了解自己的管道。如前述 BFI-2

的作者[12]在2019年又做了一個加工，將量表分為標準長卷與短問卷兩種，其題目分別為 60 題與 25 題。

至此，對於人格特質將就此打住，不再深入。既然已經了解了人格特質的各項細部內容，也經過自我測試、冷靜思考，應該可以知道自己的屬性，而在適合自己的方面予以有效應用。但創業家做得到嗎？這樣的內容又適合創業的環境嗎？或者直接問，成功的創業家究竟都有怎樣的人格特質呢？

天生創業家 —— 跟創業有關的人格特質

或許是五大人格特質太成功、太鮮明，或許是人們無法再分出其他類別，或許五個人格分類剛好適合大多數人接受的範圍，也讓學者的研究更容易被理解，一般性的人格特質似乎沒有其他量表（另有 16PF 人格因素量表[13]，不是 MBTI，也被學者以類似但不同類別名稱的五因素歸納，知名度也稍遜）。

前面說過，量表必須情境適用才能充分應用，因此發展出不少特定情境的人格量表。基於特定情境與一般性人格特質之間關係的熱門議題，支持特質論的學者們[14]，都認為五大人格特質是最基本的分析框架，絕大多數的特定情境人格特質都可以歸類到五大特質分類中，就像在案例中，黃仁勳所突顯的，也是一般認為創業家會有的成就需求（可以歸到嚴謹性）、創新性（可歸到經驗開放性）、樂觀和自信（可歸到外向性）、情緒化（可歸到負向情緒性）……等。

---

[12] Denissen, J. J., Geenen, R., Soto, C. J., John, O. P., & Van Aken, M. A. (2019). The Big Five Inventory-2: Replication of psychometric properties in a Dutch adaptation and first evidence for the discriminant predictive validity of the facet scales. *Journal of Personality Assessment*, 101(2), 1-15.

[13] Cattell, H. E., & Mead, A. D. (2008). The sixteen personality factor questionnaire (16PF). *Handbook of Psychological Testing*, 4, 231-245.

[14] Costa, P. T., & McCrae, R. R. (1992). Four ways five factors are basic. *Personality and Individual Differences*, 13(6), 653-665; Paunonen, S. V., & Jackson, D. N. (2000). What is beyond the Big Five? Plenty! *Journal of Personality*, 68(5), 821-835; Rauch, A., & Frese, M. (2007). Let's put the person back into entrepreneurship research: A meta-analysis on the relationship between business owners' personality traits, business creation, and success. *European Journal of Work and Organizational Psychology*, 16(4), 353-385.

在此，若我們仍繼續追問，那麼到底有沒有創業家的典型人格特質？
還真有！

「風險承擔」這一特質與五大人格特質之間有較大的差異性，而且學者
們[15]研究認為風險承擔可充分的表彰創業活動的特徵，而能顯著地與非創業
者加以區分，故將其看作是獨立於五大人格之外的特質——也是創業者特有
的人格特質。

(一) 風險承擔

用以描述對於願意從事風險行為、樂意冒險的傾向，具此特質較高的
人，即便感知到有風險，仍會感到積極、樂觀，並做好失敗的準備。

另外值得一提的，還有「控制觀」（locus of control）的概念也已經成
為人格特質領域中，受到越來越多人的關注或引用。由於創業家們多半樂觀
地認為自己可以掌握較多的競爭關鍵，因此在控制觀方面，多半傾向於內在
控制觀。

(二) 控制觀

用以描述對於未來結果或行為是傾向於自己能控制（內部控制觀），或
是受到其他外部力量控制（外部控制觀）。傾向內部控制觀的人，也傾向認
為可以控制自己的生活；而傾向外部控制觀的人，則傾向於認為其生活受到
自己無法控制的因素影響，例如：環境、機會、命運等。

事實上，因近 20 年五大人格因素模型逐漸普及，使學術與商業應用能
簡單而大量整合到清楚鮮明的架構中，從而有利於研究出較為一致的關係，
甚至發展出了創業者人格特質與創業成功的模型，如圖 1-6。

---

[15] Stewart, W. H., & Roth, P. L. (2004). Data quality affects meta-analytic conclusions: A response to Miner and Raju (2004) concerning entrepreneurial risk propensity. *Journal of Applied Psychology*, 89(1), 14-21; Zhao, H., & Seibert, S. E. (2006). The big five personality dimensions and entrepreneurial status: A meta-analytical review. *Journal of Applied Psychology*, 91(2), 259-271; Zhao, H., Seibert, S. E., & Lumpkin, G. T. (2010). The relationship of personality to entrepreneurial intentions and performance: A meta-analytic review. *Journal of Management*, 36(2), 381-404.

圖 1-6　創業者人格特質與創業成功的模型 [16]

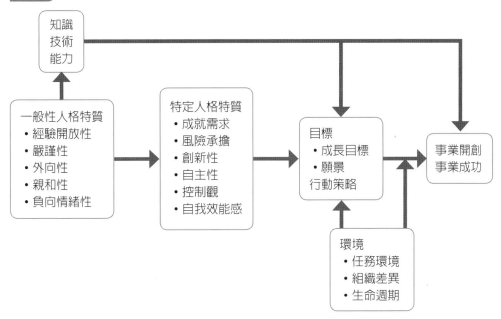

　　不過在這之前，由於不同學者所選擇研究的創業家人格特質不同，缺乏系統性、全面性之研究，使得研究結果很難提供實務界對於創業家人格特質的了解。更甚至有許多研究人格特質與創業家之間的實證結果彼此並不一致，甚至矛盾，造成人格特質研究取向在 1990 年代一度受到了強烈批評。至今，我們仍不免懷疑，擁有創業人格特質是否真的就會創業成功？真的有所謂「天生創業家」？人格特質真與創業成功有關？

　　由於因應技術變遷越來越快，不易變動的人格特質如何因應千變萬化的產業環境、技術環境與組織氣氛？因此，創業認知觀點於焉誕生。

16 Rauch, A., & Frese, M. (2007). Let's put the person back into entrepreneurship research: A meta-analysis on the relationship between business owners' personality traits, business creation, and success. *European Journal of Work and Organizational Psychology*, 16(4), 353-385.

👥 二、天生創業家？Really？—— 創業認知觀點

若是有所謂天生創業家，或者有特定的創業人格特質，那麼，全天下的創業家不就個性全都一樣了嗎？真是如此？

前面講的人格特質是在一段長時間不會改變的，尤其隨著年紀越大，改變的可能性就越低。

但是，實際上，人還是會變的，尤其隨著經驗越老到、學的東西越豐富，就越會隨機應變，或是「見人說人話、見鬼說鬼話」，預備一定程度的適應性。尤其是像前面案例中，黃仁勳這類頭腦思路清晰、反應敏捷快速的性格者，會更快速地透過學習而有改變。

這些讓人們改變的過程，就跟認知歷程有關。

什麼是認知／認知心理學？

在介紹創業認知之前，簡要的提一下認知心理學。

所謂認知（cognition），是指個人認識與理解周遭環境（乃至於未實際接觸的世界）的心理歷程，即經歷感覺、知覺、記憶、判斷、想像、思維等的心理活動，來獲取相關知識或意識的過程。這個認知過程可能在有意識中刻意，或在無意識中進行的，通常經歷認知過程後會產生新的認識，從而產生適應或調節作用。

因此，認知心理學也就是在研究上述認知歷程領域的心理科學，而訊息處理理論（Information Process Theory, IPT）應該是最簡單又全面來詮釋認知心理學的理論架構[17]（圖 1-7）。IPT 把個體視為資訊處理的系統，在環境中主動搜尋或選擇訊息，經由感覺、注意、辨識、轉換、記憶等內在心理活動，藉認知流程再進一步處理、吸收、貯存，以備需要時檢索、提取與運用。IPT 在認知心理學領域中占有重要地位，其研究範疇除了知覺、注意力、理解、推理、記憶、知識形成、學習和問題解決，後來甚至加入情緒因

---

[17] Gagné, R. M. (1985). *Conditions of learning and theory of instruction*. New York, NY: Holt, Rinehart and Winston.

素（情緒訊息，affection-as-information）[18]，幾乎涵蓋整個認知心理學領域。

圖 1-7 訊息處理理論模型架構

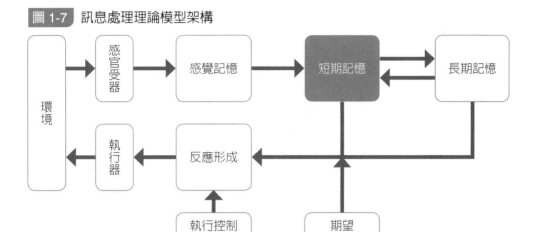

講到這裡，大概已經可以知道，為何創業家總是有失敗經驗後更容易成功，或者比較可以了解，為何隨著周遭的人事物環境改變，創業家也總能有所改變、適應，除了前面章節說到的人格特質之外，可能創業家的認知形成也有關係。甚至，我們是否也可以這樣推論，某些人格特質，對於創業相關的認知形成與運作可能有所幫助。接下來，我們介紹創業認知概念。

創業認知

隨著創投業者看重創業家個人特徵是影響創業成功的關鍵因素，創業者自己也說自己的決策和行動是公司生存的主因[19]，遂從人格特質方面著手研究創業成功原因，雖發現了一些重要的人格特質，但仍難以全面解釋創業成功的個別差異，於是，逐漸轉向創業認知觀點。

創業認知這個主題或概念的價值在於，相對於人格特質而言，認知策略是可以藉由訓練或學習而在短時間當中改變的。因此，當創業環境變動逐漸

---

[18] Schwarz, N., & Clore, G. L. (1983). Mood, misattribution, and judgments of well-being: Informative and directive functions of affective states. *Journal of Personality and Social Psychology*, 45(3), 513-523.

[19] Sexton, D. L. (2001). Wayne Huizenga: Entrepreneur and wealth creator. *Academy of Management Executive*, 15(1), 40-48.

加劇，無論生產要素的移轉或重組，甚至商業模式或新技術運用等價值的創造與重塑，都需要透過一連串認知歷程以變化與適應——即使這些變化與人格特質不符。

創業認知涉及創業和認知兩方面的內容[20]，首先在創業部分，由於創業家在不同創業階段需要完成的創業任務都不相同，從識別機會開始，進而運用各種行動和手段來掌握和實現機會，而創業後又需要為新企業成長的各種問題突破與解決（包括產品、技術、資金、組織、競爭……等），而付出許多不同面向的努力。其次是認知，除了前面已提過的訊息處理理論外，社會認知理論中的內在認知和動機，以及情境互動也經常被借用。因此，創業研究領域發現認知心理學越能有效解釋，兩方面的結合變得越密切，也使得創業認知研究變得越來越複雜。

因此，創業認知可以說是進行評估、判斷或決策的知識結構，涉及機會評估、風險創造和成長；也就是用來研究關於了解創業家如何使用其心智模型，將許多原本不相關的內外在訊息拼湊重組，幫助他們識別和創新產品或服務，並彙集運用資源來使所創辦的新企業得以生存，甚至成長[21]。

考慮到創業過程的複雜性，創業認知的研究觀點對於探究創業相關的行為解釋非常適合，例如：隨環境或技術變化，有些創業家可以找出特定機會，而非僅只是適應環境，其中創業家如何運用認知歷程，從資訊解釋、重組，進而發現潛在機會，甚或有限資訊決策等，都是創業關鍵，也是研究者亟欲解答的有趣問題。由於牽涉的範圍相當廣大，這邊僅針對創業認知中較重要的內容介紹。

(一) 創業專家認知劇本

訊息處理理論能從整體架構觀點來解釋，創業專家認知就此孕育而生[22]。

---

20 Mitchell, R. K., Busenitz, L., Lant, T., McDougall, P. P., Morse, E. A., & Smith, J. B. (2002). Toward a theory of entrepreneurial cognition: Rethinking the people side of entrepreneurship research. *Entrepreneurship Theory and Practice*, 27(2), 93-104.

21 同上。

22 Mitchell, R. K., Busenitz, L. W., Bird, B. J., Marie Gaglio, C., McMullen, J. S., Morse, E.

訊息處理理論觀點認為，創業家所開發出的獨特知識結構和不同的訊息處理方式，與非創業家相異，稱為**創業專家**（entrepreneurial expertise），藉此來觀察區分創業家和非創業家之間的思維與決策差異。

因為根據訊息處理理論的解釋，創業家所具有的專家認知（即所謂的認知劇本或知識結構），可以藉由刻意練習而獲得 [23]，使其能夠比非創業家更好地使用及處理創業相關訊息（研究結果比一般人平均值高出 2 個標準差的績效 [24]）。尤其，專家認知劇本被認為與創業決策相關，特別是在新創事業相關決策階段 [25]。

然而，儘管訊息處理理論或創業專家認知劇本所帶出的新創事業決策，在全球新創文化思潮中代表了較為複雜而全面的創業思維，但仍須留意有限理性的限制，以避免認知謬誤與偏差的產生。

A., & Smith, J. B. (2007). The central question in entrepreneurial cognition research 2007. *Entrepreneurship Theory and Practice*, 31(1), 1-27.

[23] Baron, R. A., & Henry, R. A. (2006). The role of expert performance in entrepreneurship: How entrepreneurs acquire the capacity to excel. Paper presented at the Babson-Kaufmann Entrepreneurship Research Conference, Indiana University, Bloomington, IN.; Mitchell, J. R., Smith, J. B., Davidsson, P., & Mitchell, R. K. (2005). Thinking about thinking about thinking: Exploring how entrepreneurial metacognition affects entrepreneurial expertise. In S. Spinelli (Ed.), *Frontiers of entrepreneurship research 2005* (pp. 1-16). Babson College.

[24] Mitchell, R. K., Smith, J. B., Seawright, K. W., & Morse, E. A. (2000). Cross-cultural cognitions and the venture creation decision. *Academy of Management Journal*, 43(5), 974-993; Gustavsson, H. (2004). *Entrepreneurial decision-making: Individuals, tasks and cognitions*. Jönköping International Business School, Jönköping, Sweden; Mitchell, R. K., Busenitz, L., Lant, T., McDougall, P. P., Morse, E. A., & Smith, J. B. (2002). Toward a theory of entrepreneurial cognition: Rethinking the people side of entrepreneurship research. *Entrepreneurship Theory and Practice*, 27(2), 93-104.

[25] Busenitz, L. W., & Lau, C.-M. (1996). A cross-cultural cognitive model of new venture creation. *Entrepreneurship Theory and Practice*, 20(4), 25-40; Mitchell, J. R. (1994). The composition, classification, and creation of new venture formation expertise (Unpublished doctoral dissertation). The University of Utah, Salt Lake City, UT; Mitchell, J. R., Smith, J. B., Seawright, K. W., & Morse, E. A. (2000). Cross-cultural cognitions and the venture creation decision. *Academy of Management Journal*, 43(5), 974-993.

(二) 創業意圖

　　創業家必須要先擁有創業意圖，才能根據環境訊息而感知、發覺、掌握機會，而導致創業行為的出現。新商機對於沒有創業意圖的人來說，可能沒意識到機會，即使發現也不會去掌握。因此，可以說**創業意圖**（entrepreneurial intention）就是創業家打算創辦新事業，而有意識地計畫在將來某個時間點付諸實踐的信念。

　　學者們針對創業議題探討了一些相關影響因素和理論。除了在創業家人格特質的研究，發現冒險性、獨立性、內控性、成就需求、創新性、主動性等與之存有正相關，另外也針對一些認知與能力構念的相關研究，發現如自我效能感對創業意向的預測力非常高，個人價值觀中的變化開放性和自我提升與創業意圖之間也有正向相關；而即興決策（improvisation）、領導能力、情緒智力等能力面向變數，也與創業意圖間存在正相關。而外在環境的變數如市場條件、金融支持、資訊獲取、社會網絡、創業教育、創業社會榜樣等因素，可能對創業意圖有正面影響。

　　創業意圖相關經典理論與模型，以創業事件模型（Entrepreneurial Event Model, EEM）[26]和計畫行為理論（Theory of Planned Behavior, TPB）[27]較多人研究。

　　創業事件模型指出，創業意圖主要受到知覺有利性（perceived desirability）、知覺可行性（perceived feasibility）和行動傾向（propensity to act）三個因素影響，其他外在環境變數皆是透過知覺有利性和可行性，加上行動傾向進而共同影響創業意圖；而計畫行為理論則更廣泛的認為，除了理性因素的個人對於創業的態度（attitude）、重要他人是否支持的主觀規範（subjective norm）之外，再加上創業家內在所感受到預期難易度產生的

---

[26] Shapero, A., & Sokol, L. (1982). The social dimensions of entrepreneurship. *University of Illinois at Urbana-Champaign's Academy for Entrepreneurial Leadership Historical Research Reference in Entrepreneurship.*

[27] Ajzen, I. (1991). The theory of planned behavior. *Organizational Behavior and Human Decision Processes*, 50(2), 179-211; Ajzen, I. (2002). Perceived behavioral control, self efficacy, locus of control, and the theory of planned behavior. *Journal of Applied Social Psychology*, 32(4), 665-683.

意願，即知覺行為控制（perceived behavioral control），是影響創業意圖的三個前因變數，其他影響因素則皆藉由影響這三個變數而對創業意圖有所影響。

創業事件模型和計畫行為理論的優點是具有簡約性，易於理解與研究，因此在研究中也獲得了較可觀的實證解釋，然而，這兩個模型仍難免忽略了許多重要的變數和資訊；近年興起的新模型如特定情境創業意圖模型[28]（context-specific entrepreneurial intentions model）、努力決策與執行模型[29]（model for effortful decision making and enactment），加入了較為複雜的多項變數，豐富了模型解釋，但其不足之處在於未考慮情境變數的作用。

(三) 創業機會感知

創業環境複雜多變，創業家如何在其中嗅出、發掘、辨識**創業機會**（entrepreneurial opportunities），並著手進行新事業從無到有的創立過程呢？

所謂的創業機會，是指開創新事業的可能性，即「創業者發掘市場上的新資源組合，或以新方式來達到創新的目的，並且能夠透過實際的行動來獲取利潤。」[30] 是來自外在環境改變、市場供需不平衡，或資源閒置與利用不足，創業家發現後對現有方法進行創新或改良，以達價值創造的可能性。創業機會至少具有三種特性[31]：新穎性（newness）、潛在經濟價值（potential economic value）及可行性（desirability），其中以新穎性最受到重視，個人

---

[28] Elfving, J., Brännback, M., & Carsrud, A. (2009). Toward a contextual model of entrepreneurial intentions. In *Understanding the entrepreneurial mind* (pp. 23-33). Springer, New York, NY.

[29] Bagozzi, R. P., Dholakia, U. M., & Basuroy, S. (2003). How effortful decisions get enacted: The motivating role of decision processes, desires, and anticipated emotions. *Journal of Behavioral Decision Making*, 16(4), 273-295.

[30] Shane, S. (2003). *A general theory of entrepreneurship: The individual-opportunity nexus*. Edward Elgar Publishing.

[31] Baron, R. A. (2006). Opportunity recognition as pattern recognition: How entrepreneurs "connect the dots" to identify new business opportunities. *Academy of Management Perspectives*, 20(1), 104-119.

辨識機會之創新程度越高，將越有助於機會後續的發展潛力 [32]。

　　而機會辨識則是創業家將資訊與知識轉化成機會之認知過程，是由一連串的辨識、發展、評估過程逐漸形成的，且是創業過程所面臨的關鍵步驟，但有些人似乎對新機會特別敏感。一般認爲，應與創業家本身所擁有的先前知識（prior knowledge）、外部資訊獲取管道（information acquisition channels）、社會網絡（social networks）等因素有關。

　　此外，更感興趣的是創業家如何感知和解釋所擁有的這些訊息。於是，從認知觀點出發，導入**創業警覺性**（entrepreneurial alertness）[33]的概念，因爲經由刻意、有目的地蒐集所得到的資訊，往往都會很快被市場上的其他人發現及利用，因此，機會在被發掘之前往往都是未知的，而創業家具有獨特資訊蒐集與解讀能力，才是機會辨識的關鍵要素。

　　隨後，因爲實際上有更多不成功或是沒經驗的潛在創業者，也同樣喜歡或習慣蒐集資訊，甚至對資訊蒐集模式也相似，因此研究焦點再進一步轉移到對於機會形成未來想像的**動機傾向**（motivated propensity），並加入長期市場中的時間與不確定性狀況；也就是說，創業家的機會辨識，或說商機嗅覺，是來自於組合各種資訊後，對未來的創造力與想像力，以及建構未來的動機與熱情。

(四) 內在動機與 AMO 架構

　　動機又可簡單區分爲**外在動機**（extrinsic motivation）與**內在動機**（intrinsic motivation），兩者對創業家的行爲強度不同。由於內在動機是爲了自己的利益而做某事的動機，因爲有趣和快樂，通常較能持久且強度較高，而外在動機是來自外部因素如獲得獎勵或避免懲罰，也因此，內在動機比外在動機更有可能引發創造性。內在動機與成就感和自身能力（如自我效能感）有關，爲從事創業活動提供了主要的前因。

　　有趣的是，研究證據表明，在某些環境中，外在動機反而可能會減少內在動機，即所謂「過度辯護效應」（over justification effect）。對創業家而

---

[32] Marvel, M. R., & Lumpkin, G. T. (2007). Technology entrepreneurs' human capital and its effects on innovation radicalness. *Entrepreneurship Theory and Practice*, 31(6), 807-828.

[33] Kirzner, I. M. (1973). *Competition and entrepreneurship*. University of Chicago Press.

言，通常是內在動機較明顯，但若有外在動機加入，反而可能造成創業過程的負面影響，除了內在動機減少（心理歸因使然），也與認知謬誤有關。而對創業團隊或組織而言，設計激勵制度時應注意，在多數情況下，鼓勵創業行為應朝內在動機較佳，勿因外在動機損害內在動機。

而外部機會（opportunity）、內在動機（motivation），加上創業家的才能（ability），則形成認知模式中的 AMO 框架。其中，才能是指與行動相關的特定技能及熟練程度；動機是指個人行動的意願；機會代表有利於採取行動的環境狀況與條件。其中每種情況下的行動都是作為創業行為的形成要素。在研究中，多用於行銷管理與人力資源管理領域的 **AMO 框架** [34]，其實可廣泛用來解釋個體行為的原因，主要也與個體和外界互動後所進行訊息處理的認知模式有關，不僅對於提高行為績效與組織績效有直接的正面影響，更是達成目標行為的重要內在關鍵；此外，AMO 框架對於解釋知識的創造和轉移也很重要。

AMO 框架已經在理論上進行了開發和實證測試，是一個可提供有關認知、訊息處理和目標行為見解的可靠框架，可用來解釋創業家的認知心理訊息處理，也由於才能、動機、機會共同被描述為在創業環境認知下所採取的創業行為之要素，AMO 框架將有效地捕獲個人層次的創業行為的心理訊息，為一用以分析創業家之行為或能力的形成與發展之基本解釋框架。

(五) 注意力

注意力是訊息處理過程中的一個關鍵，個體接受外界訊息，經感官收入後，須對特定訊息產生注意力，才有後續訊息的轉換與傳遞。但由於注意力容量有限，而外界訊息太多，因此注意力成為個體進行訊息處理的關鍵資

---

[34] MacInnis, D. J., & Jaworski, B. J. (1989). Information processing from advertisements: Toward an integrative framework. *Journal of Marketing*, 53(4), 1-23; MacInnis, D. J., & Park, C. W. (1991). The differential role of characteristics of music on high- and low-involvement consumers' processing of ads. *Journal of Consumer Research*, 18(2), 161-173; Bailey, T. (1993). Discretionary effort and the organization of work: Employee participation and work reform since Hawthorne. *Teacher College and Conservation Quarterly*, 25(4), 455-490; Appelbaum, E., Bailey, T., Berg, P., & Kalleberg, A. L. (2000). *Manufacturing advantage: Why high-performance work systems pay off*. ILR Press.

源[35]。我們對於自身的注意力有兩種「策略」。

在熟悉或特定的脈絡下，人的**注意力策略**通常會透過「上而下」歷程（top-down processing），篩選、過濾掉大多與任務無關的訊息，以達到最有效率的決策或反應。而有時依據任務的性質或訊息本質，尤其像是任務多樣性、無早先知識或經驗，或與個體安全相關（優先性）……等，採取「下而上」歷程（bottom-up processing），盡可能廣泛吸收綜合性訊息，再做判斷。當採取「**下而上**」**策略**時，將使用大量的注意力、吸收較多訊息，因而產生訊息排擠，難以達成較佳的任務深度或品質；反之，若採取「**上而下**」**策略**，則難以達成對任務的廣度要求。因此，注意力策略爲個體在訊息處理上的關鍵資源。不過，實際上，注意力策略的運作同時受到兩種歷程交互影響。

也因爲注意力資源的有限性，對於環境變動快速的企業高階經理人、中小企業老闆，或創業環境中的創業家，注意力策略如何有意識或自動化地選擇將有限的注意力分配給不同的訊息刺激，將影響訊息處理與認知結果，進而影響決策與反應。

一些成功大企業的荒唐反應與結果，可以看出決策者在注意力上如何嚴重的影響企業反應。這些實務界有名的例子包括 Kodak 在數位相機自毀前程，最終因自己所發明的數位相機產生如預期的產業革命而破產。Nokia 面對 smart phone 的明顯趨勢，卻仍放不下既有 feature phone 市占，使改革進度緩慢，終至退出手機市場。Deutsch Bank 更是荒唐的在 Lehman Brothers 宣布破產後的 20 分鐘內，仍轉匯出上百萬美金的款項過去，其過程中不乏多位高階主管蓋章放行。

這是因爲由於注意力爲稀少性資源，當高層管理者在進行目標明確的例行工作時，雖是重要任務但因採取上而下策略（環境背景熟悉，例如：董事會定期報告、與各單位的工作會議、國際法令遵循規範要求……），便會

---

[35] Kahneman, D. (1973). *Attention and effort*. Englewood Cliffs, NJ: Prentice-Hall; Norman, D. A., & Bobrow, D. G. (1975). On data-limited and resource-limited processes. *Cognitive Psychology*, 7(1), 44-64; Wickens, C. D. (1984). Processing resources in attention. In R. Parasuraman & D. R. Davies (Eds.), *Varieties of attention* (pp. 63-102). Academic Press.

更依賴經驗與既有知識結構來處理訊息，而阻礙了注意反常訊息的能力 [36]。類似的觀點，企業在取得激進式（radical）技術進步方面，較專注現有技術突破的企業（上而下策略），比針對新興技術進行研究的企業（下而上策略）來得更慢 [37]。Xerox 公司便是一例，即便發明了核心技術並在業界擁有豐富經驗，但卻因策略錯誤而花了近 8 年才將有競爭力的產品引入到產品市場中 [38]。

若你以為這樣就好，可能就錯囉！固然高層管理者若以下而上策略，可在環境訊息中輕易捕獲關於環境變化的意外信號，尤其是新穎的訊息更容易受到注意，而讓對不連續變化的環境訊息注意有所幫助。然而，下而上策略也可能導致企業策略錯誤 [39]，因為環境的顯著變化可能過多，反而干擾認知過程、耗費較多時間，使企業因減少了對過去經驗或知識的依賴，增加重複犯錯的可能性，甚至將注意力分配到不重要或不匹配的策略方向上 [40]。

這樣看來，企業高層或創業家究竟該如何解決注意力策略所帶來的副作用呢？

創業家各有不同特質或資源，在適當的注意力策略下，仍可創造出相似的能力或機會。例如：研究建議社會網絡性較低（弱連結）者應採取下而上

---

[36] Anderson, P., & Tushman, M. L. (1990). Technological discontinuities and dominant designs: A cyclical model of technological change. *Administrative Science Quarterly*, 35, 604-633.

[37] Eggers, J. P., & Kaplan, S. (2009). Cognition and renewal: Comparing CEO and organizational effects on incumbent adaptation to technical change. *Organization Science*, 20(2), 461-477.

[38] Henderson, R. M., & Clark, K. B. (1990). Architectural innovation: The reconfiguration of existing product technologies and the failure of established firms. *Administrative Science Quarterly*, 35, 9-30.

[39] Shepherd, D. A., McMullen, J. S., & Ocasio, W. (2017). Is that an opportunity? An attention model of top managers' opportunity beliefs for strategic action. *Strategic Management Journal*, 38(3), 626-644.

[40] Katila, R., & Ahuja, G. (2002). Something old, something new: A longitudinal study of search behavior and new product introduction. *Academy of Management Journal*, 45(6), 1183-1194; Levinthal, D. A., & Rerup, C. (2006). Crossing an apparent chasm: Bridging mindful and less-mindful perspectives on organizational learning. *Organization Science*, 17(4), 502-513.

注意策略，而社會網絡高（強連結）者應採取上而下注意策略，可以產生較佳創意 [41]。這樣看來，創業家也應同時對自我內在有更深的認知！

接下來所介紹的創業自我效能以及實效理論，可望突破注意力策略限制，為這方面的問題帶來突破性思維與解決的可能性。

(六) 創業家自我效能

創業家自我效能（Entrepreneurial Self-Efficacy, ESE）指的是創業家相信自己擁有能力得以成功執行創業家角色，並完成相關任務的自我認知程度 [42]，自我效能感會影響到創業家的市場發展策略和績效水準，有研究發現，自我效能感與所謂職場的成功之間，具有某種程度的正相關 [43]。高自我效能感的人傾向於承擔較具挑戰性的任務，也較有可能獲致成功，但同時也具有過度樂觀和對失敗行動承諾升級的風險（認知謬誤）。

ESE 會影響個人參與創業的意願，以及已創業者或潛在創業家的行為。如前所述，創業意圖與感知可行性有關，其中的關鍵，就在對自己具備有效發揮創業能力的認知，即 ESE 的影響性，使無創業經驗者形成創業意圖，或使（曾經）創業家成為重複或連續創業家的意圖。此外，也影響著現有創業家持續履行新創企業經理人的職責，貫徹其創業之想法和信念，最終影響新創企業的業績 [44]。

例如：研究發現，ESE 高的創業家較會表現出持續性和專注性，進而增強新創企業績效 [45]；或者，ESE 高的人眼中充滿機會，ESE 低的人則充滿了

[41] Rhee, M., & Leonardi, P. M. (2018). Which pathway to good ideas? An attention-based view of innovation in social networks. *Strategic Management Journal*, 39(4), 1188-1215.

[42] Boyd, N. G., & Vozikis, G. S. (1994). The influence of self-efficacy on the development of entrepreneurial intentions and actions. *Entrepreneurship Theory and Practice*, 18(4), 63-77; Scherer, R. F., Adams, J. S., Carley, S. S., & Wiebe, F. A. (1989). Role model performance effects on development of entrepreneurial career preference. *Entrepreneurship Theory and Practice*, 13, 53-71.

[43] Stajkovic, A. D., & Luthans, F. (1998). Self-efficacy and work-related performance: A meta-analysis. *Psychological Bulletin*, 124(2), 240-261.

[44] Guth, W. D., Kumaraswamy, A., & McErlean, F. (1991). Cognition, enactment and learning in the entrepreneurial process. *Center for Entrepreneurial Studies*.

[45] Wood, R. E., Bandura, A., & Bailey, T. (1990). Mechanisms governing organizational

成本和風險；ESE 較高者也較能應對現實的不確定性、風險和困難。因此，ESE 會影響創業家的企業決策，同時也可以預測和了解創業家的行為選擇、毅力和其他能力表現。

ESE 則可能根據過去的重要經驗而受到影響、發生變化 [46]。例如：過去在創業過程中的各種經驗，提供相關事件或問題的掌握度；也可能透過類似或替代經驗（如觀察、與他人互動所得），改變或重新評估其信念；還有，言語和其他形式的說服（如獲得鼓勵、他人支持），以及生理和情感因素（如焦慮），也會提高或降低 ESE。當然，這些因素也都在創業認知的範圍當中，彼此互相影響。

(七) 實效理論 [47]

實效理論（effectuation）是 21 世紀才提出的相對較新的創業理論觀點 [48]，顛覆傳統「定目標與計畫、分析策略、執行與回饋」的因果性（causation）創業方式，而提出一個全新的概念。

不同於傳統創業流程，先設定特定目標，經一連串分析並設定可行方式，再從預期回報最大的創業方案中挑選，實效理論發現，創業家在初期其實未必有清楚的目標，而是從手邊所擁有的資源開始，經一連串偶發事件中評估可能達成的幾個目標，從中挑選損失及風險最小的創業目標；因為未來是被創造出來的，因此創業初期機會並不存在，不應侷限於耐心發掘潛在機會，而是先採取行動，藉由利害關係人的共識行為而控制或創造，並根據外部環境的反饋進行修正，如此在不確定的環境下一步一步創造出機會。

機會創造的過程不但具路徑依賴，也受外部環境的影響。在此過程中，創業家通常依照五個原則進行，成為該理論的核心模型：(1) 資源掌握（Bird in Hand）：了解自己、知道擁有什麼、有哪些人脈與資源；(2) 風險

---

performance in complex decision-making environments. *Organizational Behavior and Human Decision Processes*, 46(2), 181-201.

[46] Bandura, A. (1997). *Self-efficacy: The exercise of control*. Freeman, NY.

[47] 本節的翻譯，國內尚未有統一翻譯，故皆為作者自行嘗試翻譯，僅供參考。

[48] Sarasvathy, S. D. (2001). Causation and effectuation: Toward a theoretical shift from economic inevitability to entrepreneurial contingency. *Academy of Management Review*, 26(2), 243-263.

承擔（Affordable Loss）：估算自己可以承受多大損失來限制風險；(3) 化險為夷（Lemonade）：擁抱意外，並將意外事件轉化為價值和盈利的能力；(4) 呼朋引伴（Patchwork Quilt）：建立合作夥伴，承諾以減少不確定性並帶來新資金和新方向；(5) 掌控未來（Pilot-in-plane）：專注於可控範圍內的活動，而不預測未來。再重新了解資源的掌握與風險評估，形成循環。

在每個原則下，提供一些思考工具如資源清單、可承擔損失評估模板、有效性請求可用資源等，不但能評估創業活動所涉及的風險，還可以進一步形成利害關係人網絡，與相關的回饋結果。

這種不預測未來、使用有限資源、在控制風險之下與夥伴一起嘗試、不斷進行修正再嘗試的方式，是否讓你想起類似概念的「精實創業」（lean startup）呢？

精實創業雖強調客戶參與、市場意見，以及「最小可行產品」，不過「試誤學習」精神是相同的，同樣也認為自己的判斷會錯誤，所以不深入預測，而是使用有限資源直接讓市場反應，再根據回饋修正產品，一步一步接近市場真正的需求。但實效理論的整體框架較大，也較為強調已掌握的有限資源，以及利害關係人的共同參與。

實效理論的提出，固然對於不確定性越來越高的創業模式提供了一個良好的架構，但實務上，因果性與實效性兩種模式之間並非完全互斥，也沒有哪種方式比較好，而是在面對創業過程中的不同階段時，適用的模式可能有所不同，或甚至需要兩種方式同時並行思考。

創業認知是一個新興的創業理論領域，對於理解創業家的創業活動及創業績效、區分創業家和非創業家……等方面，尤其是創業家思維模式的了解，都扮演重要的角色。但在各種認知結構、認知模式上的差異因素與形成來源，或創業認知在創業過程中的影響方式等，都仍需進一步研究，以發展更完整的系統理論視角與模型，在 AI 時代快速到來之際，能有效因應。創業與企業決策的各種判斷仍是依靠（有經驗的）人做最終拍板，但難免遇到認知界限，而 AI 系統則可提供更多相關訊息或建議，能以輔助做出更精準正確的判斷。我們期待看到人與 AI 協作創業的那天，屆時，創業家的能力將更具關鍵性。

三、創業家的能力

能力是什麼？與人格特質／認知有何不同？

最後，我們要回到最多人談的話題，創業家能力。所謂的能力，是指個體可以做出達成預期目標的行為，或具備足以達成目標的技術，而這些也都是經過認知系統處理後所產生出來的行為或活動。

在經過大篇幅的講述人格特質與認知系統之後，是否對於能力可以有比較多的掌握與了解了呢？

如果去刻意搜尋或詢問，究竟成功的創業家要具備怎樣的能力，得到的答案恐怕莫衷一是，甚至學術研究上也未能給出一致的答案。更甚至，所給出的答案其實是人格特質，或是創業認知，而非行為導向的真正能力。在此我們大致上整理出可能搜尋到的不同建議，並且依據本章一直在探討的人格特質、創業家認知，與創業家能力的學術分野進行區分。

有趣的是，由於每個創業家所經歷的故事都不一樣，人格特質與認知結構也有所差異，因此所體會出來的建議也都有所不同，少的只有三個建議，多的達 20 個建議都有，整理後去除掉重複或類似合併的，大致臚列如下表 1-3。

表 1-3 創業家應具備的建議歸類

本質	學術建議	實務建議
人格特質	嚴謹性	固執、堅持、自律、吃苦耐勞
	親和性	與人共好、會用人、寬廣的胸懷、通情達理、同理心
	外向性	社交能力、善用人脈、分享
	開放性	勇氣、好奇心、創意
	負向情緒性	正確的心態
	風險承擔	面對失敗、冒險精神

（接下頁）

（承上頁）

本質	學術建議	實務建議
創業認知	創業意圖	經驗、訂定目標、熱情
	動機	強烈欲望、自我推動力
	創業專家認知腳本	重新思考能力、系統化思維、訂定目標、規劃謀略
	機會辨識	把握趨勢、商業敏感性
	注意力	開闊的眼界
	自我效能	自我反省、自我認知、自信、自我成長
	實效理論	掌控能力、歸零心態、學習能力
創業能力	創業導向： 創新性、先動性、風險承擔、自主性、積極競爭	執行力、目標具體化、組團隊、專業能力、表達能力、營銷能力、溝通協調能力、解決問題能力、調適力
	動態能力： 協調整合能力、學習能力、轉型調適能力、資源運用能力、經驗與技術、機會感知與掌握	
	動態管理能力： 社會資本、人力資本、管理認知	

　　事實上，這個區分只能算是一個初步區分，甚至只能算是示範，因為前人建議內容的定義並不明確，也有些建議想表達的太多。例如：有人建議創業家應具備吸引資源的能力，這不僅抽象，而且可能性太廣，因此將之拆分為資源、溝通、表達、系統性思考（專家認知）、熱情等較為具體的綜合內容。同樣的，許多的建議內容其實多半可以將之歸類在前面所提及的人格特質類別，或是創業認知類別，但少部分確實難以拆分，也無法歸類到前述的分類中，加上又屬於與行為或技術相關的類別，因此暫時放在能力類別中。

　　就此，學術建議看似並非不實用，反而可能更細緻，於是我們在本章的結尾來介紹幾個重要的創業家相關能力——綜合創業家人格特質或認知架構，對於創業過程或結果有正面影響的行為、活動傾向或技術。這裡，我們借用重要的幾個能力概念，包括：創業導向、動態能力與動態管理能力，淺談從學術觀點，對於創業家個人層次應具備的內容建議。

與創業家有關的能力

(一) 創業導向

創業本身是創業家無中生有的歷程，但在新創事業成立之後，創業家仍必須要持續尋找新的利益與機會，於是產生出對於創業家精神的研究，但由於研究領域過於廣泛，到了 1970-1980 年代，學術界逐漸將創業精神限縮在行為取向的層面，發展出創業導向（Entrepreneurship Orientation, EO）的研究概念。

後經由多位學者們 [49] 的長期努力，除了將 EO 的研究對象區分為創業家、組織，和整體企業，並且確認了彼此關聯之外，同時也確認研究的定義與內容，使得 EO 的研究有了較快速而顯著的進展。在此，我們僅針對創業家 EO 進行描述。

什麼是創業導向呢？所謂的創業導向是指，創業家在創業過程中可能採取動作或決策所需的內在傾向，以實現新創企業的組織流程、策略方法與執行風格的具體行為 [50]。

若將 EO 與創業精神比較，來加強對此概念的理解。創業精神指的是包含哪些因素，比如要進入哪種事業、採取怎樣的進入策略，闡述的是新創企業的事業範圍、產品與市場及資源部署等問題；而 EO 則是強調行動方法，即導致新創企業行為所需的計畫、實務與決策活動，包含創業家嘗試有潛力的新技術、主動把握新產品市場機會、承擔風險性投資等。簡言之，創業精

---

[49] Miller, D., & Friesen, P. H. (1983). Strategy-making and environment: The third link. *Strategic Management Journal*, 4(3), 221-235; Covin, J. G., & Slevin, D. P. (1991). A conceptual model of entrepreneurship as firm behavior. *Entrepreneurship Theory and Practice*, 16(1), 7-25; Zahra, S. A. (1993). A conceptual model of entrepreneurship as firm behavior: A critique and extension. *Entrepreneurship Theory and Practice*, 17(4), 5-21; Stopford, J. M., & Baden-Fuller, C. W. F. (1994). Creating corporate entrepreneurship. *Strategic Management Journal*, 15(7), 521-536; Lumpkin, G. T., & Dess, G. G. (1996). Clarifying the entrepreneurial orientation construct and linking it to performance. *Academy of Management Review*, 21(1), 135-172.

[50] Lumpkin, G. T., & Dess, G. G. (1996). Clarifying the entrepreneurial orientation construct and linking it to performance. *Academy of Management Review*, 21(1), 135-172; Miller, D. (1983). The correlates of entrepreneurship in three types of firms. *Management Science*, 29(7), 770-791.

神側重靜態組成內容以描述該新創企業是「什麼」，而 EO 側重動態運作流程以描述新創企業「怎麼」做。因此，EO 是為了達到創業精神目標的一種實際表現過程。

EO 既已成為創業研究最廣泛的構念之一 [51]，確認創業決策是以公司的未來為出發點，學者們陸續證實了創業家 EO 與新創企業績效之間的正相關 [52]，同時，創業家風險偏好也因其規劃視野而異。EO 在探索潛在的市場機遇、開發新業務、增強競爭優勢方面也扮演著關鍵角色，所有這些也都促進新創企業的成長。研究也發現，創業家 EO 較高的企業，更容易適應動態競爭環境，甚至可能影響長期適應能力 [53]。

至於 EO 的內容包括哪些呢？由於 EO 是反應創業家在達成其新創事業目標時，在策略決策的流程上的行為傾向，綜合過去學者的理論，學者們認為其內容包括創新性、先動性、風險承擔、自主性、積極競爭等五項構面：

1. 創新性（innovativeness）

是指採用和支持創新的傾向，例如：帶來創造性破壞的新產品、新技術、新服務、新發明、新測試等等，亦即投入、開展資源創造或分配之相關創新活動，從而創造價值。此外，創新性能夠促進企業改革創新、加速新知識流動和轉化，並有助於新知識和新技術的產生，從而提高企業創新績效。

---

[51] Wales, W. J., Patel, P. C., Parida, V., & Kreiser, P. M. (2013). Nonlinear effects of entrepreneurial orientation on small firm performance: The moderating role of resource orchestration capabilities. *Strategic Entrepreneurship Journal*, 7(2), 93-121; Wiklund, J., & Shepherd, D. A. (2005). Entrepreneurial orientation and small business performance: A configurational approach. *Journal of Business Venturing*, 20(1), 71-91.

[52] Wiklund, J. (1999). The sustainability of the entrepreneurial orientation-performance relationship. *Entrepreneurship Theory and Practice*, 24, 37-48; Wiklund, J., & Shepherd, D. A. (2005). Entrepreneurial orientation and small business performance: A configurational approach. *Journal of Business Venturing*, 20(1), 71-91; Zahra, S. A. (1991). Predictors and financial outcomes of corporate entrepreneurship: An exploratory study. *Journal of Business Venturing*, 6(4), 259-285; Zahra, S. A., & Covin, J. G. (1995). Contextual influences on the corporate entrepreneurship-performance relationship: A longitudinal analysis. *Journal of Business Venturing*, 10(1), 43-58.

[53] Kreiser, P. M. (2011). Entrepreneurial orientation and organizational learning: The impact of network range and network closure. *Entrepreneurship Theory and Practice*, 35(5), 1025-1050.

創新性在人格特質一節中，已經出現在特定人格特質的創業模型中，足見創新的重要性，我們在後面的章節也將繼續深入探討。

2. 先動性（proactiveness）

是指創業家會主動採取積極行動和領先策略來推出新產品、新工藝、新技術或新服務，以超越競爭對手的傾向。爲了獲得競爭優勢，先動性的創業家傾向於利用領先對手的市場機會，率先推出新產品和服務，尤其在競爭激烈的行業和市場中，先動性對於取得和保持競爭優勢更爲重要，因爲先動性的創業家往往更容易發現新的市場機會，而具備市場洞察力，爲企業帶來創新績效。

3. 風險承擔（risk-taking）

其意義與前面人格特質一樣，是指創業家爲追求高回報而願意採取有所準備的風險行動傾向。這不僅反映創業家承擔進入新市場或採用新技術而可能導致失敗和不確定性的投資意願，當然也與其風險偏好密切相關。風險承擔可以促進企業的創新、創造新的規則、增強企業的競爭優勢，也有助於形成寬容和風險的組織氛圍，使企業往往在不能預測未來市場時仍積極行事，即使失敗也可從中學習，而獲得創新效益——尤其創業並不一定代表高風險 [54]。

4. 積極競爭（Competitive aggressiveness）

是指創業家面對競爭會採取直接且較爲激烈方式的傾向，而非刻意閃躲或相應不理，以達到企業目標或改善競爭地位。積極競爭的構面似乎也隱含了創業家可能願意採取非傳統手段來參與競爭，所以爲了要超越競爭對手，或搶占商機時，可能至少在一段時間內會將市占率設定爲目標，而以削價競爭或補貼等不惜成本的方式，或縮短新產品開發或上市時間來競爭。

5. 自主性（Autonomy）

是指創業家對於創新項目從概念生成到實現的過程，包括所有決策與執

---

[54] Drucker, P. F. (1985). *Innovation and entrepreneurship: Practice and principles*. Harper & Row.

行等行爲，皆爲獨立自主完成的傾向，不受其他條件（如資源取得、對手反應、人力不足、負面批評……）的影響。自主性較高的創業家也往往給人「獨裁」或「霸道」的印象 [55]。Elon Musk 在 Tesla 的創業過程中的表現，便是很好的一個例子。

(二) 動態能力

動態能力原是用以探究既有企業的競爭優勢來源，但藉此理論概念，此處特別用以提供創業家在經營新創企業時應有的能力思維參考。同時我們也將在第十章會再次提及並詳細解說此理論。本章中僅簡單說明。

動態能力（dynamic capability）從資源基礎理論（resource-based theory）的角度出發，爲該理論補充解釋在變化的環境中企業競爭優勢的來源。動態能力可以說是企業創建和修改既有的組織程序、企業資源和發展路徑，以因應持續變化的外部競爭環境的潛在量能。

動態能力概念認爲，具備競爭優勢的企業應該是面對不確定競爭環境與客戶需求時，足以即時反應、快速與彈性因應，而有效從事創新、協調與配置內部及外部資源與能力者。因此，宣稱競爭優勢來源的架構有三方面：(1) 建立獨特作業流程（process），爲一種協調與整合的流程，包括處理順序、慣例、關係，以及學習；(2) 特定資源狀態（position），尤其針對無形資產的組合，並結合各種利害關係方所呈現出來的資產狀態；以及 (3) 採用的發展路徑（path），即企業運作的策略方案。

據此，學者們進一步具體的定義，動態能力是藉由獨特流程、資源狀態、發展路徑，針對快速變動的市場環境，提供感知、掌握機會，以及適當的資源重組或轉型的反應行動。其中針對創業家的應用，究其理論內容，則可以說是創業家應具備包括協調整合能力、學習能力、轉型調適能力、資源運用能力、經驗與技術、機會感知與掌握等能力。

(三) 動態管理能力

動態管理能力是從動態能力的概念中衍生出來，特別針對企業管理者在

---

[55] Shrivastava, P., & Grant, J. H. (1985). Empirically derived models of strategic decision-making processes. *Strategic Management Journal*, 6(2), 97-113.

管理方面應有的動態能力，即管理者所具備建立、整合和重新配置組織資源和能力的概念。管理者的動態能力不同，便會做出不同的決定；同時，在資源和能力方面的差異，也會導致企業決策的差異，都會使企業競爭行為有不同的結果。由於學者們著眼於管理者在策略和組織變革中的角色，因此也相當適合提供創業家在新創環境中的參考。

動態管理能力的內容，主要有三個基本因素：人力資本、社會資本和管理認知。其中，人力資本是指學習力，對教育訓練或更廣泛學習的投資，其中涉及試誤學習、邊做邊學等學習方式。如果創業家的人力資本不同，將擁有不同的專業知識基礎或深度，可能導致做出不同的決定。

社會資本是指社會網絡與人際關係，以及所衍生的影響力、控制力和權力。除了從中可獲得的訊息與資源之外，也可能有助於將訊息移轉到不同網絡或環境中。其中又可進一步區分為外部社會資本和內部社會資本[56]，而創業家社會資本往往著重於外部資本，通常以兩種方式提高創業績效：外部資源的接取（如資金），以及不同公司的訊息。內部社會資本則形成管理與決策模式的差異。如果創業家的內部和外部社會資本不同，則訊息與資源獲取途徑不同，可能形成創業家做出不同的新創決策。

管理認知與前面章節提及的創業認知相當，是指創業家制定決策基礎的信念和認知結構。由於認知決策基礎包括對未來事件或假設的知識、替代方案及其後果的知識，但因有限理性，創業家可能無法獲得完整訊息。因此，其中的管理價值體系、主導邏輯、情境感知皆對管理決策有所影響，甚至會出現認知謬誤。此部分的細節又將回歸到創業認知章節中。

本章單元著眼於創業家個人本身的元素，從人格特質到創業認知，再到創業家能力，你能區分了嗎？

不過，事實上，不只是創業家，我們每個人身上的特質、認知結構與相關能力，其實都是會互相影響的。所以，也許創業家應具備某些鮮明特質，我們從前面的分析可以看出確實有部分共同性，這些特質得以讓創業家自然而然建構起所處創業環境中所需的認知結構，進而養成相關的創業能力——

---

[56] Adler, P. S., & Kwon, S. W. (2002). Social capital: Prospects for a new concept. *Academy of Management Review*, 27(1), 17-40.

即所謂天生創業家。但卻也看到一些創業家特質所有不同，或有其他更鮮明的特質，但因建構起來的認知結構相似，足以讓他因應創業過程中所需的訊息處理，或因此培養出一些關鍵的創業能力——後天也可以養成創業家。

 think-about & take-away

1. 最近超流行的 MBTI 中，含有創業人格類型嗎？為什麼？

2. 在看完前面大篇幅介紹的人格特質分類後，再想想所提及代表性 CEO 的特徵，你覺得還有哪些特徵？會怎麼歸類呢？

3. 對你而言，你符合哪些創業認知？最認同哪個創業認知觀點？

4. 我們沒提及的行為經濟學中的「認知謬誤」，對於創業認知有何影響？

5. 在所提及的創業能力中，最想獲得哪個？為何對你的創業最有利？

6. 本書表1-3中，「創業能力」的各項實務建議，為何要將三種能力混為一談？

個案介紹

案例 1-2 ╱ 創業快手 Henri：達沃斯新能源 & 高洋一對一學習

Henri 在疫情後期（2021 年），因為家人的因素不得不回臺，卻沒想到因此而開啟了創業人生；更沒想到的是，還一年創設一家公司。他擁有怎樣的心態呢？

主要創立兩家公司，達沃斯控股轉投資達沃斯新能源，是 Henri 攜手臺灣投資教父谷月涵共同創設，更是義大利國家電力公司 Enel X 在臺灣的戰略合作夥伴，專注於需量反應虛擬電廠的推廣，並提供各種能源解決方案，幫助客戶降低能源成本和碳排放。高洋一對一學習平台則是提供個性化教育服務的機構，突破了傳統的教學模式，並在教育界引起了廣泛關注。Henri 可算是兩家公司的基石。

訪談進行時，甫一見面，Henri 爽朗的笑聲與宏亮的嗓音，讓原本靜肅的研究室，立馬染上活潑的色彩，不知為何，他只是簡單的介紹自己，我們的心情卻已輕鬆愉悅，嘴角也不自覺地上揚起來。那不只是創業家的感染力，更已顯現其性格特色！

我們從他對創業經歷與未來展望的自述，以及相關的新聞報導中，探索歸納以下幾個創業家性格。

利他主義

「利他」！他幾乎不假思索迸出來的第一個字，利他主義，這是個相當特殊的人生哲學。會與他是基督徒有關嗎？

「利人才能利己」，原來他一直都這麼認為，這不僅是他創業人脈的來源，也是創業趨勢的方針。Henri 秉持利他主義，關注他人的需求和利益，幫別人搭建舞台，反而因此能建立更強大的合作網絡。他認為，只有在幫助他人成功的同時，自己才能獲得更大的成功。這不僅成就了達沃斯新能源與各方合作的立基點，也是他願意共同創辦高洋一對一學習平台的原因，因為在創業過程中，仍要關注社會責任，積極參與公益。

勇於冒險

與所有創業家一致的看法,「創業家要勇於冒險……一定要不畏艱難……你會一直遇到未知與困難。」Henri 眼神堅定地笑著說,「都會面對困境,但一定要堅持啊。」在達沃斯新能源的業務開拓過程中,Henri 帶著勇於冒險的精神,敢於挑戰自我,這使他敢於嘗試新技術和市場策略,而成功推動與明曜科技的合作,將浸沒式冷卻技術應用於儲能產品中;同時也將其應用在與聯齊科技的電池儲能系統(BESS)的解決方案中。並以這項創新之舉,進軍國際市場。

這個新嘗試會成功嗎?市場接受度如何呢?當然不是一味冒險,而是審時度勢之後的判斷。這就需要不斷學習的能力。

不斷學習

市場和技術不斷變化,「就要不斷的學習……創業者必須保持學習的熱情。」如此才能不斷提升自己的能力,了解合作的對象,也熟悉所處的環境。也才能做出相對正確的判斷,將自己與他人放在對的位置上,讓每個角色都能最好的發揮各自的專長、創造最大優勢。

事實上,Henri 自己在創業過程中,也仍持續參加各類學習活動,且不限於事業發展上,生活上甚至跨國文化亦然,並且也樂於與他人分享自己的經驗。

如何維持這種熱情呢?

好奇心是驅動力

保持好奇心便是 Henri 保持熱情的驅動力,也因此能持續進行探索和創新。他認為,需要保持對新事物與環境的好奇心,是驅動創業者不斷前進的重要因素。在創業過程中,好奇心驅動他不斷尋求新的市場機會、結識新的人脈、學習新的事物,並樂於嘗試創新方法。也因為有好奇心,才會發現冒險的機會,而不斷學習才能掌握風險。

心胸開闊

然而,一個人的能力畢竟是有限的,需要更多合作。「我喜歡與人合作」,「因為有更多的人,才能創造更多不可能」,而要與不同的人合作,就需要有足夠的包容性。「心胸要夠大,格局才夠大」,也才能容納更多的人一起合作。

　　「我們整合了各方的人、整合了各個團隊與其技術，才能將不同大小公司聚集、發揮其各自不同功能，而共同創造更好更新的成果，雖稱不上是偉大，但是很新、很有趣，對社會也有貢獻度。」Henri 針對目前達沃斯新能源結合許多原本分散的大大小小公司，卻因為他的努力而一起合作，並進軍國際市場，使用新能源運作方式來減碳，並創造更多就業機會與利潤。

　　Henri 覺得心胸寬大，才能擁有更大的格局和視野，這樣不僅能對於市場變化和困難挑戰有足夠的緩衝性，且能將不同網絡的人聚集在一起，創造更大的聯集、更大的利潤。

領導風格

　　Henri 的領導風格以合作與創新為核心。達沃斯新能源在其領導下，成功與明曜、聯齊合作，共同為日本電力市場提供綜合儲能解決方案，新技術的應用不僅提升了產品效率和可靠性，也顯現其在市場推廣合作的領導力，寫下「Team Taiwan x Japan」的代表作。

　　Henri 強調創業應該要以在地化的方法來解決在地問題，「think globally, act locally」，「團隊對了，技術就解決，資金也解決了」。善於溝通的特點，使其能有效傳達願景和目標，並激勵團隊成員共同努力實現目標。

　　領導者也需要有開放的心態，樂於接受新的觀點和建議；團隊組織運作，其制度的建立很重要，但也必須要有一定的彈性。然而，人的管理仍是最困難的部分，「不信任是最大的困難」Henri 表示。

創業家性格的形成

　　或許，Henri 的創業家性格是來自於早年的經驗，求學時期他不僅經歷跨國求學念書的辛苦，更不斷在不同的環境與壓力中快速適應，加上個性外柔內韌的屬性，逐漸養成偏外向的個性，同時累積廣泛的人脈，並在不同文化背景下得以靈活應對各種變化，而這也是創業者所必需的素質。

　　當然，Henri 的學習、觀察與思考的習慣，也讓他在創業之前累積了豐富的知識和經驗，在面對創業挑戰時更加自信和從容。

　　綜合來說，Henri 的創業家性格無論是否來自於天性、家庭，或跨國和專業經歷，以及信仰哲學的綜合結果，但我們觀察到目前所形塑出的包括利他主

義、勇於冒險、不斷學習、保持好奇、心胸開闊等特質，使其展現在對內的領導風格，以及外在的業務拓展成果上，使他成為創業快手。

思考

1. Henri 的創業家性格，與黃仁勳有哪些雷同或相似之處？有哪些相異之處？
2. 你覺得哪些性格是成功創業的關鍵呢？
3. 你覺得哪些關鍵性格是可學習的？哪些不行？
4. 本章學習後，這些創業家性格，你會怎麼歸類到特質、認知與能力呢？
5. 換位思考下，你可能像案例中的人物那樣，形塑出創業家性格嗎？為什麼？

Chapter

2

創意發想與創新

個 案 介 紹
案例 2-1 ╱ 一根迴紋針，換到一棟房子

故事背景

　　也許你也聽過／看過這個故事：2005 年 7 月，加拿大青年 Kyle MacDonald 用一根紅色迴紋針，經過一年的時間、14 次的交易，成功換得原先設定的目標：一棟真實可住的房子！

　　當時的他，為何會想建構一個以物易物的網站？又如何換到相較於紅色迴紋針而言，如此價值不菲的結果？

　　首先回顧當時的網路環境。

　　2005 年，網路泡沫潮算正式結束，Google 剛掛牌上市一年，服務除了搜尋引擎跟 Gmail 外，地圖服務才剛推出，可能僅限北美地區。FB 也才成立一年，YouTube 成立不到半年，當時最紅的網路應用是 blog 與 Skype，除了 MSN 與 Skype 就沒有其他網路即時互動工具。當然，沒有 iPhone，沒有 app，當時智慧手機的使用方式跟電腦差不多，手機通訊才剛推出 3G 網路。網路交易方面，電商並不多，較知名的電商僅 Amazon，臺灣是 PChome，拍賣仍僅有 eBay、Yahoo，當然沒有以物易物的網站或平台服務。也就是說，網路只能透過電腦，且沒有串流影音、沒有畫面圖片搜尋，資訊搜尋與交換都以文字呈現，也不夠即時，因此電商交易也相當原始。

　　在這樣的網路環境中，如何以物易物？Kyle 又如何用他的創意，產生不可思議的價值？

交易過程

　　在當時的網路環境下，「網路以物易物」這樣的想法，其實算是一個創意。而將這個創意具體實踐，則算是一個創新的做法。然而，能帶來價值嗎？

　　起心動念是出於好奇心態，Kyle 剛從學校畢業沒多久，也沒有一個正職，只是對於網路有著憧憬與想像，並且認為物品有超越價格的其他價值，因此想到要以物易物。但他沒什麼高價的物品，於是就以一根紅色迴紋針開始，沒有以物易物的網站，就只能自己架設網站，向天下昭告展開神奇之旅。

　　當然，毫不意外，都是以遭人嗤之以鼻揭開序幕的——但卻是一個創舉，也是一個驚人之舉；懷抱著令人難以相信的「幻想」，也沒有什麼確實的計畫，就去做了！

　　後來從他的書中可以得知[1]，其實他是有一些目標與方向、交換原則設定，且在過程中有隨著環境變化的收獲而調整部分交換原則。表 2-1 是整理所有交易的過程及相關的價值與收獲。

表 2-1　Kyle MacDonald 所有過程整理

順序	物品	來源	價值	收獲
開始	紅色迴紋針		約臺幣 1 元	發想與行動
1	魚造型筆	一對溫哥華姊妹撿到的	認同價值	
2	門把	美國西雅圖藝術家自製，想淘汰	服務交易加值	發現每個人的需求都不同
3	戶外瓦斯爐	麻州搬家者，想找人聊天	服務交易加值	原因越特別，交易的東西價值越高
4	發電機	加州海軍現役軍人	成為媒體寵兒，用媒體替自己的交換加值	改變規則，要越換越炫
5	啤酒派對包	紐約	在皇后區很受年輕人歡迎	
6	滑雪車	蒙特婁的 DJ	再度大增值	
7	一趟旅行	雪車雜誌提供	行銷價值交換	首度上加拿大電視台
8	一輛發財車	一家公司經理想賣掉	彼此增值	

（接下頁）

---

[1]　Macdonald, K. (2007). *One red paperclip: Or how an ordinary man achieved his dreams with the help of a simple office supply*. Random House. 繁中版：張又文譯（2008）。一根紅色迴紋針。聯經。

（承上頁）

順序	物品	來源	價值	收獲
9	錄製唱片並寄給 Sony、BMG	一名多倫多音樂人	彼此增值	再度上加拿大電視、CNN 採訪
10	免費一年租屋	美國鳳凰城歌手 Jody Gnant	彼此增值	
11	跟搖滾歌星共度下午茶	搖滾歌手 Alice Cooper 助理	彼此增值	
12	多重燈光效果的下雪水晶球	一位搖滾樂迷	不到 50 美元	曝光效果達高潮，充分引爆話題
13	一份戲劇合約	洛城法網演員 Corbin Bernsen	行銷價值	
14	一棟房子	Kipling 鎮發展局長與鎮議會	約臺幣 160 萬元	夢想成真！

　　從他成功後的著作中，可以知道，除了原先就設定的交換原則（bigger, better）外，在開始行動之後一度關注度下滑，於是他架設網站、使用當紅的 blog，持續宣示決心，也同時再度發散最重要的元素：樂趣！因而把原本以物易物無聊的事情，竟醞釀成一個有趣、大家都想共同參與的故事。

　　不知是有意還是無意，竟在當時的網路世界竄紅 —— 若放在現在，可以更快、更廣。也因此，順利的開始了 Kyle 的冒險，終獲成功！

　　也因為他的成功，網路世界才開始有了以物易物的交易平台，並且一窩蜂地冒出，例如：Kijiji、Craiglist、Swapub、以物易物交換網等。

啟示：創意成功的元素

　　以 Kyle 的故事為例，創意創新要成功，需要的元素可能有以下這些：

1. 獨特而有趣：Kyle 在其後來的著作當中，特別提出「Funtential」（中譯本翻譯為「玩心力」），也就是前述提到的，他將「以物易物」這個原本極其無聊的單純小事件，灌注極大樂趣在其中，讓網友跟風、起鬨、參與，不僅讓物品變得更多元、多樣，不怕換不到，也增加了許多認同價值。有趣，也

成為網路行為、網路行銷很重要的一個元素，同時也是創意創新較能堅持的重要內在動機之一。

2. 公眾認同：取得越多人的認同，則認同價值越高。此共同價值固然必須藉由宣傳讓公眾知曉，但核心仍為該價值的獨特、有趣、單純、善意。回顧在當時的網路環境之下，唯一的以物易物、宅男追夢的議題，成功製造話題，並取得公眾認同。這個獨特的創意，未來被複製的可能性將越來越低——但核心價值可以！

3. 堅持與信任：創意最怕三分鐘熱度，尤其是網路公眾議題。即使出發點極佳，但若未能堅持，也難成功。此外，Kyle 透過堅持每次登門親訪交換，並拍照放上網路，在一次次的堅持中，看見其不失初衷的有趣、獨特價值，同時也累積了信任感，使話題得以甚囂塵上，甚至引來大型媒體報導，與行銷價值互相加乘。也因此，在第 12 次的交易中換得 50 美元的裝飾，引來網友唾棄，也得到最高關注——殊不知他早已有所布局，而在更為樂觀的結果後，成功化解信任危機。

4. 超越金額的附加價值：除了基於原本核心的樂趣、獨特價值之外，每次的交易都累積了不同人的心情故事，在以物易物的同時，看見了單純圓夢的努力，以及互相增值、互相幫助彼此的緣分，加上眾人的關注，都是交換物品價值之外的附加價值。也就是這些附加價值，讓這個交易更加值得。

5. 價值交換：以物易物原本就是價值交換。但 Kyle 原先的設定是換得更大更好，所以顯得特別不容易，也必須遇到特殊情形，例如：最開始的魚造型筆雖然價格高出許多，但原物主是撿到的，加上前述的附加價值，使得交易可以完成。因此，創意創新的執行，必須考慮雙方對等但不同的價值交換。

6. 原則與限制性：Kyle 的以物易物如果沒有設定原則，進行得下去嗎？中間他若沒有更嚴格的設定：越換越炫，有可能成功嗎？原則與限制，乍聽之下似乎是與創意創新背道而馳，但其實適當的限制或約束可能讓創意創新有更大的發揮空間！

除此之外，你還有哪些關於創意創新的啟發呢？

Kyle 曾表示，「交易時，錢雖是很有效的媒介，但通常並非最好的選擇。」於是他重溫小時候玩過的交換禮物遊戲，掌握其「興奮好玩」的精神，融合網路

「有趣冒險」的特質，迸發了特殊的價值交換之旅。而理性上，他也體認到以物易物「要能猜出對方心中的價目表才能成交。同樣的東西，每個人的價值可能天差地別……存在看不見的潛在價差。」

Kyle 的成功打開了網路世界的另一扇門，之後物品交換的平台也像拍賣網站一樣一一開張（也多有關站），即便更多物品可以進行交換，但在核心樂趣與附加價值缺乏之下，這樣的成功恐怕很難被複製了。

不過，潛在價差形成的價值交換仍在繼續著。例如：2020 年在 TikTok 和 IG 有個網友 Demi 開啟一個「找我交易」（Trade Me）的活動，用一個簡單的造型黑色髮夾開始，只用 2 個月、經過 14 次的交換，竟已經換得 2017 年版 MacBook Pro，故事似乎還在進行中。另外，在加州的 Steven Ortiz 也用當初別人淘汰的舊手機，經過 2 年、14 次的交換，在 2021 年已換到 2000 年版本的保時捷跑車 Boxter S。

這樣看來，創意不是不能複製，而是能否看穿表面、跳脫框架、掌握核心、堅持不懈，加上有趣與適當條件限制，多元素的穿插設計，讓故事與創意持續進行中……。

創新創業是從創意而來，三創的起源在創意，本章將從創意的觀點出發，從個人創意如何獲得，到組織創意如何管理，進而到創新的認識，以期對創新創業有所掌握。

👥 一、創意、創新到創業

從前章的創業家心理學，大約可以知道，身為一個創業家，總有一些不同於常人的「特殊能力」，然而，多半是認知心理、個性、心態，與執行能力有關，卻與這裡要談的創意、創新不太相同。

這是在說，成功的創業家，不一定要很有創意或創新？那要怎樣成功？或者，創業家需要具備從創意、創新到創業，雙重甚至三重以上方面的能力？還是，有了創業家特性，自然就具備創意與創新能力？

確實，有些人會將三者串連在一起，認為彼此緊密相連，甚至合起來稱之為三創。但真的是如此嗎？

首先，我們要將創意、創新、創業區分清楚。

有時可以簡單地將創意描述為一個好想法（good idea），或者也有人積極地將創意描述為，一種打破框架、逆向思考、找出或建立事物間的新關係，或將既有元素重新組合成另一事物的能力。但多數學者對於創意（creativity）的定義是指「產生出具新穎性並且有用的結果」[2]。因此，無論如何描述，多半會將創意的重點放在新穎性，但別忘了也必須具備使用性才行。也因此，創意不僅是一個好想法，也必須是一個可行的好想法。

通常，創意也會進一步衍生出發明，發明再進一步可以申請專利。透過專利可以知道，發明必須具有一定程度的新穎性，但可行性或實用性必須透過商業化再來實現。因此，創意與發明的區別便在於，發明是藉由創意的新穎性而具體實現的產物，但不一定著重在使用性；而創意則某種程度上也須同時著重實用性，但僅止於想法或設計，並沒有具體實現。

---

2 Amabile, T. M., & Pratt, M. G. (2016). The dynamic componential model of creativity and innovation in organizations: Making progress, making meaning. *Research in Organizational Behavior*, 36, 157-183; van Knippenberg, D. (2017). Team innovation. *Annual Review of Organizational Psychology and Organizational Behavior*, 4, 211-233.

　　創新則指的是「個體／集體企圖讓使用者獲得顯著利益，而刻意導入或應用相對新穎的元素（如想法、流程或產品等）。」[3]也就是說，想辦法將創意具體實現出來，就是創新。由於創新比較偏重在創意的具體可行性，因此相對於發明，創新在新穎性上可能不那麼講究──也因此有不同的創新類別與程度，將在後面章節陳述。

　　而上面對於創新的定義，也可與創意之間有較為清楚的區別。即創意是一個兼具新穎性與可行性的好想法，創新則是想辦法將創意具體實現，甚至商業化，創造出一定程度的市場價值，而創業則將此商業化結果，以承擔經營風險同時設法獲利的方式，在市場上進行一定規模的交易。

　　所以可知，創業就是成立公司，使用資金的形式、承擔經營風險，將資源有效運用以實現創新，藉由市場交易而獲利。創業既然是以公司形式在市場上競爭，與創新便有相當程度的不同──更著重在組織運作、為實現創新而運用各種資源，並思考競爭策略與動態變化。

　　綜合來說，創意者蹦出一個好想法，發明家使該創意發揮作用，而創新者則對該創意賦予商業價值，創業家則承擔風險並設法將其推向市場，轉化為產品或服務進行交易，藉此獲利。反過來說，創業家通常具備創新導向（見第一章）與創新相關特質，而要有創新相關能力就必須要先培養創意，而創意是人們與生俱來的天性，每個人都會，只是夠不夠好──幸而，除了靈感，也是可以培養而來。

　　大師 Drucker 也曾說，成功創業家不會坐等創意自己出現。想創新並成為創業家就必須走入市場觀察、詢問、傾聽、思考，要先簡單而專注，了解潛在用戶價值觀，並使用左右腦分析訊息。

二、創意怎麼來？個人創意思考訓練管理

　　無論是個人創意或是組織創意，都跟思考結果有關。對個人而言，創意就是一個動腦思考的結果；對組織而言，則是一群人集體的思考結果。但在

---

[3]　West, M. A., & Farr, J. L. (1990). *Innovation and creativity at work: Psychological and organizational strategies*. Chichester: John Wiley.

探討創意時，仍以個體的立場為出發點較為常見。

創意既然是從思考活動而來，要培養創意就得透過大腦的思考訓練。從認知心理學的觀點，由於左腦與右腦的思維方式並不相同，思維方式與培養訓練也應有所不同，左腦屬於邏輯式、垂直式、理性的批判性思維；右腦則屬於直覺式、水平式、感性的創造性思維。

批判性思維訓練 —— 左腦開發

能充分展現批判性思維的人，往往給人一種「專業人士」的感覺。

這是因為批判性思維這種智力活動，處理的是整體結構的理性邏輯推理、分析，以及前後的一致性，因而能反思、質疑，尤其是藉由知識和智力（的學習）被認為是正確信念的合理性。批判性思考幫助我們反思、推論、評估、判斷自己或他人想法或論述的思考過程 [4]。

根據密西根大學所提出解決問題策略中的描述，來認識批判性思維：

1. **組成**：(1) 識別基本假設並提出質疑；(2) 體認脈絡的重要性；(3) 對相關的替代方案進行想像和探索；(4) 培養反思性的懷疑態度。

2. **運作方式**：重新組織基本假設，審視內容論點，與一系列類似或相關但不同的觀點進行比較，判斷想法或理由的合理性，做出正面和 / 或負面評價。

3. **五個階段**：(1) 觸發事件：意外導致不適或窘迫感；(2) 評估：自我審視以釐清關注焦點；(3) 探索：尋找解釋與其共處的方法；(4) 發展替代觀點：選擇最適或最佳的假設與活動；(5) 整合：新想法和新思維的適應與行動。

有一些思考習慣有助於培養批判性思維，這些習慣包括自信，有助於發展推理能力；脈絡觀點，從更宏觀角度梳理整體相關脈絡；適應、容納和改變想法或行為的彈性；藉由觀察、思考與提問來尋求通達理解的好奇心；接受不同觀點的開放性；實事求是探究真相的正直性；深度反思 [5]。

---

4 請見密西根大學網站：http://www.umich.edu/~elements/5e/probsolv/strategy/crit-n-creat.htm

5 Paul, R., & Binker, A. J. A. (1990). *Critical thinking: What every person needs to survive in a rapidly changing world.* Center for Critical Thinking and Moral Critique, Sonoma State

　　除了藉由思考習慣來培養批判性思維之外，學者們也進一步提出一些刻意的養成技巧[6]：(1) 分析，即將整體事件或陳述分解成部分，以發掘各自的性質、功能與彼此關係；(2) 運用某個標準或準則進行判斷；(3) 區別，除了認知概念、事物或情境間的異同，也區分出類別和等級；(4) 搜索訊息，即辨識來源而蒐集主客觀的新舊資料，搜索相關證據、事實或知識；(5) 邏輯推理，有證據支持的結果；(6) 預測，設想後續的計畫與其結果；(7) 變型，即在不同概念間，轉變其條件、性質、形式或功能的知識獲取。

　　特別值得一提的是，前述的脈絡觀點與分析技巧恰好是同軸反向的訓練，與「10 冪次觀點」的思考練習工具異曲同工；此外，也有其他批判性思維技巧的工具，例如：心智圖與概念圖、魚骨圖、甘特圖等。這些現成工具多有其他書籍論述，在此省略。

創造性思維訓練 ── 右腦開發

　　能充分展現創造性思維的人，則帶給人一種「聰明的傢伙」的印象。

　　那是因為創造性思維是一種從不同的、新穎的角度，看待問題或情況的思考過程，使得其觀察結果或進一步提出的問題，總是與眾不同又有其特殊相關性，並非一般性的正統結果或呈現。

　　密西根大學對創造性思維的描述是，用來開發獨特的、有用的，且值得進一步發展的想法的一套思考流程。雖然難以言喻其內容，但可以觀察創造性思維對於問題解決時的特色，包括很抗拒解決問題的標準化格式；會同時對廣泛的、相關但分歧的領域感到興趣；對一個問題會同時採取多種觀點；在其生活實驗中會使用試誤法學習；未來導向，思考問題解決背後的目的、結果，或方向；創造性思維者相信自己的判斷，並總是帶有自信感。

　　創造性思維的典型既然是非邏輯式、非結構化、水平發展的想法，也就沒有既定的運作流程，因此不容易訓練。但也不是完全無關的、天馬行空的

University, Rohnert Park, CA.

6　Scheffer, B. K., & Rubenfeld, M. G. (2000). A consensus statement on critical thinking in nursing. *Journal of Nursing Education*, 39, 352-359; Rubenfeld, M. G., & Scheffer, B. K. (2001). Critical flunking: What is it and how do we teach it? In G. M. Dochterman & H. D. Grace (Eds.), *Current issues in nursing* (6th ed., pp. 125-132). St. Louis, MO: Mosby.

亂想，仍有一定的方向與限制，事實上，創造性思維可以透過非結構化過程（如腦力激盪），也可以透過類結構化過程（如水平聯想）來激發。

脳力激盪是結合相關與非相關想法的串接式自由聯想，也是學者認為較能激發創造性思維的方法——尤其當多人進行時——而在實務操作上，其實是滿結構化的。學者們也提出幾個腦力激盪進行創造性思維的練習，例如：針對既有問題或目標，共同提出其他類的問題或建議；反向提出許多錯誤的解決方法；想出更容易或更難的解決方法；共同列出在提出解決方法過程中所學到的東西，以及所認為該目標問題的重點為何；共同思考出所有解決方法中推測錯誤的可能原因（非數量性的）；提出一些「萬一」的情況，並討論可能結果（「萬一」的問題可以較易因應未來的變革）。

此外，也有幾個強化創造性思維的習慣與方法，例如：經常記錄並追蹤自己天外飛來一筆的想法；在自己的專業領域提出新問題，保持好奇心，樂於接受新想法；經常更新自己專業領域的相關資訊，也要拓展自己專業領域以外的其他訊息；避免僵化和固定的做事模式，在容許範圍內進行不同的嘗試；經常觀察並思考相似性、不同之處、獨特特徵；在安全範圍內冒險，描繪失敗解決方法，進而將範圍擴大；從事其他創意嗜好（如創作）；保持良好幽默感。

同時，也有學者建議，對於創意與創新，個人應掌握以下這些面向 [7]：(1) 時間管理；(2) 邏輯推理過程（即前述的批判性思維）；(3) 數量性的統計概念；(4) 創造性思維。創意與創新的過程與學習不僅是資訊或知識的累積與交換，更是要充分利用這些資訊與知識，最終目標是整合後，加以創意與創新後而能為客戶或使用者提供價值，並且更進一步能被用戶接受而從中獲取利潤——不一定是貨幣利潤，也可以用其他指標衡量，取決於創新內容。

實際上，創意與創新思維不可能單單來自於批判性與創造性其中一方的思考運作結果，一定是兩方面思維過程的共同結果，因而不易也不用區分。相信你也有過這樣的經驗，有時，傑出的、別緻的、令人驚嘆的創意，往往是所謂靈光乍現，除了如聖經所說靈感從天降臨這種無法解釋的特殊經驗，

---

[7] Gupta, P. (2012). *The innovation solution: Making innovation more pervasive, predictable and profitable*. Accelper Consulting.

通常是在某個專業領域的基礎之上，並經過一定時間或程度的相關知識與經驗累積後，突然頓悟而來，是一種醍醐灌頂的釋然，然而，靈感，可能更多來自思想流程運作的方式，而非既有的組織架構或商業模式。因此，如前述的練習一般，創意與創新都會與知識管理或相關的知識經濟有關——尤其在組織當中。

三、組織創意創新分析與管理

知識管理概念

知識經濟來自於各企業因知識產生的價值交換，企業與組織的知識則來自於組織內部成員，彼此對於知識運用而產生的創意創新的貢獻。在個別組織成員有了創意創新的基礎之上，組織如何有效的運用、串連、發揮成員之間的創意創新，便是組織內部知識管理的目的。

一般來說，組織的知識創造都以為是研發單位，其實各單位都有其獨特的知識與資訊（或說 know-how），因此，這邊所謂的知識管理並不僅限於研發單位，而是廣泛應用於各組織的基本概念。

組織既是由個人組成，知識也將藉由彼此之間的分享，使得組織也將獲得集體知識。此時，組織需先具備知識分享的氣氛或文化，也要建立知識保留的制度與慣例，才得以有效管理集體知識。特別要強調的是，組織文化或制度的形成，最初都是由領導者帶動，而對於新創企業，起初的組織文化建立相當重要，將在第五章對此有較深入說明。

實務上，組織知識要能對組織能力開發產生功效，其中知識管理的流程包括四個步驟[8]：

1. 知識建立：識別組織需要的知識、IP（智慧財產）的建檔管理等。
2. 知識衡量：建立知識資本會計。這部分難度較高，且無標準化，可藉由會計制度中的無形資產方式建立。例如：道氏化學自行開發智慧資本計量表。

---

[8] Grant, R. M. (2016). *Contemporary strategy analysis: Text and cases edition*. John Wiley & Sons.

3. 知識留存：教育訓練課程、集體學習活動等。

4. 知識運用：資料庫建立、專案小組（進行腦力激盪等）、最佳實務轉型運用、建議箱制度等。

　　正常來說，組織的集體知識應是動態存取流動的，並藉由適當的規則能持續擴充，正如 Nonaka 提出的組織知識動態理論，如圖 2-1 所示。Nonaka 將知識區分為難以言喻的隱性知識，與可撰寫下來的顯性知識，組織成員都會有各自的隱性與顯性知識，並透過適當的制度（訓練、閱讀、實習……等）持續擴充中，但要能為組織有效運用，必須要經過「集體化」的過程——無論是顯性或隱性知識。而集體化後的知識，又要能被組織成員重複運用，以生成更新的知識；再進一步的集體化，而使得組織集體知識得以不斷進步（即學者所稱之螺旋理論）。

圖 2-1　動態組織知識理論示意圖 [9]

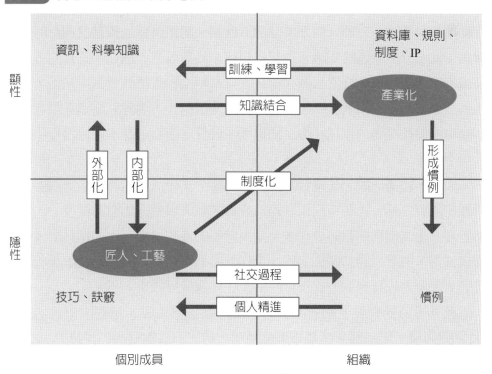

9　改編自 Nonaka, I. (1994). A dynamic theory of organizational knowledge creation. *Organization Science*, 5(1), 14-37.

組織創意創新的來源與影響

結合前述個人思維與組織知識，可以了解組織創意創新來源與個別成員知識與思維運作有關。而具有創意創新能力的人，不太輕言放棄，往往一次又一次的改變，嘗試從不同的角度、用不同的方法提出解決方案，意味著創意創新能力是藉由三個部分共同組成的[10]：(1) 專業能力，即專業領域的知識與相關能力與態度，也與前述批判性思維直接相關；(2) 創造性思維，諸如前述的許多特徵，包括水平思考、多角度觀察、獨立冒險、容忍模糊、承受失敗等等；(3) 內在動機，包括覺得有趣、堅持與毅力、密集情緒化工作等等。

最近有研究則以簡單但較為全面的內容，顯示無論是個人或組織層次，對於創意創新的生成機制，都可以歸納為三種機制來促成：動機路徑、認知路徑、社交路徑。其中，**動機路徑**是指從事創意創新相關活動時，與動機相關的機制，包括諸如想法生成的誘因與環境、風險承擔高低、內在或外在動機如何激勵……等（內部／外部）機制。**認知路徑**是指創意創新的認知歷程，此部分與前述的知識管理較為相關。具體而言，例如：認知固著、知識識別，或與獲取、搜索和關注資訊，以及轉換和重組該資訊與知識，以產生創意創新成果的相關機制。**社交路徑**則是指個人、團隊和組織在創意創新活動中的彼此互動，包括社會交換過程、信任、衝突或想法產生過程中的互動焦慮等等。

因此，組織形成想法或知識互動的氣氛、文化或規則時，除了前面知識管理的內容之外，也要特別留意組織成員的動機因素（如激勵制度），與情緒管理。尤其創意創新的成果多半是以無形的方式呈現，比如創意形成的好壞或快慢、同事之間的關係、即興創作的難易、創新領導力、知識吸收能力等等，因此若以有形的方式予以評估，往往造成反效果。

此外，反過來說，創意創新的障礙排除也很重要。這些障礙包括[11]：(1) 知覺障礙：限制部分感知來解決問題，造成不易觀察而形成錯誤；(2) 文

---

10 Robbins, S. P., & Judge, T. A. (2013). *Organizational behavior* (Vol. 4). New Jersey: Pearson Education.

11 Hellriegel, D., & Slocum, J. W. (2004). *Organizational behavior*. Thomson South-western.

化障礙：依循既定規則、避免衝突或過度重視競爭，有時也認為幻想和探索行動是浪費時間；(3) 情感障礙：害怕犯錯，包括不信任他人、一言堂等等。

於是，可以看到，許多講究創意創新的企業（無論新創或是大企業，例如：Google、IBM、微軟），都刻意強調企業的開放性文化，例如：提供充足的自由空間、時間、福利，甚至連 KPI 也無形化了。

然而，創意創新的關鍵並不是消除所有的限制或障礙，而是回歸強調前述的動機路徑、認知路徑、社交路徑的本質，尤其在新創企業管理實務中，如近幾年頗為流行的敏捷式管理和精實創業原則，反而強調在刻意（或不得已）的限制時間、資金或其他資產，也可以呈現出創意創新，甚至更為突出。這部分，我們可以從約束理論來觀察分析。

約束理論[12] 即從資源限制的觀點，來解釋組織或企業的創意創新能力是如何受到影響。該理論主要有四個重點：

1. 組織的資源約束與組織創意創新之間，有倒 U 形關係的現象，也就是說，組織中資源若能適當地限制，則創意創新將可以達到最大效果，限制過多或過少都將會減低組織創意創新成果。這也有效解釋了為何有些研究呈現正向關係，有些呈現負向關係，而有些則呈現無相關的結果。

2. 這樣的關係同時適用於個人、團隊與企業層次。

3. 不同的約束類型，將透過不同的途徑，對創意創新產生作用。理論將約束分成輸入性資源限制、過程限制、創意創新輸出約束，藉由動機、認知、社交不等途徑發揮機制作用。

4. 同時提出一些調節變因會在組織中發生，而在約束類型與創意創新成果之間，產生增強或減弱的影響，使組織創意創新的成效變得複雜。這些調節變因包括產業環境因素（如技術動盪、環境變化、市場不確定性、監管）、企業與組織層次因素（如股權結構、薪酬分布、先前業績、技術跨度、管理層心態、組織動態、團隊創新氛圍、權力距離、企業類型、團隊規模、腦力激盪動態性、創新性規模及來源、外部資金可靠性）、組織成員因素（如學習導向、目標導向、經驗多樣性、內在動

---

[12] Acar, O. A., Tarakci, M., & van Knippenberg, D. (2019). Creativity and innovation under constraints: A cross-disciplinary integrative review. *Journal of Management*, 45(1), 96-121.

機、開放性、矛盾心態、認知需求、求新傾向、經驗、培訓）。

總而言之，在企業或組織中的資源限制，有著不同的類型與作用層次，且在執行、彈性、時間上也有差異，彼此交互作用之下，對於創意創新造成曲線關係的影響性，而過度限制仍會適得其反。由此可知，想要充分釋放組織創意創新的潛在公式其實是加以適量的約束，同時也要考慮不同的限制類型或方式（即所謂的彈性調整或選擇）。

在實務上，從資源限制觀點出發的約束理論，在對於組織創意創新的現象，提供了不錯的解釋，尤其是對於創意創新從業人員所謂的「創意喜歡限制」一說。例如：以有限的金錢和時間開發最小可行產品（精實創業）、徵求早期客戶反饋、召開每日站立會議，都能提升創意表現。也可以解釋iPhone 的成功因素之一，是對其設計施加的材料限制，同樣的，目前全球對於環境、社會及治理（ESG）的關注程度，也讓各種產品設計或企業創新活動更有了依據。而最近逐漸流行的**自助創業**（bootstrap）和**隨創理論**（bricolage），以及商業模式設計實驗等，也都恰好可藉此理論獲得解釋與印證。

創意創新的開發策略

綜合前面對於創意創新的來龍去脈與相關的認知，對於組織創意創新的發展管理策略，哈佛商學院的學者 [13] 建議以下四種方法：

(一) 對比法（Contrast）

團隊要先找出創意創新的目標，尤其是其中蘊含的意義與假設基礎，對此目標的描述越精確越好，如此，之後才能針對原先組成元素衍生出其他變化，例如：逆向思考、重組、拆分、混搭等等。這種方法最直接、最簡單，但多半無法做到大幅的改革或「激進式創新」，而多僅為「漸進式創新」，但經常被網路產業入侵傳統產業拿來使用。需留意所處的組織文化並不容易找出目標中蘊含的真正意義，或者不容許挑戰，導致徒勞無功──幸而新創企業較無此一問題。前一章的案例中，Henri 便善用此法對於傳統模式進行

---

[13] Brandenburger, A. M. (2019). Strategy needs creativity: An analytic framework alone won't reinvent your business. *Harvard Business Review*, 97(2), 59-66.

挑戰。

(二) 結合法（Combination）

顧名思義，就是將不同的東西互相串連起來，而既然是創意創新，通常是運用跨界的、兩者原本無關的東西，想辦法互相串連——無論是產品、服務、技術、概念。正如 Steve Jobs 所說的，創意只是把東西連結起來，看似簡單，其實不易，需將前述批判思維與創造思維結合運用，也必須突破現狀的窠臼來進行。LINE 的點數經濟生態圈是一個很好的例子。而新科技的應用，通常是結合各種可能性的來源，而產生創意與創新價值，例如：AI 的各種應用，都需結合傳統服務。需留意跨界結合的成效衡量與利潤分配。

(三) 限制法（Constrain）

即運用前述的約束理論，團隊應檢視在創意創新進行的過程中，可能受到的各種限制，並考慮能否反轉變成機會或優勢；相對的，企業則可根據企業策略或目標，設定適當的限制條件。根據約束理論，過多的限制會扼殺創意，而完全沒有限制也會讓創新難產；在任何情況下都能運用創意創新思維，而限制條件則可能會引發全新的思維途徑與結果。此外，可以更進一步嘗試尋求或探索，這樣的限制是否有從中受惠的可能？甚至可以自設限制條件。需留意，過往的成功往往產生短視或僵固性。

(四) 情境法（Context）

這是一個將觀察焦點放在情境的方法，借用在不同情境之下的常見狀況，來解決目前情境中所遇到的類似問題。看似並不容易的方法，卻可能在小範圍當中不難發現。例如：電信業常用的月租費制度被使用在現今的軟體服務業的訂閱制；Intel 當時想做品牌行銷，卻苦於產品不易被看見，於是借用了傳統廚具新材料的行銷模式；魔鬼氈的發明也是觀察自然界的生物現象而對其產品有所啟發。尋找跨領域、跨時代的情境，為思維開拓全新的接觸面向，而不要固著在原先的單一情境中。需留意焦點的平衡，要解決目前的問題該怎麼借用其他解決方案，如何適當的調整與學習。

四、創意與創新的關係

　　創意與創新的能力，必然與發覺、感知現實的問題有關，從而藉由（個體／集體的）思考活動來找出方法以解決問題，過程中也需要各種知識的吸收與串連，並經過不斷的調整，以找出最佳的解決方案。而害怕失敗、規避風險，可能限制創意，也就難成創新。因此，創意是創新的基礎，也就是說，要創新，首先要有創意。

　　截至目前都將創意創新合在一起來說明，自然是因為兩者區別著實不易。雖然在第一節中的說明，從定義上已將兩者有所分開，當然有所不同：創意是具備新穎性與使用性的好想法，而創新是運用創意元素產生價值或利益。不過在實務上，仍不易區分——尤其從創新的角度去觀察，在企業或組織的情境中，談到創新一定少不了創意在其中，而講創意的最終目的往往是創新。

　　若真要深入探討兩者之間的區別，則可以從學者們的研究中，大致簡單歸納出兩個面向進行探討：因果關係與情感因素。

　　首先，創意與創新的因果關係很容易理解，一定是先有創意，才能從創意產生創新。仍要回到定義中，創新是運用創意的元素而來，而創意是源頭的想法、概念，因此，先有創意，才會產生創新，不難理解。

　　問題是，創新是否一定要有創意才行？例如：在前面的案例中，以物易物的概念在貨幣出現之前就有了，而在網路上交換商品也非首創，但整個交易過程仍帶給人充滿創意的興奮感。而在 Uber 的案例中，是一個創新商業模式，只是發現一個未被滿足的需求——「搭不到計程車」的想法，算是創意嗎？

　　當然，如前述，整個創新當中必然有創意元素在其中，所以令人覺得具有創意，也是創意創新難以區分的原因。整體而言，仍是有「好想法」在先，「具體行動方案」在後，因此仍會認為「創意產生創新」這樣的因果關係是存在的。

　　其次，情感因素對於創意的影響較多元而劇烈，而對於創新而言則較應被限制。

　　前述的約束理論，因為將創意創新一起看待，所以在組織情境與限制條

件之下，情感因素也多半被限制住而單一化。若依據定義或流程，將創意與創新區分開來，創意更容易受到情感因素的影響。

也就是說，相較於無情感的創意效果，帶著情感而進行的創意通常具有更不同的效果，而且通常朝更好的方向——情感因素包括正向情感、負向情感，與雙歧情感，三者都會呈現較顯著的效果（並且研究顯示，雙歧情感效果最劇烈[14]）。相對的，由於創新是行動方案的設計，在不考慮創意之下，情感因素能影響創新的程度可能較為有限。

不過，同樣的，實務上創新實難與創意分離，因此是否真的情感因素對創新不會造成影響，僅是推論，學術上的研究在實際情況中並不容易做到。因此，與其詳細探討創意與創新的差異性，其實更可探討兩者共同所產生的影響性。

此外，由於創意是一種想法或概念，與創新之間在應用的用途上也可以有很大的差異。例如：創意思維有助於策略觀察：由於目前市場競爭的動態性持續增高，企業不太可能在沒有創意之下勝出甚至生存，因此，創意的價值在於有助於決策者理解問題並察覺對手無法做到的事情[15]。創意思維有助於領導力：由於集體創意會產生認同並強化共同願景，又反過來強化集體創意，使得企業離職率與曠職率減少、工作滿意度提升、工作氣氛較好，進而提升競爭力與企業績效[16]。而創新則是著重在組織的吸收能力、解決問題能力、調整能力等，也間接促進了動態創業家能力或企業的動態能力；並且，對於創新而言，也有其他不同的類別、模式與特色，以及相對應的管理。

五、創新的類別與模式

從創新結果的角度來看，針對策略目標與市場需求，可以將創新方式分成不同的類型，歸納較常見的有以下三個面向。

---

[14] Fong, C. T. (2006). The effects of emotional ambivalence on creativity. *Academy of Management Journal*, 49(5), 1016-1030.

[15] Clegg, B., & Birch, P. (1999). *Instant creativity*. Kogan Page Publishers.

[16] Barroso, J. (2012). Factors and reasons for developing creativity in businesses/enterprises: A study in Southwest Mexico. *Revista de Ciencias Sociales*, 18(3), 509-516.

技術創新 vs. 產品創新 vs. 流程創新

從產品／服務本身來看，可能呈現的創新方式包括技術創新、產品／服務創新、流程創新。

技術創新，顧名思義，是運用新的技術來提供新的產品／服務。這是臺灣普遍常見，以技術為底的新創企業的創新方式，卻也是臺灣大企業最容易、直接的創新投資方式。全球最知名的 3M 內部創意創新，取得多項世界專利，每個專利都具有不錯的創新，最經典與為人所熟知的當然是便利貼，半黏不黏的新創膠材在不經意之中成為 3M 金雞母之一。

產品創新，無論是運用新技術或既有技術，形成新的產品在市場上滿足新需求，皆可稱為產品創新。主要是以產品設計、使用或呈現方式的新穎性。例如：hTC 當年推出的智慧手機，是一個產品創新，在當年也可說是掀起了一陣旋風，甚至在 2012 年將 hTC 的市值與品牌衝上世界排名，一度成為臺灣之光。值得一提的是，服務業若創造出新的服務內容或項目，也可以算是產品創新（或應稱為服務創新），但若是服務遞送或流程的創新，則應屬於下述的流程創新。例如：外送餐飲是一個全新的服務內容，而便利商店的跨店寄杯則屬於新的服務流程。

流程創新，傳統上指的是產品製造流程的創新，目的在維持既有品質下減少工序、提升效率，或提升產品品質的流程改造。例如：過去製造業導入 CAD ／ CAM，到現在打造自動化生產線皆然。服務業的流程創新則也類似，例如：洗車服務、電商的 O2O[17] 服務等。

事實上，技術創新可以導致產品創新甚或流程創新，為了讓創新可以更好的創造市場價值，都會結合多種創新方式推出產品／服務，否則創新的生命週期很難延續。hTC 僅止於產品創新（未搭配組織創新或策略創新的管理）使得品牌價值曇花一現；3M 的便利貼則藉由創造使用情境的行銷，加上專利保護、搭售與策略合作等多種策略，取得不錯的產品競爭優勢。

---

[17] O2O：online to offline，是讓線上客戶到實體店面去體驗實際產品／服務的一種行銷方法。

漸進式創新 vs. 激進式創新

在創新成果是否與先前的成果存在著連續性，是一般對於漸進式創新（incremental innovation）與激進式創新（radical innovation）在定義上的差別。創新的連續性，也同時造成了市場對於創新的新穎性程度的差別，漸進式創新在新穎性上程度較低（相對的信任與熟悉度較高），激進式創新新穎性程度較高，甚至產生很激烈的差異感。

也就是說，漸進式創新主要是基於先前的、既存的內容與項目，進行更新、改善，或調整後，再行推出，因此與現有的內容相仿，但是經過改善後顯得更好或更新，明顯具有連續性；而激進式創新則完全不同，所創新的內容可以說是全新問世，即便某種程度與現有的內容類似，但在發展上有跳躍前進的明顯差異感，不能說有連續性。

以軟體迭代進步來比擬的話，漸進式創新比較像是從 1.0 版本進入 1.1 或 1.2 版本，更新的幅度較小、範圍也有限；而激進式創新則像是從 1.0 進入 2.0 或 3.0 版本，更新的幅度較大、較顯著。

例如：台積電在半導體製程上的進步，往往每個世代有滿大的躍進，其發展史上最著名的技術突破是在 2003 年搶先推出 0.13 微米製程，而下一世代則是寄望於 2005 年的 90 奈米（實際上提早於 2004 年底推出），由於 90 奈米技術將採用浸潤式機台技術，是一個全新的技術，加上在半導體製程上也是不同世代，因此屬於激進式的創新；但這兩年不能沒有新產品，於是台積電基於 0.13 微米製程技術，進行技術更新，提升微縮製程能力，在 2004 年初就推出 0.11 微米製程，但實際上半製程技術（semi-node），是屬於漸進式創新。同樣的，通訊技術中的 4G 網路到 5G 網路，也由於頻寬大幅增加，而可望擴充更多應用〔如各種物聯網（IoT）〕，為激進式創新；但其間也推出如 4.5G 網路，則是基於 4G 技術之下，在網路設備進行改善使然，屬於漸進式創新。

漸進式創新與激進式創新兩者即便不可能同時存在，但卻有可能是同一家企業進行，如上述，乃是因應創新策略的不同而有的發展模式。

元件創新 vs. 架構創新

從企業經營的宏觀或微觀的觀點來看，創新可能是針對微觀的內容來進行，而非整體宏觀的範圍，則稱之爲元件創新（component innovation），例如：手機相機鏡頭的畫素或螢幕解析度持續提升，對手機產品乃至整個產業而言，是屬於元件創新。

若是從整體宏觀範圍而言，整體架構都有了創新，則稱之爲架構創新（architectural innovation）。架構創新不一定在元件上使用新的元件或採用新技術，但卻是在各元件的結合方式、運作方式、架構設計（採用不同元件或增減元件）……等方面有所創新。例如：推出折疊式的智慧手機中，所有的技術、元件都是既有技術與元件，但整體設計架構與原先智慧手機多有不同，且爲了因應更不同的使用情境，也會增加或減少其中的元件（如增加手寫筆及相關功能元件、減少或更改鏡頭設計等）。

一般而言，架構創新所產生的影響性會較元件創新來得更大更久，反過來說，若元件創新有機會產生激進式創新，若能搭配架構創新做整體宏觀的創新設計，則將會對於價值創造帶來更好的效果。例如：手機晶片從 4G 技術進入到 5G 技術，對手機本身是一種元件創新，但在整體架構也可能會形成創新，因此若僅針對手機設計，其能創造的價值便有限，若能搭配整體手機使用價值鏈思考（使用情境、功能應用拓展……等），則可以將 5G 手機的可能性更大的發揮，也將創造更大的價值。

因此，創新類型雖然能有所區別，但在實務上，應多面向的來結合，如技術創新也應搭配流程創新，形成架構創新，以創造更長久的競爭優勢。此外，若計入市場需求接受度、市場規模與競爭環境的動態變化，創新必須有效應用並持續進步，因此要了解創新擴散以及科技創新循環的模式，進而發展有效的創新管理。

創新生命週期：創新擴散與科技進步

所謂**創新擴散** [18]，是指一項創新的採用，隨著時間的前進，會逐漸被市

---

[18] Rogers, E. M. (1995). *Diffusion of innovation* (4th ed.). New York: The Free Press.

場接受，直到所有人都使用為止。就整個市場宏觀觀點來看，市場採用的程度呈現 S 型曲線前進，並將其經過分成五個階段：創新先驅者、早期採用者、早期主流、晚期主流、落後跟隨者。

而從每個使用者的微觀觀點，這五個階段的人，之所以會有不同的市場接受時間，是依每個人不同的創新性特質，對創新接納的每個階段有不同的時間長短：察覺（awareness）、感興趣（interest）、評估中（evaluation）、嘗試（trial）、採用（adoption）。

同時，科技的進步也依循類似的 S 型曲線前進（圖 2-2）。只不過，橫軸將以資源投入取代，縱軸則以技術效能取代，也就是說，一項創新技術（或設計），將隨著資源投入（通常是資金）的增加，技術效能也會隨之增加，但是以 S 型曲線模式增加。看似與創新擴散類似，但最大的不同在於科技進步是微觀觀點，且以資源投入 —— 技術效能為變項，而創新擴散是宏觀觀點，而以時間 —— 市場採用為變項。

圖 2-2　創新擴散與科技進步的 S 型曲線模式

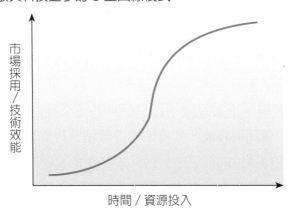

市場採用／技術效能

時間／資源投入

S 曲線模式給了我們兩個啟發：科技進步與創新生命週期的第二曲線。

科技進步雖然依循 S 曲線前進，但在實務上，卻並非絕對固定不變，反而應該利用競爭對手（或競爭技術）對 S 曲線模式的認知，加強創新與突破，無論是縮短資源投入、加速效能提升，或是在持續投入之下，更快速地提升效能。往往可以藉由技術創新來達成第二曲線的效果，實現技術的持續進步，以維持該技術的競爭優勢。例如：台積電的技術進步、浸潤式或

電子束的創新技術、繼續延長摩爾定律（Moore's Law），也持續拉開競爭距離。

同樣的，在宏觀的創新市場上，該如何維持創新的競爭優勢，依循 S 模式，理論上應該在進入晚期主流時（S 曲線開始走平），推出下一世代的創新——無論是漸進式或激進式——好讓前一個創新在順利退出市場之際，有新的創新可以順勢接棒，延長創新生命週期。

事實上，這也是奧地利經濟學家熊彼得（Joseph Schumpeter）所提出的創造式破壞（creative destruction）的精髓。學者當時（1912 年）就認為，創新，終將造成資本主義的衰敗（破壞），然而，當創業精神本身成為企業不可或缺的生產要素時，仍可以發揮市場均衡的創造式破壞，使企業獲取超額利潤，使產業進入新的景氣循環。因此，創造式破壞其實是滿老的一個名詞，但卻歷久彌新，也演示了創新生命週期。

企業創新管理

最後，在企業經營的層次上，對於企業創新該有的管理思維，可以從組織創新與策略創新來著手，或者在策略目標的設定上，朝商業模式創新方向，並藉此釐清破壞式創新的意義。

(一) 組織創新與策略創新

與其說創新管理，不如說讓創新發展。在企業經營層次上，企業內部的創新需要有效的管理與發展，創新才能持續創造新價值，進而強化企業競爭優勢，甚至達成持續性的競爭力。因此，在創新管理的面向上，將透過組織創新（或稱管理創新）方式來達成對內部的創新管理，而在對外部的發展上，則藉由策略創新方式管理。

內向的（inward）組織創新管理，概念上，藉由創新的管理方式進行，通常是透過組織的變革完成，從小處著手包括組織氣氛、工作彈性、目標管理、任務導向……等，到整體企業的企業文化、績效考核、雙歧管理觀念……等。組織變革或創新的目的，都在於激發組織內部的創意創新，以達成最佳的創新目標。

創新型組織應該有的特色包括任務導向的動態性職位、多功能需求的主

動參與、打破疆界的任務導向平台、彼此信任與需求驅動、提供足夠的共同基礎設施[19]。第四章與第五章將針對組織發展有較詳細的說明。

外向的（outward）策略創新管理，在概念上則是透過企業該如何運用創新成果，進行市場價值的創造、傳遞、獲取利潤，並能藉此取得某種程度的競爭優勢，甚至進一步提升競爭地位、增加經營資源與能力、延續競爭力。新創企業經營策略會在第十章說明。

實際的呈現多半會以商業模式的創新展現，但仍必須要充分的了解市場競爭策略，包括競爭態勢、資源位勢、動態趨勢等，藉以設計組合最適的創新架構，以達到創新策略的目標。

(二) 商業模式創新與破壞式創新

商業模式不僅說明了業務邏輯，並提供數據和其他證據證明企業如何為客戶創造和交付價值，同時概述了提供該價值的相關收入、成本和利潤架構。重點在市場的價值提供、價值傳遞，與價值獲取。

在科技進步的當代，商業模式本身也成為重要創新，如何充分利用科技技術，設計並分析創新商業模式是釐清策略目標後的下一個動作。所以，商業模式的設計是關於整體價值鏈的重新觀察、思考與定義，是為企業選擇正確的業務架構和定價方式，並隨著相關數據或證據的累積，也要適當地予以調整及學習。詳細內容請見第十一章。

商業模式創新不必然是破壞式創新，但破壞式創新通常是運用某種商業模式創新達到的結果。破壞式創新（disruptive innovation）核心概念是新創業者切入看似相同的市場，但以（技術創新導致的）低成本產品／服務先滿足少數族群，再逐漸擴大為主流市場，進而顛覆原有產品／服務或主流業者，造成破壞。

也就是說，利用既有業者已逐漸聚焦於滿足較為講究的中高階目標客群，成為其主要利潤來源，而讓出被忽略的低階市場，雖然新創業者資源較少、規模較小，卻得以聚焦在提供簡單、低價的商品／服務，在既有業者未積極回應的同時，藉由其特殊的商業模式達成破壞式創新，成功挑戰市場的

---

[19] 許士軍（2020）。創新性組織，並不只是一種夢想！哈佛商業評論（中文版）。

既有業者，並保留原有獲得成功的優勢與客層。

　　例如：Uber 創辦人將原先市場發現與想法具體實現之後，針對原先未被滿足的需求，提出一種創新解決方案，即屬於一種成功的商業模式創新。他們結合了策略創新與組織創新，在初期取得市場的認同與資本家的肯定，在基於技術創新的基礎上，持續擴充創新服務，也達成架構創新（請見案例 2-2）。

think-about & take-away

1. 本書所提及的幾種創新分類的面向，你認同嗎？還有哪些面向？如果混合使用會怎樣？

2. 就你的觀察或了解，一些強調創意創新的公司，如何運用約束理論，企圖將組織的創意創新極大化？（提示：可從工作環境與 KPI 的設計去思考）

3.「S 曲線給我們兩個啟發」，你還在哪些管理理論中看過 S 曲線？

4. 熊彼得的創造式破壞演示了創新生命週期，請說明你的看法。

5. 商業模式創新或破壞式創新，算是哪種創新的類別？在本書中其他章的案例中，你還發現了哪幾個？

個 案 介 紹

案例 2-2 ／ Uber 的精彩創意

與其說，Uber 帶來的是極度的創意創新創業，有點言過其實，甚至還有不少爭議，因此，倒不如說，Uber 效應後續帶出更多的創意創新——共享經濟！

當然，Uber 不是共享經濟的始祖，但卻（與 Airbnb 一同）成為共享經濟的代表案例，並成為全球第一個獨角獸，已經顯示 Uber 對新創世界的意義與重要性。

若把焦點放在 Uber 創立之初的前幾年，可以更單純的看看 Uber 所帶來的創意創新。

Uber 的創意創新在哪？開啟共享經濟

兩個創辦人的創業背景，簡單講，就是 2008 年冬天在巴黎科技大會結束後叫不到計程車，兩個人發出相類似的想法而進一步實現。他們最初的發想，只是很單純想要解決叫不到計程車的問題。叫不到計程車？這是每個人都有的體驗，但他們的想法更具體：如果可以在手機上用一個按鍵就可以叫到車多好！

當然，他們應該也不是第一個這樣想的，卻是第一個實現出來的！媒介平台的技術能力是第一項會遇到的障礙，除了首先要串接人車的許多資料之外，圖形介面設計、資料維護與相關安全等，都必須要以公司形式營運才是最適合的（不過，真的設立經營後，才知道後續營運爭議剛要開始）。

從 Uber 身上可以證實，想法若不能實現，則不能稱為創意。而這個創意的實現，又必須透過科技（通訊＋地圖＋介接平台）來完成，在這之前，只能用傳統的方法：電話呼叫，但兩者方便性實在天差地遠。因此，媒介平台的成功搭建，是 Uber 創意的實現，而將之 app 化並訂出合理的收費價格，則是創新。

事實上，給我們的啟發還更多。

首先，好的創意必須問對問題，因為唯有問對問題，才能找到對的解決方案。寒冷的夜晚叫不到計程車，一般來說通常不會問「怎麼不用手機 app 一按就來」，而是會想到應該增加排班、針對熱門時段或地點……等的問題。而他們的問題突破了既有對計程車的框架，並且更進一步的是，思考如何讓需要可以在提供服務者的手機被看見？如此才能運用平台科技解決問題。

此外，科技創新解決方案通常帶來的是資本支出後，規模經濟後的低成本，讓長期有現金流，網路的世界獨占性也更高，並且科技也往往給人有趣、時尚感的印象，較能吸引人——雖然可能價格較高。

其次，大膽的顛覆性逆向思考。在提出了突破既有框架的問題後，兩位創辦人非但不覺得有何不妥，更經過一年的思考沉澱與理性分析後，反而更進一步認為「這個技術可以成真，而且成立的車行不需要車，也不需要司機。事實上，根本就不是計程車行，而是科技公司。」

這是創業家的熱情與堅持，而在實踐突發奇想的創意中，必然會有許多原本不切實際的問題，他們用科技創新方式解決問題、逐步務實，而當解決方法仍必然是「空車接送」時，他們只想單純的把空車與等車者快速媒合，因為不想成為惱人的計程車行，所以才能在創新到創業階段做逆向思考——不要擁有車，只做科技媒合。盡顯技術至上的極客（geek）本色。

第三，Uber 重新定義「空車接送」的意義，改為「距離縮短的空間服務」。Uber 成立之後，在每年舉辦行銷活動的過程中，逐漸發現他們所提供的服務不僅是交通的媒合，而是一種距離的服務：人需要移動，物品也是，並且也都需要車輛接送或載運。順應這樣的想法，後來擴充出許多的外送，從冰淇淋到送餐都是這樣的服務衍生。

所以，創新除了解決原先的問題之外，也需要找到更抽象性、更大格局的新定義，藉此可以解決更多原先意想不到的類似問題，而使創新得以更有價值的發揮功效。因此，對於你的創業，你會如何重新定義、賦予更多價值？

原本看似一般性的想法，卻因創辦人極客性格的熱情與堅持，使 Uber 的創意到創新得以如此無與倫比，從此開啟了共享新經濟。

數位行銷新篇章

其實更為人津津樂道的，是 Uber 的幾次精彩的行銷創意，也屢屢成為後來許多科技新創數位行銷仿效的典範。舉幾個成立最初幾年的經典案例。

第一個案例，Uber 成立當年，年底在矽谷的科技大會會場掛起了廣告，準備好了解決散場時叫不到計程車的問題，只要下載 app，就會提供免費專車，在散場 5 分鐘就會來載送。由於是科技大會，與會者對於科技方案接受度很高，且

下載 app 並查看使用對於難免無聊的會議時間還滿好玩的，又是免費，於是，剛成立的 Uber 一炮而紅。

免費技巧雖行之有年，但由於解決方案十分到位，完全符合需求，讓使用者一試成主顧。後來的數位行銷都在使用免費招數，並計算著獲客成本⋯⋯什麼的，但 Uber 的這次真的算是非常成功的經典行銷活動案例（後來 Uber 還有繼續免費方案，但似乎都沒這次來得成功）。

2011 年的夏天，Uber 在每年的行銷活動上，首次使用了冰淇淋車。既然可以用 Uber 叫來一台需載送服務的空車，也可以叫一台需冰淇淋服務的車，就如同前面所說，發現了 Uber 的新定義，從「接送服務」成為「距離服務」，冰淇淋每年都獲得好評，也就自然而然的衍生出冰淇淋外送服務，並且繼續衍生出各種的外送，尤其是現在到處可見的 Uber Eats 餐飲外送服務。

在 2010 年的某天，一位創辦人剛吃完午餐要結帳時，餐廳服務生為其他客人解答問路，順帶一句「你可以 Uber 一下」，這句話征服了這位創辦人：竟然將名詞給動詞化而帶入生活中了，從那之後，他不僅開始發想 Uber 與生活各種場景的可能連結（包括前述的冰淇淋），也成為了公司行銷上的金句！

還有，Uber 更別開生面的在 Uber 車上進行面試。從原本載送去參加科技會議的極客，Uber 就直接在車上進行招募，竟然逐漸看到效果，後來有舉辦過把想加入 Uber 而來應徵的人，直接在車上進行面試的活動。

於是，Uber 不但重新改寫了計程車業的商業模式，造成了至今仍在進行的革命，也在全球掀起了距離服務的新商業模式，各種外送平台紛紛成立，從情人節送玫瑰花、機場送護照，到公文或合約的快遞，都在你我的生活周遭持續進行中。

對於 Uber 來說，因為顛覆了既有的計程車行業，對現有穩定系統造成衝擊，所以衍生出與原先供需媒介服務的技術問題完全無關的許多爭議，又剛好是與人車安全相關的行業，所以造成的爭議頗大。服務提供與市場競爭的問題已經不小，又要面對社會的其他爭議。

Uber 創辦人之一的 Kalanick 曾在演講中，描述創業的心路歷程必須要面對並克服困難。姑且暫時不論社會持續的安全議題，光是核心業務接送媒合，或衍生出其他距離媒合服務的技術與行銷等經營與競爭挑戰，就已經相當不容易

了。然而，他們的想法是，如果是容易解決的問題就沒什麼價值了，而創業家如何面對層出不窮的問題與困難，如何維持好奇心與熱情，可能是其中的關鍵，同時也應仔細辨識與評估市場機會與風險。這呼應第一章所說的特質。

就此，也衍生出對於極客創業家必須兼顧分析性與創意性，來應對機會與風險。其實不只是極客，就如在思考訓練所提及，Kalanick 也認同要應用左腦的邏輯、分析、判斷力（包括數學與寫程式的能力），也應該要結合右腦思維如創意、新鮮、好奇、熱忱等，「才能把追求新穎進步，與問題解決的分析結合。」在創意與分析交集之處，就會迸出創新的火花，也因此，Uber 持續不斷有創新出現。

不說了，先 Uber Eats 點杯飲料吧！

思考

1. 你認為，Uber 的創意執行起來困難嗎？成功的關鍵是什麼？

2. 創意到創新若要成功，要業內人士還是業外跨領域人士比較可能？為什麼？

3. 你的創意大多數都沒去實現變成創新，為什麼？

Chapter

3

從創新到創業

個案介紹
案例 3-1 / 輝達 NVIDIA：突破創新困境而創業成功

　　拜 AI 風潮之賜，NVIDIA 如今已成為市場追捧的明星級企業，2024 年的市值甚至一度超越 Apple、Amazon、Microsoft、Google，成為全球第一。歸納他們的創新成功之路，主要源於創辦人對 3D 圖形技術的深刻理解和對市場需求的敏銳洞察。

　　眾所周知，1993 年黃仁勳與 Chris Malachowsky 和 Curtis Priem 一起創立 NVIDIA 時，正值電腦圖形技術萌芽發展的時期，志同道合的他們卻看出圖形技術在遊戲和多媒體市場中的巨大潛力，且相信這技術將對電腦相關應用越來越重要，便毅然投入，加上三人不同的背景與技能，恰足以在創立之初互補不足。

　　NVIDIA 專注在 GPU 設計與銷售，回顧過往，大致有三個關鍵。1995 年的 NV1 使其一炮而紅，1999 年的 GeForce 使其站穩營運腳跟，2006 年的 CUDA 則讓它一飛沖天。讓我們簡單回顧 NVIDIA 披荊斬棘的創新歷程。

埋首 2 年，一炮而紅

　　NVIDIA 最初的目標是進入 3D 圖形處理市場，特別是遊戲和多媒體領域。創辦團隊花了 2 年的時間專注埋首研發（其間也獲紅杉資本與 SEGA 的投資），在 1995 年推出第一款產品 NV1，頗具技術創新的實力（如 2D 和 3D 圖形加速、音頻處理、支援遊戲控制器），讓市場驚豔，但也由於與當時主流技術並不相容（Direct3D），叫好不叫座。這也連帶使公司資金吃緊，且技術選擇的錯誤更發生了與 SEGA 的合作開發新晶片失敗，公司面臨倒閉時，黃仁勳反而向 SEGA 認錯並請求支付全額費用，挽救了公司。雖然跌了慘痛的一跤，但積累了寶貴的技術經驗，才在 1997 年的產品獲市場肯定。

記取教訓，一舉翻身

　　此後，NVIDIA 在 1999 年推出的 GeForce 256 是世界上第一款 GPU，重新定義了電腦圖形技術，劃時代的 GeForce 系列產品，在遊戲和科學運算等領域都帶來革命性的變化，並迅速在遊戲市場取得成功，因而確立了 NVIDIA 的領導地位，也讓 NVIDIA 的營運站穩腳跟。

這是重要的創新，成功整合硬體引擎而減輕了 CPU 負擔，不僅提升了硬體的圖形處理能力，還因支援硬體加速視訊解碼，而一舉獲得硬體廠商、遊戲開發商，與多媒體市場的青睞。此外，也將其產品延伸至專業工作站使用的高階產品，同時滿足專業用戶和消費者的需求，擴大了市場覆蓋範圍，更在圖形處理市場上建立了強大的品牌和市場地位，成為遊戲、專業圖形領域的領導者。

站穩腳跟，一飛沖天

2006 年，CUDA 的推出更是將 GPU 的應用範圍擴展到科學運算和 AI 領域，為 NVIDIA 開創了全新的市場。

GeForce 成功後，NVIDIA 有更多資源不斷改進 GPU 技術，陸續隨市場需求更新提升產品性能，維持其領先地位。同時，市場也開始產生更大的變化，即對於計算需求的成長已然超過了過去硬體成長既有的軌跡（摩爾定律）。NVIDIA 看到了這一市場潛力，加上招募專業人員時發掘出能以 GPU 在電腦高速計算的技術，便以其專業並投入資源而開發出 CUDA 平台，正式跨入高速運算領域。

CUDA 推出後，連續數年在工廠運用（工業 4.0、物聯網）、自駕車等領域擴充應用時機與案例，終於在生成式 AI 所帶出的高速伺服器需求爆發而一飛沖天。後面的故事更是耳熟能詳了。

創新因子

從簡單回顧 NVIDIA 的歷程，我們歸納幾個較為關鍵的創新成功因子如下：

1. 技術背景與經驗：三位創辦人都對電腦圖形技術有濃厚興趣，且都在圖形相關科技公司工作過，積累了豐富的技術經驗和市場洞察力。

2. 市場需求的洞察：當時，遊戲和多媒體市場對高性能圖形處理技術的需求日益增長，但市場上缺乏專門的產品（事實上 Priem 還幫 IBM 開發過全球第一個用於 PC 的圖形處理器），創辦團隊看到了市場的需求缺口。

3. 團隊文化與協作：有幾個因黃仁勳的領導產生的團隊文化，包括強調「智慧誠實」，鼓勵員工勇於認錯並學習，使員工能放心的創新和試誤；鼓勵開放和透明的溝通，有助於建立信任和團隊凝聚力；招募員工謹慎，確保能迅速融入並貢獻。

4. 保持創新思維：從創辦團隊開始就具有強烈的創新精神，不僅希望開發出性

能優越的產品，更希望以技術創新來改變市場格局，且在成功之後仍能維持這種創新思維，驅動企業挑戰自我，開發出劃時代的產品。

5. 危機感：發展過程中經歷多次低潮，包括 1995 年 SEGA 事件、2007 年 CUDA 挑戰、2010 年退出手機市場，專注高速運算。這些經歷使得黃仁勳保持危機感，常提醒團隊「距倒閉剩 30 天」，促使 NVIDIA 自我挑戰和創新。

未來展望

NVIDIA 已成為全球領先的 GPU 製造商，技術應用涵蓋遊戲、AI、高速運算和自動駕駛等多個領域，但仍持續技術創新，進一步推進至先進技術領域，包括量子運算、6G 物理層研究、物流優化和網絡安全。

NVIDIA 的成功不僅在於技術突破，更在於創辦人之間的經驗與洞察、領導能力，乃至於團隊文化的塑造，這些價值觀使其得以度過幾次低潮，進而能持續創新而在競爭激烈的市場中脫穎而出。

就創新的歷程來看，NVIDIA 總是堅持走在技術創新的前沿，這當然會遇到困難，但每一次的挑戰，都成功轉化為進步突破的動力。這些故事也告訴我們，創新不僅是在技術上的堅持與突破，更是對市場需求的深刻理解和對未來趨勢的敏銳洞察。正是這種創新精神，使 NVIDIA 一步一步成為全球科技領域的佼佼者。

本章中，將藉由創新議題創業著眼，說明如何迎合流行議題取得資源，進而了解創業機會來源，以及創業類型，而以市場切入與培養創業家能力結尾。

一、如何透過創新議題創業

創新議題

在第二章中，從創意到創新是一個「實現創意發想」的「務實化」過程，包括前面的 NVIDA 的例子也是，透過創業家的專長與有趣的內容，往往可以先引起小部分人的興趣，再透過持續調整、修改，往更大多數群眾移動。如此針對本身專業或專長啟動的創業，屬於特定議題創業，或者也可以結合現下創業議題。

然而，若沒有什麼特別技術專長，或沒有具創意的點子，也可以嘗試逆向思考，透過現在較流行的創業議題，結合自己的專長或組建具專長團隊，來展開創業。

透過較流行的議題進行創業，最大的好處是，在介紹時比較多人知道或聽過，接受度較高，特別是在尋求資金（包括創投資金、政策補助等）或其他資源（如孵化器的硬體資源、策略合作資源，或其他值得交換的資源等）時，接受門檻較低，也較容易進入狀況，新創企業本身的實力也較容易被突顯。

然而，相對的，流行議題也被較多人使用，使得創新項目或解決方案也較容易遇到類似，或甚至完全相同的團隊，也就是說，可能會有較多的競爭者，來爭搶相同的資源或資金。

例如：2019 年英國 MMC Ventures 發現[1]，在歐洲只要新創企業號稱具人工智慧（AI）技術，可較其他新創獲得的資金多 15-50%，因此歐洲 AI 新創比例逐年升高（從 2015 年 3% 成長至 2018 年 8%），甚至還有幾家 AI 新創被收購。然而，這些號稱具 AI 技術新創企業中，其實有 40% 並沒有真的應

1　參考數位時代網站：https://www.bnext.com.tw/article/52457/40-percent-european-ai-startups-dont-use-ai-technology

用 AI 技術。2023 年後更進入生成式 AI 時代，又有多少藉此議題的新創公司真正具備相關技術呢？

但無論如何，創新議題容易引起共鳴，尤其是流行的議題，更容易引起客戶與資金投資人的雙重興趣。而要留意的則是，議題一旦退流行，後續的資金較可能面臨斷炊的風險，或難以再吸引更多客戶；涉入議題的延續性，將是此處的思考關鍵。

近幾年有哪些熱門的議題呢？可以從創投動態、政府政策與社會議題三方向進行觀察。

從創投動態觀察創新議題

當然，每年創投投資領域都有所變動，也會隨著投資環境起伏不定，因此，多會觀察過去幾年的一段時間總和結果，除了可以觀察創投較有興趣的投資議題或領域，另一方面也可以觀察這些領域的變化情形，是否有逐漸冷卻的跡象。

創投的趨勢資料從網路上可以找到，也可以同時參考這邊提供的一些參考資料來源去查找。

臺灣經濟研究院的 FINDIT 團隊[2]，定期會整理全球創投的二手資料，而其資料來源主要是國際一些針對創投調查的顧問公司的資料庫，包括 Pitchbook、CB Insight、KPMG、Crunchbase 等重要機構為主；此外，也會主動蒐集國內創投業者的一手資料，作為國內創業者的動態調查。

根據 KPMG 的資料顯示，2018-2024 年的全球創投投資領域，分別依投資件數與投資金額區分，可以看到無論以投資件數或投資金額來看，獲資金青睞的前三大領域，以投資金額來看，2024 上半年仍以軟體領域最多，包括企業軟體服務、AI 等；其次為商業商品與服務領域，疫情之後有擴大之趨勢；第三是消費性商品與服務領域，疫情之後略為減少，結果如圖 3-1。

2　https://findit.org.tw/index.aspx

圖 3-1　全球創投 2018-2024 年投資領域比重 [3]

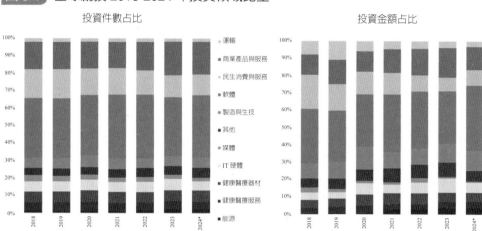

同樣的，根據 Pitchbook 針對美國創投業，對十大新興領域投資熱點分析，以投資領域別的趨勢呈現 2014-2024 年投資件數與金額的熱度。同樣以 2024 上半年爲例，資金最集中的前三大領域爲軟體、商業商品與服務、製藥與生技，其中軟體便是以 AI 爲主，而製藥生技領域則一直維持相當高的金額；而從投資件數來看，軟體仍獨占鰲頭，商業商品與服務次之，民生消費與健康醫療服務則相當（圖 3-2）。

至於臺灣的創投，根據台經院 FINDIT 團隊所調查，2015-2024 年間主要的新創領域爲：能源（快速竄升中）、健康與生技（竄升中）、硬體設備（維持熱度）、製造業（退燒中）、電子業（爬升中，以 AI、5G 題材爲主）（圖 3-3）。

由上述資料可知，近年較被市場資金關注的，除了因爲疫情而持續的醫藥健康、能源相關（疫後綠能成爲全球關注議題）之外，長期較被關注的主要爲軟體服務，例如：AI、雲端、資安、FinTech 等商業軟體服務，再來如運輸（尤其是電動車）等相關議題，可能在未來也會持續受關注，較不會退流行。

3　資料來源：KPMG (2024). Venture Pulse 2Q 2024–Globle Analysis of Venture Funding. https://assets.kpmg.com/content/dam/kpmg/xx/pdf/2024/07/venture-pulse-q2-2024.pdf

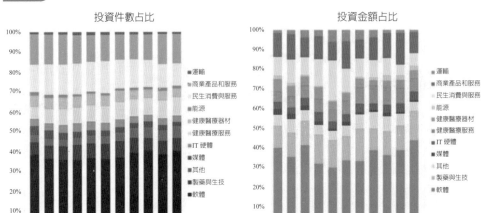

圖 3-2 美國創投 2014-2024 年投資領域比重[4]

投資件數占比　　　　　　　　　投資金額占比

圖例（左右相同）：運輸、商業產品和服務、民生消費與服務、能源、健康醫療器材、健康醫療服務、IT 硬體、媒體、其他、製藥與生技、軟體

圖 3-3 臺灣新創企業領域獲投資熱力圖[5]

件數		2015	2016	2017	2018	2019	2020	2021	2022	2023	2024Q1
	能源	4	6	9	17	28	47	60	74	94	18
	健康與生技	59	59	59	58	78	83	86	88	94	23
	硬體	50	52	51	52	73	64	68	55	76	10
	製造業	40	35	37	34	37	24	36	44	43	7
	IT 與軟體	19	18	23	34	37	39	36	45	35	8
	運輸	5	8	7	9	18	11	17	19	23	2

金額 (SM USD)		2015	2016	2017	2018	2019	2020	2021	2022	2023	2024Q1
	能源	1.9	38.1	50.5	131.5	70.3	393.9	898.5	800.8	1,070.5	233.7
	健康與生技	235.9	216.0	102.8	122.9	132.6	200.0	699.2	420.3	564.5	98.4
	硬體	82.4	91.0	84.4	141.8	156.4	234.4	271.6	387.6	278.1	42.5
	製造業	82.7	45.3	87.7	94.1	40.0	46.3	153.6	185.6	204.0	22.8
	IT 與軟體	33.1	13.3	307.4	10.0	33.9	25.5	65.4	68.6	145.6	1.1
	運輸	19.5	25.6	53.1	54.1	90.3	38.7	145.3	132.0	82.1	11.1

從政府政策觀察創新議題

　　除了創投資金匯集的議題之外，另外也可以看政府政策方向，以爭取政府補助或是退稅等優惠，也是另一方向的資源。

4　資料來源：Pitchbook、NVCA Venture Monitor 統計，摘自劉育昇（2024），FINDIT，https://findit.org.tw/researchPageV2.aspx?pageId=1627

5　范秉航（2024），FINDIT，https://findit.org.tw/researchPageV2.aspx?pageId=2356

以臺灣政策為例，前些年政府所推出的前瞻基礎建設的發展政策，繼而擴大成為前瞻計畫 2.0 版本，再延伸出更多的議題與相關產業如前瞻 2.0 中所提到的八大產業：軌道建設、水環境建設、綠能建設、數位建設、城鄉建設、因應少子化建設、食品安全建設、人才培育促進就業之建設。

事實上，前瞻 2.0 計畫在 2020 年推出，號稱建基於第一期前瞻基礎建設（2017 年核定）之上，即所謂 5+2 產業計畫，七個重點發展產業包括亞洲·矽谷（物聯網）、生物醫學、綠能科技、智慧機械、國防產業、新農業、循環經濟（後兩項為 +2）。

隨後又在 2021 年中，再推出「六大核心戰略產業」，包括資訊及數位產業發展、5G 時代的數位轉型及資訊安全、生物及醫療科技產業、軍民整合的國防戰略產業、綠電與再生能源產業、關鍵物資供應的民生與戰備產業。

一連串的政策，有好有壞，正方贊成更多的政策補助，基於臺灣的半導體優勢，順應全球產業發展趨勢，認清先進小國現實，而傾全國之力予以輔助重要產業，同時，不僅投資數位、科技等出口利基的發展趨勢，也照顧內需、福利的民生產業，全面性足夠，加上後來有強調融合數位科技跨域發展，使前瞻計畫更具意義。

而反方則認為政策前後不一致，且負責單位各自獨立、凌亂不堪，不僅在實施上可能會造成困難與偏頗，也不容易實際「跨域」實施；且政策範圍過大，並未專注在臺灣的強項或需要之處發展，將造成資源的分散與浪費。而執行面的失能與資源的分散更將造成政策的失效，是較嚴重的問題所在。

無論如何，政策仍是新創企業值得重視的方向或議題所在，在政策效期內都可望容易取得資源，但需要留意政策效率與時限，尤其是政黨輪替的風險。

從社會問題觀察創新議題

還有另一個方向是社會議題（或社會問題），尤其各級政府為因應聯合國永續發展目標（SDGs），提倡企業 ESG 相關議題漸成主流，社會企業隨之被重視，社會創新也成為大型企業資金匯集的可能方向。

例如：根據經濟部中小企業委託智庫與民間企業合作的「2020 社會創

新大調查」[6]中顯示，有 52% 民眾表示願付較高價格購買社會企業產品與服務，較 2019 年調查時的 49% 持續成長，且 20-30 歲的年輕族群認同度高達89.6%，50 歲以下也高達八成。

對於永續發展的議題，臺灣民眾最重視 SDGs 目標前 5 名為「優質教育」、「優質工作和經濟成長」、「消除貧窮」、「良好健康與福祉」、「海洋生態系」。在這些社會議題之下，如何利用「創新科技或模式」提出解決方案，為社會創新範圍，而社會企業則透過「商業方法」提出社會問題解決方案，也屬於社會創新的一環。

此外，臺灣社會企業主題平台「社企流 iLab」育成計畫，根據其 2014-2019 年間收到 588 件社會創新的提案，前五大議題為：環境保護、社會兼容（指解決特殊或弱勢族群間資源分配問題）、食農、銀髮長照醫療、教育。

如何針對社會問題提出有效解決方案，成為創業機會，乃社會企業創業值得關注的焦點。

AI 創業時代

在第一章提過創業認知，而 AI 利用演算法蒐集大數據運算，當然可以消除一些認知上的偏差，進而降低作業風險，加上眾所周知的效率提升，真可說一舉兩得——無怪乎 AI 成為近年持續竄紅的創新議題。

AI 正如旋風席捲而來，這是第三次的捲土重來，對產業的破壞力自是不可小覷！尤其，在時機成熟、環境成熟——演算法有所突破、硬體運算力強大、各產業資料累積豐富、產業發展遇瓶頸等，產業的 AI 化正鯨吞蠶食進行中；而臺灣由於有 ICT 產業厚實的基礎，也有機會落實 AI 產業化；若能加上 AI 本身的技術進步（人才），則 AI 在臺灣將一觸即發。

2016 年 AlphaGo 的出現與成功，讓全世界眼睛一亮，霎時重新讓世人抓住對 AI 的目光，而 AlphaGo 使用的就是深度學習的技術；自此，深度學習就成為了近幾年機器學習中成長最快、表現最亮眼的技術。當然，事實上並不像前述一般故事性，而是由多位科學家持續累積經驗、嘗試新方法而得

---

6 經濟部（2020）。2020 社會創新大調查。小型企業暨創業服務處。

到的成果。

在三次 AI 的浪潮中，每個當代的 AI 皆有其代表性演算法，依次為：遺傳演算法、專家系統、類神經網路，透過類神經網路的深度學習與專注，更發展出目前火紅的生成式 AI。

臺灣產業面臨轉型，政府極力鼓吹發展 AI，企業也亟欲尋找突破方式，而想擁抱 AI，許多人才也想往 AI 領域移動，期盼 AI 能帶領新一波科技革命，因而使得 AI 成為臺灣普遍關注的熱門議題。

在 AI 時代，企業若要維持長期競爭力，甚至彎道超車，產業 AI 化非做不可。除必須先將資料運用進入到「描述」、「診斷」這層管理階段之外，還需進一步提升到「預測」與「指示」的層次，讓 AI 以合適的形式進入企業流程中，讓人與 AI 協同合作，無論是開源、節流或是提升企業效率，創造企業營運新價值。

未來，商業模式不是由生產者驅動，而是從買方出發，驅動研發、供應鏈、整個生產系統與服務。改變的速度很快，跟得上腳步，就能掌握需求脈動。連結製造相關元素，進行優化，大量運用自動化機器人、物聯網感測、供應鏈互聯、銷售及生產大數據分析，人機協作優化生產流程，提升生產力及品質，以增進企業競爭力與獲利，達到單一批量只有一件也可生產的客製化目標，進而提高消費者的互動黏著度。

事實上，全球的產業發展多半經歷著如此的歷程，只是發展過程中數位程度的高低差異而已。也因此，平台化服務與 AI 的發展並非選項，而是導入的時間早晚差異而已。既然如此，廠商在產業 AI 化的趨勢下，更應及早認清下一波數位發展策略，首先便應對 AI 工具有清楚的認知。

如何利用 AI 創業

AI 的設計初衷其實是讓電腦或機器可以跟人一樣思考、學習，但按照前述的歷史發展，電腦已經可以處理很複雜的問題，譬如下棋、數學定理、代數問題等，這些對於人來說很困難，對電腦卻是很簡單。然而對人類很簡單的事，譬如說視覺（辨識）、道德判斷、語言等，對電腦卻是很困難。此即所謂的「莫拉維克矛盾」（Moravec's paradox），從此所衍生出另一種 AI 的大分類，便是「強 AI」與「弱 AI」。

　　「弱 AI」基本上就是希望電腦能解決某個需要高度智力才能解決的問題，而不要求它跟人類一樣有全面智慧解決各式各樣不同的問題。譬如開車、下棋、分析股票等。「強 AI」要求電腦的智慧需要更全面廣泛，需要有推理、學習、規劃、語言溝通、知覺等能力，擁有這些能力的電腦才有可能展現出全面性的智慧、跟人類並駕齊驅。目前所發展出來的皆是屬於弱 AI，讓電腦在有限領域內接收資訊並做出反應；而距離一個安全、透明、有道德倫理觀念、能與人類協作的強 AI 仍有一段很長的路要走。

　　生成式 AI 並非橫空出世，自從 AlphaGo 運用深度學習，在圍棋領域正式超越人類智慧，AlphaGo Zero 更是在不需大數據的情況下多次超越前一代的 AlphaGo。持續深度學習後，AI 再度藉生成式 AI 一炮而紅，卻也讓多數人以為 AI 終將取代人類，尤其在企業對此躍躍欲試的氣氛下，意欲降低成本、代替人工，反引發員工對失業的恐慌而阻擋。殊不知，AI 效能要全然發揮，尚需人力的搭配。

　　不少人想像著 AI 將可以解決所有問題。但真相是，現在的 AI 只能針對符合特定形式的問題提供良好的解答，而且還需要符合特定條件。AI 適合解決什麼樣的問題？我們在繼續深入探討金融業藉 AI 進行數位轉型的趨勢之前，應先了解 AI 的行與不行，才能更好的運用 AI 進行數位轉型。可以用圖 3-4 說明。

　　在圖 3-4 中，橫軸代表資料取得的容易性；縱軸代表問題與情境的相關性，情境相關性越高，表示影響決策的情境資訊越難觀測到，例如：消費者是否會購買特定商品，有太多外部因素是資料平台無法觀測到的。資料取得不易、情境相關性高的問題，相對較難透過機器學習得到好的解答，這是目前人工智慧的界限。

　　此外，我們還要打破對 AI 的幾個迷思：了解資料價值的同時，千萬不要忽略資料連結性及機器學習技術所帶來的加乘效果；導入 AI 必須由上而下推動，並以跨部門合作為常態，才能成功；除了結構化資料分析，也要重視非結構化資料；電腦決策與人的專業經驗各擅勝場，協作最好；清楚 AI 是根據已知預測未知的方法用以輔助決策。

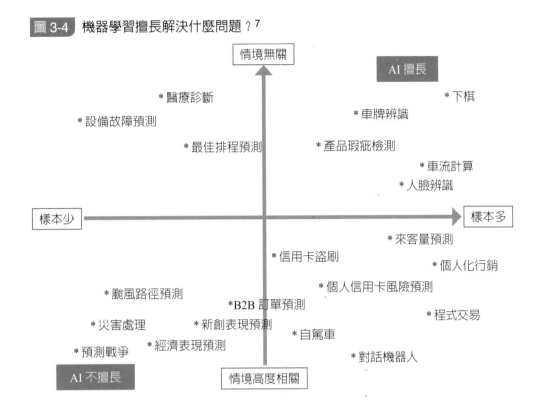

圖 3-4 機器學習擅長解決什麼問題？[7]

因此，綜合上述，問題並不在於「有沒有導入 AI」，而是「AI 應用的深度及廣度」，包含技術的深度以及與企業流程整合的程度，甚至是否能發展新的商業模式，更貼近市場的需求，這才是決定未來企業價值的關鍵。

二、一定要有創新的議題才能創業嗎？

創新與創業的關係

前一節開頭就提過，若有自己的專才或專長，加上創意與創新能力，就會是一個創業的好題材，是屬於特定議題，並不一定要依靠流行或發燒的創新議題才能創業。

---

7 陳昇瑋、溫怡玲（2019）。人工智慧在臺灣：產業轉型的契機與挑戰。臺北：天下雜誌。

前面也以 AI 創業為例，說明了 AI 創業時代的概念。不過，看出來了嗎？說穿了，AI 就是一個工具，你可以發明或強化這個工具、具備這個相關技術能力，但是，若要創業，你仍需要了解你要解決什麼問題。也因此，才把 AI 簡介一番，同時了解 AI 的長處與弱項。

再次說明，創業是以公司的形式，投入資金、承擔風險、運用資源，並在市場上競爭，將創新價值實現後獲取利潤。而創新則是實現創意的想法、提出解決問題的方法。因此，創新議題當然是創業的重要起因，並且兩者也可以說是密不可分的因果關係。

所以，即使沒有創新議題，但有創新能力也是可以創業，只是價值的高低問題，而通常創新議題的價值程度較高，因此會吸引較多資金聚集。如同 NVIDIA 一樣，一開始並沒有特意找尋創新議題，只是很有趣的將創意實現出來的創新作品，可以解決問題、可以吸引用戶、創造價值，但經過投資者調整修改後，結合當下的創新議題、加入創業考量，便成為一個相當成功的新創企業。

正如同 Drucker [8] 所說，系統性的創新（能力），是創新機會的來源。而一旦發現了創新機會，也就自然而然地發現新問題，或找到解決的路徑，也開啟了創業的契機。

雖然如此，創新議題的解決方案如何提出？創業實踐創新的方式如何？產品與服務如何遞送？創業的思考方向也可能會影響價值。

淺談價值：供給導向 vs. 需求導向

有了好的創意、不錯的創新商業化提案，如何據此創業，將產品／服務成功推向市場，以獲得顧客青睞與肯定，進而取得利潤，便是重點關鍵。而要取得利潤，就得突顯價值！

將產品／服務推向市場時的行銷策略思維，可能會在短期與長期影響其價值表現。若將價值鏈（無論長短）概分成供給與需求兩端來看，每個產品／服務的價值遞送或行銷策略思維，大致會形成供給導向與需求導向。

---

8 Drucker, P. F. (1985). *Innovation and entrepreneurship: Practice and principles*. MA, USA: Elsevier Butterworth-Heinemann (Reprinted 2004).

(一) 供給導向

就是站在生產者或服務提供者的觀點來思考產品／服務如何供給。包括產品設計、生產製造，與產品銷售皆然，在不同的應用層面會有不同的名詞，例如：技術導向、產品導向、生產導向、銷售導向等。

由於是提供產品／服務者的供給端思維，所以往往能提供直覺式的產品／服務，而直接將技術或功能的特色發揮出來，並且也會在量產製造上擁有優勢，甚至往往可以有較低成本，反映在較低的價格上。

不過，供給導向的問題是，所提供的產品／服務不一定是市場客戶真正需要的，因而市場滿意度可能偏低、忠誠度較低，連帶使得銷量不如預期、功能不受青睞、銷售不獲好評、價值難以彰顯。

(二) 需求導向

相對於供給端導向，需求端則是從需要者的觀點來思考產品／服務如何供給，常見的相關名詞則包括市場導向、行銷導向等，亦即供給者先了解市場需求為何，而在設計、製造或銷售方面上做調整。

恰與前述供給導向相反，由於是需求導向，了解客戶真正的需要，因此往往能針對市場需求而設計或製造，使得產品／服務較容易獲得好評、滿意度較高，也可以達成口耳相傳的效果，具有客製化的價值性。

不過，在進行市場需求的了解之前，都需要較長的時間，甚至更多其他資源的投入，例如：更改設計、調整產線、包裝或零件的增減、特殊的行銷方式與活動……等，而使得產品／服務可能有較高的價格。

一般來說，相同的產品／服務會採取其中一種導向，而使得在市場定位或行銷策略上有所不同，所投入的資源，以及衍生出的競爭策略也會不同。而供給導向的產品／服務較容易問世，對供給者而言較為直接，因此容易取得初期市場價值，但生命週期也相對較短；而需求導向的產品／服務需要較長時間做調整或修改，也要較多資源投入，但由於深入市場需求，較能取得長期的市場價值。

因此，大致上，供給導向較適用於標準型、功能增進型、流程創新，或B2B 模式、不強調品牌的企業產品／服務；相對的，客製化、新功能、新商業模式，或 B2C 模式、品牌價值型的企業產品／服務，往往要應用需求

導向的思維。有時，若情況允許，也可以用時間區隔，亦即產品／服務問世初期使用供給導向，強調功能、價格、推銷式，而在逐漸取得部分認同、累積足夠市場資料後，開始做細部區隔、設計，轉為需求導向，強調品牌、形象、行銷活動等，形成某種程度的雙歧式行銷管理。

三、創業家類型

在了解創新來源與創業機會，也有了基礎價值導向思維後，搭配第一章的內容，簡單區分創業家的類型，以初步標記屬於自己的創業方向或方式，好因應未來可能的各種變化。除了第一章所提的個性、認知等較為詳細的分類方式之外，若僅依據兩個不同的線性維度：商業型與技術型、創業型與邏輯型，再引用過去研究結果解釋，也可形成簡單分類。

商業型與技術型

創業家一定有其特長，較常見的是對於某項技術的專精，例如：軟體程式、生物技術等，再應用於特定的領域上，就可以展開創業之路，我們看到的許多科技公司幾乎是採類似的「車庫傳奇」路線而生。

這類的創業家，往往深諳該項技術的內容，因此面對相關問題不僅不會感到陌生或害怕，也有敢於直接面對挑戰的勇氣，甚至感受樂趣，因此能堅持長時間的苦工或嘗試，加上前述的創意創新的思維與能力，而找出較佳的解決方案。以技術型創業家稱之。

由於是技術型的思考，所以在解決問題上實事求是，也往往會身先士卒動手去執行，並且在過程中持續學習與調整，因此會較快速找到滿意的解決方法。但也因為技術領域範圍限制，一旦牽涉到不同領域問題，就需要與其他領域技術的協調能力；且因為技術能力較強，解決方案價值也往往以供給端導向的思維。

也就是說，技術型創業家較為典型的特徵是，對技術有熱忱、執行力強，很快能帶動技術或產品的革新，或是流程設計的創新，但若無法突破供給端導向，則在快速獲取第一波價值利潤後，容易陷入停滯，甚至不容易面對市場競爭。

技術型的創業家往往給人行動派的專家，是該領域的千里馬的印象。許多科技龍頭創辦人都是這類的創業家，例如：Facebook 的 Zuckerberg，以及 Steve Jobs、Elon Musk，經典案例如愛迪生、麥當勞的最初創辦人麥當勞兄弟等。

但另一方面來說，創業家一定要會某項技術嗎？

即使在資訊科技行業，創辦人也往往不是技術最頂尖者。相反的，不具備技術能力難道就無法創業嗎？許多案例已在在顯示，其實無技術也是可以創業成功的，並且其所遇到的困難也不會比較多（那是因為創業的困難真的很多！）雖然如此，無技術創業家仍須具備了解技術、看懂門道的實力，此外，他們可能更懂得思考如何運用該項技術。

簡單講，就是千里馬與伯樂兩種創業家角色。也就是將創業家的這些特長，以商業型（伯樂）與技術型（千里馬）兩個方向，做出線性維度的區隔。

而商業型創業家往往不限於技術或產品本身，卻能拉高格局看見技術的應用層面，對於商業運作方式似乎有極高的敏感度，基於新的技術趨勢，不斷嘗試如何經營可以達到更好的市場滿意度，或去挖掘適合的市場。較偏向前述的需求端導向思維，需要先取得部分市場的肯定，才能被認可。

因為商業型創業家總是看見未來趨勢，走在前端，提出的解決方案乍看之下似乎不新、又有其風險，因此必須要忍受一段時間的孤獨，並在其中尋找志同道合者；此外，也會持續的說明其理念與趨勢應用，持續與他人溝通，不一定能言善道、技術或產品也不一定最強，但總能將其結合營運優勢而適度的發揮，以求成長或價值擴充，強調品牌經營，若在市場上被應用後，能持續較長的一段時間。此為其典型特徵。

商業型的創業家給人的印象是宏觀的夢想家，例如：NetFlix、Samsung、Zara 等，經典案例如案例 1-1 介紹的黃仁勳、麥當勞品牌的經營者 Ray Krok 等。

值得一提的是，這樣的分類並非完全是線上的兩端，也可能隨時間移動或結合式的應用。例如：微軟的 Bill Gates、Amazon 的 Bezos，起初都是以商業或技術趨勢取得第一步的領先，隨後持續深化或擴充相關技術，同時也善用商業模式，持續占領市場，以及加入 iTune 與 iPhone 的 Apple，都是結合兩者很好的案例。

直覺型與分析型

此外，創業家類型也可用直覺型（或稱創意型）與分析型（即邏輯型）來區分，亦即前章所提到認知思維運作的右腦思維或左腦思維。

直覺型創業家的特徵，就是反應很快、聰敏過人，對於問題總似乎是「直覺式」的給出漂亮的答案、提出解決方案的方向感，或者針對技術發展或產業趨勢總有領先的市場嗅覺，甚至引領市場需求方向、領先布局、趨勢意見領袖、具熱情與魅力。相對的，也因此較為固執、執著，對目標要求很高，在執行力上也要求迅速，在情緒表達上面也會比較直接。

而分析型創業家的特徵，則是以分析見長、邏輯推理深刻，對於問題的反應則是要「看數據」、依據資料的關聯性來做判斷，強調批判性思考來找到相對較佳的解決方案或合理的商業布局，對於技術趨勢或市場發展也是蒐集市場資料或調查報告，經過邏輯推論衍生而成。團隊之間要求效率與溝通，加上數據佐證，因此往往會有時間上的壓力，工作量也相對較大，但若有數據與合理的分析，創業家不會堅持己見。

同樣的，即便是典型特徵，任何人不會只用左腦或右腦單獨運作，因而正常情況下，創業家都會在這兩個極端的分類中間──觀察看自己偏向哪一方，則可以善用優勢、補充劣勢。再透過第一章的創業家性格或認知模式，可以更加了解自己的創業類型。

上述的兩個線性維度的分類（技術型與商業型、直覺型與分析型），也可以同時加以衡量評估，如此便可以形成一個 2×2 的象限分類：技術直覺型、技術分析型、商業直覺型、商業分析型，四個創業家的類別，如圖3-5。但四種類型是不可能包含如此多樣化的創業家，因此，創業家若真的要精確地找到自己的類型，必然要在每類典型中做適當的位移，就像圖中的箭頭所示。

若同時參考 Rottenberg [9] 對於創業家個性所做的四大分類（鑽石、天才、改革者、火箭），你是否也有同樣的感覺，似乎在很大的程度上可以與圖3-5 中的類型互相呼應對照呢？

---

[9] Rottenberg, L. (2014). *Crazy is a compliment: The power of zigging when everyone else zags.* Portfolio. 劉復苓譯（2015）。不瘋狂，成就不了夢想：自己的事業自己創。天下文化。

圖 3-5　創業家類型

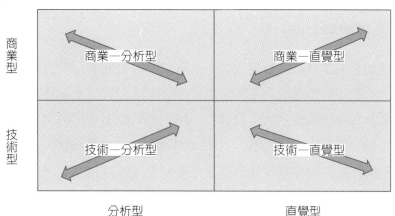

不過，我們並不強調創業家類型，畢竟，這個世界上每個企業都不相同，即使同樣產業的前兩大競爭者（如 HP 與 Dell、Uber 與 Lyft、台積電與聯電……等），也有不小的差異，何況是創業家彼此之間？如同之前一再說明的，這樣的分類只是讓創業者對於自己有所認識，在思考、團隊經營、策略規劃的過程中，可以截長補短、避免無謂的風險或失誤。

其實，除了隨個性了解自己所屬的類型，更積極的，如同在第一章所介紹過，可以開發培養創業相關能力。除了先前所說過的創業導向、動態能力與動態管理能力之外，還要引介針對臺灣創業家的樣本所開發的「動態創業家能力」。

四、建立動態創業家能力

我們在 2020 年進行了一項研究，前後花了大約半年時間，總共針對臺灣 1,084 位創業家為樣本做了一項訪查，開發出「動態創業家能力[10]」（dynamic entrepreneur capability）。雖然在學術定義上是屬於新開發的概念，但是在實務上卻可能早就存在多年，特別是針對近年來國際商業環境越發變動加劇的情形之下，新創企業的創業家究竟具備怎樣的能力，不僅是一

---

[10] 劉逸平（2020）。動態創業家能力——概念分析、量表建構與認知模型發展。臺北：國立臺灣科技大學企業管理系博士論文。

個學術上的研究缺口，更是我們一直想知道的實務內容。

什麼是動態創業家能力？

所謂動態，當然就是針對我們一直所說的國際商業環境的變動性越來越劇烈而言，而在動態環境之下，無論是創業家或是大型企業經營者，所需要的能力都會與傳統較穩定的環境有所不同。臺灣的地理位置與經濟結構，對於動態加劇的環境特別的敏感，尤其1990年代之後臺灣經濟奇蹟不再[11]，雖然如此，創新能力仍受到世界的肯定[12]，只是在此背景下，中小企業與創新創業似乎需要從另一個角度去研究與觀察。

於是從動態能力（dynamic capability）出發，發現其內涵並不適用中小企業或新創企業，再從各種動態相關與創業相關的能力研究持續探索後，發現應該要有（實務上存在）的學術研究缺口，如圖3-6所示。於是我們結合動態能力與創業精神相關的研究與實地訪查，開發出適合描述現代創業家的新概念。

圖3-6 動態相關能力之研究定位

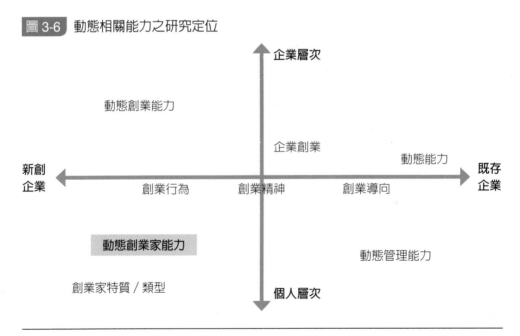

---

[11] 李宗榮、林宗弘（2017）。*未竟的奇蹟：轉型中台灣的經濟與社會*。中央研究院。
[12] 世界經濟論壇 WEF（2019）的報告，在創新能力項目上，臺灣與德、美及瑞士並列四強。

特別要說明的是，在動態環境設定下，動態能力提供很好的觀察角度與機制，使企業在既定資源下，藉由流程制定、不斷探索與感知，得以持續適應並應對外部環境的複雜性和動態性；而加入創業精神的概念，更適用於新創企業或創業家個人。然而，**動態創業家能力**（dynamic entrepreneur capability）不僅適用於新創和中小企業創業家，也考慮了創業家用以開發和部署新的資源和能力，來進行關鍵變革或資源取得的認知過程。

我們對於「動態創業家能力」的定義為：一種創業家的高階能力，用以在創業環境中，可感知、掌握機會，並重組內外部的資源、技能與心理特徵，讓所創立之事業體持續存活並累積競爭優勢。

動態創業家能力的內涵

在細部內容的架構上，我們從創業家的認知思維過程進行探究，藉由第一章所提到的 **AMO 框架**（才能─動機─機會，ability-motivation-opportunity），來協助描述動態創業家能力的內涵，可參考圖 3-7，多半可以直接理解（其中「韌性」是指對未知的勇氣、模糊與挫折的容忍）。

圖 3-7 動態創業家能力內涵

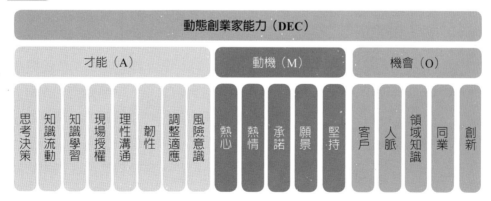

特別需要說明的是，AMO 框架中的三個構面，是兩兩之間彼此互相影響的，亦即「才能」面會影響「動機」面，也受其影響，與「機會」面之間也是如此，「動機」與「機會」之間亦然。而創業家在個性上了解其優劣勢之後，即會發現對某些內涵是容易激發、啟動的（但不是全面性），因此可

以藉此點燃其他構面的內涵，再回過頭來協助其他內涵的全面啟動。

例如：商業型創業家可能善於知識流動與學習，促動其熱情與人脈，因而增加思考決策的能力或廣度，又促進創新機會……等。

也因此，這並非是所有創業家或新創環境中的全面必要性，但若能具備越多，將對於動態環境中的各種資源會有更佳的適應力。

最後，動態創業家能力主要用途是作為觀察、思考、分析的工具，來協助探究創業過程或結果的描述之架構，同時也嘗試了解動態創業家能力的要素為何，以及如何孕育成功的創業行為。也就是說，並不是一種用來預測的工具——但應該可以針對在每個當下環節時，提供決策建議。

在了解創業家本身個性類型，與動態創業家能力的專屬內容後，於是，我們再將焦點逐漸轉向創業時的外在環境，面對進入市場的策略思維。

五、如何進入市場？

新創企業的市場進入策略，即針對目標市場現況進行分析，進而找出如何切入的策略方法。本章介紹幾個較為常見的古典分析法。另外在第十章也會再進一步針對當代的策略思維進行說明。

Ansoff 策略矩陣

Ansoff 曾針對眾多案例分析研究，歸納後於 1957 年提出最早的策略思維，至今仍流傳使用，因而素有「策略管理之父」之稱。而所提出的安索夫矩陣（Ansoff matrix）主要針對如何擴張市場，但亦可用於新產品問世的思考模式，將觀察維度區分為「市場」和「產品」，同時觀察思考「既有」和「新進」兩差異性，因而形成一個 2×2 策略矩陣，來建構產品與市場的關係，並從中找出本身產品的市場定位與進入策略。而這四種差異型態，大致上可以分別採取以下策略：

(一) 既有產品進入既有市場

建議採取市場滲透（market penetration）策略。由於是推出既有產品在現有市場競爭，雖然熟悉度夠高，但競爭也較激烈，若不以殺價競爭搶占市

場，則就要用更多（或更不同）的行銷手法進行促銷，來逐步提升市占率。例如：買一送一、點數經濟、搭售策略等等。

(二) 新產品進入既有市場

產品發展（product development）策略。新產品可以是新版本、新設計、新功能，或者新生態、新場景。主要依據客戶的使用後反應來調整改善，再依據不同的創新方向設計不同的行銷策略。例如：專注新功能但價格不變、以舊換新……等，或是擴充品牌範圍至周邊產品（生態）、app 經濟（場景）。

(三) 既有產品進入新市場

市場發展（market development）策略。用相同的產品至新市場銷售，因此找出尚未被觸及的市場，可能是其他地區、其他區隔市場、其他行銷管道，或數位化發展等。例如：海外市場，或提供銀髮族專用、斜槓青年、小資族等細分化區隔市場，以及 O2O 的行銷方式。

(四) 新產品進入新市場

多角化經營（diversification）策略。這名稱適用於大型企業內部創業時的多角化，但新創企業在整體市場中也可能是這樣的情形。而新產品新市場因沒有過去經驗，往往需有市場教育時間、試水溫等等，看起來風險較高，卻也可能因沒有競爭者而能取得較大利潤，因此，市場定位、產品與需求的適配度須先清楚，並預測規模，再進入市場教育與開發的策略。不過，由於在 Ansoff 當時所提出思維與建議的環境中，較少新創能量，因此這種情況對於新創企業的建議較為薄弱，或適用性稍嫌不足。

SWOT 分析

最早由學者 Weihrich[13] 所提出的 SWOT 分析，至今的使用頻率、知名度及應用影響層面，可能比 Ansoff 策略矩陣來得更廣、更深遠。近年雖隨著商業環境變化加劇，而逐漸無法適用，但對初學者或剛進入市場的新創業者

---

[13] Weihrich, H. (1982). The TOWS Matrix: A tool for situational analysis. *Long Range Planning*, 15(2), 54-66.

而言，仍是很好的起手式。

眾所周知，SWOT 即優勢（strength）、劣勢（weakness）、機會（opportunity）與威脅（threat），是以企業面對外部環境與內部資源，分別以正面因素與負面因素表列，而可得到 2×2 矩陣式分析，由於將內外部的正負因素皆列出，因而可進一步用於策略擬定或決策之討論。

看似簡單易懂，使得這個方式廣為流傳使用。然而，其關鍵也因為其表達過於簡單而常被忽略（尤其在商業應用），失去了其作為分析工具的核心意義。

在使用 SWOT 時的兩個關鍵，首先，必須要將目標定義的非常清楚，例如：是針對某項新產品的進入策略，還是技術應用，抑或新創企業的進入策略，分析觀點都會有所不同。對於內外部的各項目也要非常真實地列出，尤其對於內部資源，無論正面負面因素，都應盡可能詳實列出，以免影響後續策略決策。其次，更要基於內部與外部因素，進一步產生出四種策略：SO、ST、WO、WT，其中，SO 要投入資源以擴大市占，WT 則是退出，而ST 與 WO 則要步步為營，資源配置上也須較細緻的彈性調整。

因此在實務上，有幾處使用常為人詬病，乃在於正負因素的並陳，即環境趨勢現象或所擁有資源，同時會有正面與負面的可能，例如：電動車新創的外部環境，綠能固然是趨勢，但也同時激起市場競爭加劇；電動車的特定電池技術固然是內部優勢資源，但在朝向開放使用權的環境之下，收取權利金反而成為發展劣勢。

其次是每個表列項目的權重如何評估，正負因素的多寡固然無法直接表示發展難度高低與決策，但仍容易造成影響。而各項因素的意義是否要討論？因素項目的權重如何分配？這些問題都在決策分析之前必須進行溝通，而意見若有不合的解決也造成問題。

最後是無法表達或思考環境的變動性，SWOT 往往僅能就當下的情況進行分析，因此對於變動加劇的當代環境逐漸難以適用。

除了在列出因素時就要了解其意義之外，也可運用其他分析工具輔助，可以降低這些衝突或問題。然而，若能將 SWOT 分析深入運用時，在進入策略思維上確實可獲得不少幫助。

交易成本理論

新創企業要能成功，從交易成本理論的角度而言，必須要讓與客戶之間的交易成本低於客戶內部製造的成本，也要低於客戶與其他競爭者之間的交易成本。想想台積電的例子即然（台積電在某些部分已達獨占）。

交易成本理論（transaction cost theory）由諾貝爾獎得主 Ronald Coase 於 1937 年提出，再由 Chandler 與 Williamson 先後加以驗證擴充而成。基本理論觀點是從企業委外生產的訂單出發，接單者若再委外的交易成本太高，就必以企業形式自製接單。

交易成本的起因來自於代理理論的管理問題，其中的核心在於投機主義（人會投機取巧）與有限理性（資訊不對稱使然）。而依據交易流程，交易成本包括資訊搜尋成本、談判成本、監督成本、訂約成本等幾種較為基本的形式。若從客戶角度，則大約可分成搜尋、比較、測試（交易前階段）成本，協商、付款（交易中階段）成本，以及運輸、售後服務（交易後階段）成本。

此外，交易成本理論中還有其他問題，例如：商品多元化之後，企業彼此之間的交易會有資產專用性與套牢問題、企業內部管理的代理問題……等，都可能使交易成本升高，而導致市場失靈，阻礙市場交易（不利新創企業環境）。

而自從網際網路興起後，資訊的流通迅速與低成本、透明度大幅提高，無論是交易前、中、後任何階段，交易成本都大幅降低，因此許多新創企業也都基於網路而生；雖然企業內部也因為應用網路，使得自製成本與管理成本大幅降低，但因外部運作更具效率，促使產品／服務的型態更加多元與差異化發展，小型與微型新創企業越來越具備營運可能，大型企業則可能面臨瓦解或拆分。

總之，新創企業的成功與其客戶間的交易成本有關，新產品、新技術都有可能強化交易成本的降低，除此之外，未來要更進一步降低交易成本，也可朝向社會資本的利用，亦即網絡關係與互信基礎，無論是企業內部或外部皆然。

產業組織經濟學

又稱爲 **IO 經濟學**（industrial organization economics），其立論在於產業環境是廠商行爲與利潤的基礎，因此去了解產業結構將是企業經營必要先觀察與了解的內容——甚至是唯一的內容。無論如何，既然該理論認爲產業環境至關重要，就從該理論學習應如何了解產業結構。

最早由 Mason 於 1939 年提出的觀點，後由 Bain 加以強化形成理論，認爲企業行爲（單向）受到產業結構的影響，並進而影響企業績效，發展出「產業結構（structure）—企業行爲（conduct）—企業績效（performance）」的 S-C-P 產業分析架構，來分析產業結構與企業行爲及其績效間的關係。

因此，IO 經濟學主要在研究產業間或產業內的市場結構、廠商行爲與經營績效間的互動關係，包括會影響廠商行爲與績效的政策及法令等。主要的著眼點是產業，認爲產業間環境結構不同才會造成廠商績效差異。卻也因爲該理論假設廠商皆策略資源同質，且有高度可移動性（而可迅速取得或替代），因此廠商之間從資源而來的績效沒有差異，所有差異都是因爲環境造成；因此對於企業行爲與企業管理者是予以忽略的，此部分也遭到後來的研究嚴重質疑。但其對產業的研究分析仍有不小貢獻。

Shepherd [14] 基於此所提出的分析架構，在 SCP 之上將市場的供需「基本決定因素」分離出來，並且認爲基本決定因素將影響市場結構，進而影響廠商各種行爲，再影響績效，同時認爲廠商行爲與績效對於產業結構具有回饋機制，加上政府的政策也會互相影響，形成長期動態的產業環境（圖3-8）。事實上，影響當代策略思維深刻的 Porter 五力分析，也是從此理論中所誕生，將在第十章介紹。

在進行產業分析時，可以利用其理論內容，針對 IO 經濟學所探討的 SCP 架構所提出的各項內容因素蒐集市場資料來了解與分析，內容包括：

---

[14] Shepherd, W. G. (1972). The elements of market structure. *Review of Economics and Statistics*, 54(1), 25-37.

圖 3-8 IO 經濟學分析架構 [15]

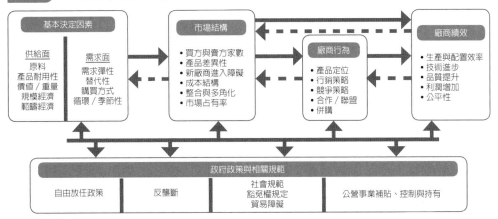

1. **基本決定因素**：供給面因素如原料、產品耐用性、價值／重量、規模經濟、範疇經濟⋯⋯等；需求面因素如需求彈性、替代性、購買方式、循環或季節性⋯⋯等。

2. **市場結構**：主要型態有獨占、寡占、獨占競爭與完全競爭四種分類；影響因素包括買賣雙方的數量、市場集中度、產品差異化程度、進出市場之障礙、成本結構、集團化程度、垂直整合程度⋯⋯等。

3. **廠商行為**：如產品與市場定位、行銷策略、競爭策略、研發與創新、設備投資、法規研析⋯⋯等。

4. **廠商績效**：如獲利率、生產與配置效率、資源利用效率、技術進步、品質提升、利潤增加、公平性⋯⋯等。

5. **政策與法規因素**：自由放任政策、反壟斷、公用事業規範、公營事業補貼、控制與持有、社會規範、豁免、貿易障礙⋯⋯等。

　　以上是針對進入市場的初步策略思維，進入市場後即將展開市場競爭，第十章也提供更多當代的競爭策略。然而在進入全面市場競爭之前，我們建議先針對新創企業的組織團隊、後勤支援或者生產製造進行檢視。在這之前，佐臻的創業成功案例不僅十分激勵人心，也從中有所學習並思考。

---

15 改編自 Scherer, F. M., & Ross, D. (1990). *Industrial market structure and economic performance* (3rd ed.). Boston: Houghton-Mifflin; Shepherd, W. G., & Shepherd, J. M. (2004). *The economics of industrial organization*. Waveland Press.

think-about & take-away

1. 你還會從哪些管道取得創新或創業的議題？

2. 你如何理解「動態創業家能力」？有什麼實務上的意義？

3. 本章又介紹了創業家類型，你覺得跟第一章所介紹的不同之處何在？你偏好哪一種？

4. 本書介紹了四種古典「市場進入策略」，你聽過哪幾種？你覺得這些工具彼此之間有怎樣的關聯性？又有怎樣的優劣比較？

個案介紹

案例 3-2 ╱佐臻：邁向成功之路

　　佐臻從 1997 年成立以來，大約每 10 年共兩個階段的變革與轉型，從最開始純代理手機零件起步，2004 年開始自行研發無線模組，2007 年正式切入市場並獲得 Amazon 大單，正式轉型為無線模組事業；之後在 2013 年又因獲美國大廠 AR 智慧眼鏡代工訂單，又開始逐漸移轉研發重心至 AR 智慧眼鏡代工設計，在累積多年研發與市場經驗後，2017 年再度將商業模式從硬體代工轉為軟硬體整合服務，不僅之後獲得鴻海入股，更深入發展產業應用 AR 智慧眼鏡的生態系，也持續推出優質產品。2027 年是否將迎來第三次的爆發成長與轉型？

轉型創新：一腳踩進元宇宙

(一) 基於無線技術的成功

　　現在回首起來，佐臻轉型至無線模組的決策相當成功，也讓佐臻獲得很好的技術實力，做出屬於自己的高規格產品。這些轉型成功的經驗（路徑），造就了創辦人與團隊的自信。但他們是如何做出 AR 眼鏡代工的決策呢？

　　佐臻團隊在 2013 年前後是否有做相關分析已無從考究，但我們可以引用分析工具如 Ansoff 矩陣進行分析（請參考本章內文），我們的分析簡要列於表 3-1 矩陣結果中。

　　佐臻公司最初從無線模組技術起家，這是其成功的技術基礎。隨著無線技術的發展和成熟，佐臻逐漸將這些技術應用於智慧眼鏡和物聯網設備，為市場提供了多樣化的解決方案。這些技術積累讓公司具備了 AR 眼鏡組裝這一全新領域的實力，充滿潛在機遇與挑戰，市場雖然未成熟，但已擁有技術上的優勢。剩下的就是團隊的企圖心了。

表 3-1

	目前產品	新產品
現有市場	市場滲透（market penetration）：深耕無線模組市場。 • 強化現有無線模組產品推廣，以提升市占。 • 在市場成長性有限之下，恐難免殺價競爭。	產品開發（product development）：穿戴裝置或物聯網特殊模組。 • 現有市場延伸出穿戴裝置、物聯網等需求，但客製化程度較高，且未來成長性不明。 • 既有市場應用需往更高階規格進軍，但恐與國際大廠對陣。
新市場	市場開發（market development）：AR 智慧眼鏡無線模組。 • AR 市場需求漸增，且同樣需要多元無線模組。佐臻擁有強大的技術與經驗，可滿足 AR 眼鏡所需。 • 新市場持續性不明，且模組較需客製化，成本較高。	多角化（diversification）：跨足 AR 智慧眼鏡組裝，進入垂直整合。 • AR 技術的應用場景廣泛，新市場對於 AR 眼鏡需求快速增加。 • 佐臻可結合技術優勢跨入新型 AR 眼鏡產品，滿足市場需求，也能展現綜效。

(二) 跨足元宇宙

不過，現實是殘酷的，跨入之後才知道這水很深。AR 產品的推廣不僅需要教育，更需要搭建場景，而每個領域的使用場景皆有不同，又須回到供應商集體創造，亦即所謂的生態系的建立。面對這個進退兩難困境，佐臻該怎麼抉擇？

同樣的，我們只知道梁董在先前的董事會上並沒獲得完全的支持，但事後卻仍繼續投入。如果我們從現在的角度，使用 SWOT 分析，應該有兩個步驟，第一步是眾所周知的，列出公司所處位置的四個內容。

別忘了還有第二步，就是將四個內容做交叉擺列後，形成四個情境開始分析相關策略。我們嘗試針對佐臻的現況，簡要分析如下：

1. SO 策略：基於無線技術和智慧眼鏡領域的領先地位，持續技術創新、維持既有無線模組應用市占，同時聯合價值鏈夥伴，積極建構元宇宙應用生態系，提升企業競爭力。

2. WO 策略：強化用戶教育和市場推廣，迎合與改善用戶體驗來推動市場接受度，也充分運用策略合作或聯盟的力量，利潤共享的創新商業模式可能是

關鍵。

3. ST 策略：深耕每個已有成果的垂直應用領域如智慧製造、智慧醫療等，一方面減少對單一應用的依賴，保持多樣化策略，一方面減少市場起伏的風險。

4. WT 策略：在未有積極需求，或尚不熟悉，或生態系還不成熟的部分應用領域，應維持消極態度，以降低風險。

你認為我們是怎麼做出來的呢？你又會怎麼進行分析呢？無論如何，我們想要強調的是，這樣的分析工具仍有其侷限性。主要是難以分析市場的未來情形。

(三) 市場需求變化詭譎，難以預測

元宇宙市場雖然具有巨大潛力，但其發展仍未成熟。究其原因，其實相當複雜，即便新冠疫情期間似乎催生出一些應用，但疫情過後呢？每個場景的需求細節仍是重點。此時生態系的建立能否有所彌補？還是要在現有需求之上，開出新的應用需求市場呢？加上國際局勢的變化、金融市場的起伏，在在都影響著市場的需求變化。

這使得企業在進入這個市場時必須面對多重挑戰，包括技術發展的穩定性、消費者的接受度，以及未來的競爭環境。這讓佐臻實在不易預測、難以直面，佐臻該如何一面保持技術領先，一面同時推廣用戶對元宇宙的認知？

為滿足分析工具之不足，學術理論上此時提供一個新思維，重新回到創辦人與企業本身身上。以創辦人的能力而言，我們稱之為動態創業家能力（見本章內文）。

從靜態的創業家類型，到動態創業家能力

依據我們在文章中的分類，梁董最開始應該是一位典型的技術型 × 分析型的創業家，可以從其創業以來，多依靠技術專業與相關人脈進行業務拓展與技術發展推敲出來。然而，經過兩次的重要轉型成功經驗，梁董應該已經是逐漸隨市場環境改變、擁有市場敏銳度的直覺型思維者，可以就其技術實力尋求改善甚至突破，依靠創新打開新市場的創業家。

然而，該如何面對如此變化多端的市場環境呢？

在 VUCA（Volatile 動盪、Uncertain 不安、Complex 複雜、Ambiguous 模糊）

的背景下，佐臻需要持續探索動態創業家能力的本質。動態創業家能力是指企業領導者在快速變化的市場環境中，具備適應變化、抓住機會並創新應對的能力。這不僅包括技術能力的延伸，還需具備對市場的敏感度、靈活性，與創新能力，才能在資源有限的情況下充分利用現有各種資源進行創新。

我們初步認為，梁董應具備了以下動態創業家能力：

1. 機會面：領域知識、人脈網絡、同業合作、創新思維。
2. 動機面：熱情、願景、堅持、承諾。
3. 才能面：思考決策、知識學習、韌性、適應性。

具備了動態創業家能力，便有機會調動既有資源，在機會成熟之前，能持續醞釀、養成或調整本身的各種實力，迎合機會，一旦機會成熟，便可以創新的模式問世。

無線未來，無限可能

當然也需要培養整體團隊的動態能力，然而最難的第一步已然走在正確的路上。梁董以團隊無線技術創新為核心，擁有轉型成功之經驗，與強者聯手，跨入 AR 智慧眼鏡和元宇宙領域之際，我們認為，在持續培養動態創業家能力後，未來的挑戰雖非沒有，成功的可能卻仍存在。

思考

1. 根據前述 Ansoff 矩陣，你會做出佐臻進入 AR 眼鏡代工的策略分析步驟嗎？
2. 對於 SWOT 分析，你能正確的做出矩陣圖分析嗎？
3. 我們嘗試做 SWOT 分析時的四種策略，你認同嗎？還有哪些需要補充？
4. 如何從 AMO 架構說明梁董該如何培養動態創業家能力？

Part 2

創業團隊管理

Chapter

4

創業團隊如何經營

個案介紹
案例 4-1 / Paypal 幫派傳奇

黑幫 mafia ?!

在美國，Paypal 創業團隊有個響亮的暱稱：Paypal Mafia，中文應可稱之為 Paypal 幫，這個暱稱，我們認為，對一群有相同嗜好與深厚情誼的科技極客（tech geek）來說，可能不只是響亮、特殊，更是一種酷炫到不行的極致讚美！

當然，Paypal 創業團隊並沒有在法律上與道德上從事作奸犯科、離經叛道之事，但正如同「黑幫」這文字背後所透露的另一層意義一樣，這是一群具有共同喜好、特殊文化與氣質、感情深厚、情意深重、願意一起努力打拼、朝著共同目標與願景前進的朋友所組成的團隊，並且在各擅勝場的能力上卻能巧妙整合而精準、高效的發揮。

事實上，Paypal 創業以來，確實一直在專業的領域上挑戰（精確地講是顛覆）既有商業規則、企業經營規則，以及數位技術能力，因而一再創造出科技業的許多「創新」的紀錄，也引領了科技新創企業的「潛規則」。

更甚者，我們認為，矽谷之所以成為全球獨樹一格、獨一無二的科技新創搖籃，尤其在千禧年後正式取代紐約成為全球創投資金重要匯聚之處，應該與 Paypal 幫有關——也因此使得矽谷的成功創投經驗很難在其他城市複製。

先來看一下 Paypal 幫之所以令人肅然起敬的「駭人聽聞」成果，再來探究其團隊的成功之道。

Paypal 幫：連續成功的創業集團

現今許多科技業者或新創業者所「想當然耳」執行的商業樣板或手法，有些就是從 Paypal 最先創新而衍生、擴大至今的。例如：補貼式病毒行銷與病毒式 app（可匯款給沒帳戶的人迫使其申請帳戶）、平台策略（在 eBay 平台上的獨立應用程式）與嵌入程式、迭代式網路產品策略等。

那麼這群黑幫究竟是哪些人呢？說起來，他們來頭還真不小，最早期的 Paypal 兩組創辦人包括 Max Levchin、Peter Thiel、Luke Nosek（Confinity 團隊），以及 Elon Musk、Harris Fricker、Christopher Payne、Ed Ho（X.com 團

隊），加上彼此呼朋引伴後加入成為第一批股東或員工的總人數，估計大約至少
20-30 位（而根據 Thiel 自己情感式的計算，Paypal 幫總共有 220 人），他們在
後來各自開枝散葉後，前前後後又成立了其他至少七家獨角獸科技新創企業，若
再加上其各自創投資金投資成立的新創企業，更是讓人咋舌。這些人及其獨角獸
或創投與相關成果簡單整理如下表 4-1（不包括 Paypal 本身）：

表 4-1　[1]

創辦人	新創企業	目前／併購市值
Elon Musk	Tesla	>1000 億美金
Elon Musk	SpaceX	>100 億美金
Reid Hoffman（及前員工）	LinkedIn	>100 億美金
Chad Hurley、Steve Chen、Jawed Karim	YouTube	Google 以 16.5 億美金收購
David Sacks、Mark Woolway	Yammer	Microsoft 以 12 億美金收購
Jeremy Stoppelman、Russel Simmons	Yelp	>10 億美金
Peter Thiel（及前員工）	Palantir	>100 億美金
Max Levchin	Slide	Google 以 1.82 億美金收購
創辦人	創投	有名的成果
Peter Thiel	Clarium Capital	Paypal、SpaceX、FB
Reid Hoffman	Greylock Partners	FB、Groupon、Zynga、Airbnb、Flickr
Roelof Botha	紅杉資本	YouTube、Instagram、Zoom、WhatsApp、Linkedin、Paypal
Dave McClure	500 Startups	Grab、Udemy、Canva、Gitlab
Luke Nosek、Ken Howery、Keith Rabois、Peter Thiel	Founders Fund	SpaceX、FB、Airbnb、Yammer、Spotify

---

[1]　資料來源：Conner Forrest（2014），TechRepublic 網站。https://www.techrepublic.com/
article/how-the-paypal-mafia-redefined-success-in-silicon-valley/。

從上表中也可以看出一個現象，可以完美詮釋 Paypal 幫的影響力：持續創業、相互幫助支持，同時也持續在顛覆這個世界的規則。其中，YouTube 與 LinkedIn 是最佳例子：Paypal 幫的數名成員創立、向原成員所成立的創投募資、吸納其他成員回歸重聚而更壯大、創造新需求與新常規。這樣的例子依然持續在進行中——也因此影響著矽谷甚至於全世界的科技新創。

像這群如幫派一般在矽谷新創界能夠連續創造出數個獨角獸，還真的沒有其他「幫派」了。即便從微軟、Google、Apple 或 Yahoo 再出來創業的團隊，即使相對較容易募集到資金，但能再創一、二個獨角獸也算很了不起了，若再根據整體企業的員工比例來計算，Paypal 比起 Google 能創造獨角獸的能力大約是 350：1。其影響力可見一斑。

Paypal 幫在 21 世紀初所取得的成功，可以說是一群創業成功率最高的團隊，在矽谷雖不能說呼風喚雨，但也足以藉由多個創投資金協助科技新創，成為創業導師。受此影響，也開始有不少創業成功團隊逐漸成形，例如：近幾年因成功孵化出幾個有名的投資案如 Airbnb、Dropbox、Stripe 等的孵化器 Y Combination，很受新創界的歡迎，也樂於與新創公司分享理念與做法而逐漸形成 YC mafia 的感覺，也許與 Paypal 幫理念不同，卻仍受其潛移默化。

Paypal 從創立到團隊成員四散

Paypal 從創立到併入 eBay 不過短短 4 年，加入後又因企業文化不符，使原先團隊不得不拆夥四散，也因此反而多點開花，激發出多個獨角獸，形成 Paypal 幫，令人好奇究竟是怎麼形成的這股「幫派勢力」。先簡單回顧一下歷程再進入分析。

Peter Thiel 在 1998 年暑假於史丹佛大學演講後，與 Max Levchin 見面並交換對於電子錢包的想法，再加上 Luke Nosek 共三人於當年底創辦 Confinity，原想針對 Palm PDA 開發創新行動支付解決方案，但過程中首批工程師僅成功開發出電子郵件轉帳的方法，於是開始以此產品上線營運。創立初期即採用病毒式程式（先匯 1 美元再註冊開戶）加行銷（email 轉介）與補貼手法吸引用戶，此舉果然奏效，客戶快速累積。

1999 年 3 月 X.com 成立，Musk 的團隊也同時從事線上轉帳與付款相關的技

術應用，並同樣採用病毒式行銷手法，雙方競爭激烈。一年後，2000 年 3 月，雙方確定合併，由於當時剛與 eBay 合作，成為付款交易機制，因此暫時以產品名 Paypal 營運，成為了當時最大支付平台，且幾乎立即就募集到一億美金，但雙方團隊為公司名稱衝突而埋下芥蒂。

網路泡沫發生前，Paypal 用戶隨著 eBay 一起快速成長，2000 年 2 月到 4 月，用戶從 10 萬快速增長到 100 萬，來自交易手續費的營收也快速成長，但因補貼使得虧損也持續擴大，加上很快就遇到詐騙問題，營運上遇到危機。

此外又遇到內部衝突上升，創辦人 Peter Thiel 不得不離職，Musk 接手擔任 CEO。但原先的員工卻不買單，尤其在對於工程師的管理上與 Thiel 差距太大，產生了「革命」，導火線是員工趁 Musk 出國時發動全員投票，保留公司名稱為 Paypal，反對改為 X.com，Musk 後來憤而離職，員工順勢請回 Thiel 繼續擔任 CEO。雖然如此，在後續的募資中，Musk 依然持續投資，以資金支持 Paypal。

Thiel 回鍋後，2001 年 6 月放棄原公司名稱 Confinity，而正式使用 Paypal；隔年 2002 年 2 月更以 Paypal 名稱成功發行新股 IPO 上市；同年 10 月，確定以 15 億美元出售給 eBay，雖不是每個人都想這樣，但主要股東 Thiel、Levchin 在種種考量下仍決定併入。

當時市場歡聲雷動，認為是網路泡沫結束的信號；員工們原以為加入 eBay 大企業有更多資源，卻沒想到只有更多的規定。在組織架構、管理模式、企業效能與文化都大幅改變之下，原先團隊成員都紛紛離去、四散到各處，卻也真正成就了 Paypal 幫。

而留在 eBay 的 Paypal 仍持續成長，2006 年用戶超過 1 億，且推出行動解決方案，2015 年再度拆分獨立營運，2017 年用戶突破 2 億。

回顧過往歷程，也看得出似乎 Thiel 才是 Paypal 幫的靈魂人物。

Thiel 創業團隊的經營理念

在 Paypal 創立當時，網路正紅，但網路交易仍以傳統線下為之，包括現金、信用卡或 ATM，對於網路交易行為不但不便，更易形成阻礙。科技怪傑的 Levchin 想到可以使用數位貨幣的方式，並且努力嘗試開發中（事實上當時有很多人有同樣的概念），而剛好經過好友 Nosek 的介紹，認識了 Thiel，雙方一拍

即合。

　　哲學與法律背景的 Thiel 正好與 Nosek 想要趁著網路崛起創業，在募了一筆資金後，便一起投入新的交易支付解決方案，開啟了 Paypal 的創業成功之路。

　　姑且不論許多後見之明，對於 Paypal 三位創始成員的初衷是否真的是想打造更安全、更方便、更普及的數位貨幣，但至少他們想利用網路創業、想透過交易制度創新解決方案，專注這個議題著手是確定的。而且之後的團隊經營更是本書此處想深入挖掘的。

　　對照 Musk 所成立的 X.com，一樣是瞄準網路交易解決方案的早期競爭者（其實當時還有不少其他方案，只是資金沒那麼充足、技術進步沒那麼快），Musk 的創業團隊（與多數雷同）在成立之初沒多久，就陷入權力爭奪問題。而 Thiel 卻在創辦之初就跟 Levchin、Nosek 深入溝通，希望可以跟好朋友們一起創業，成立的公司也彼此都是要像家人一般的友好！

　　我們無法確定是否與大多數科技創業技術背景不同的哲學背景有關，但這樣的初衷與理念，確實影響後來從三人擴充到 20-30 人的最早期創業團隊，都分別從各自在學時期的好友圈中尋找願意共同奮鬥的高手，有了明確的努力目標，加上理念認同的共識，使得創始團隊能在有形的方向與進度之外，更多了一份無形的情感維繫，強化彼此默契的形成，建構 Paypal 幫深厚的基礎。

　　值得一提的，Thiel 在後續招募員工上，一反企管教科書中對於組織成員多元化的思維，而只招募性質雷同的員工，好讓員工專注目標、持續進步，並且降低溝通障礙、增加工作效率。對此，你會仿效？還是參考即可？

為何凝聚力／團隊效能如此之高？

　　因此，我們認為，Paypal 幫之所以能成為 mafia，應與下列幾個關鍵因素有關：

1. 共同目標：創業之初，必須要有清楚的焦點。Paypal 起初的目標很清楚，網路創新交易，同時要建造以朋友為基礎的創業環境。因此展開了第一批創始團隊，在友誼基礎上展開網路科技創新。

2. 志同道合：這群人不僅有清楚的目標，而且還準備顛覆現有規則，尤其跨入金融領域必然有許多困難，但對於擁有相同特質、技術實力、不畏失敗的年

輕人，一起嘗試就能大膽！而延續車庫創業，打造矽谷基因，建立傳奇。

3. 持續專注：其實 Paypal 創業遇到的問題一點也沒少，困境接踵而來，但他們更加專注。團隊一起熬夜加班、動腦討論，一起吃飯、打 game、下棋，也一起分工合作。專注解決問題，也彼此相依為命，幾乎犧牲了私人生活。

4. 重視友誼：創業之始，就已經一再強調友誼至上，使得他們無論在股權分配、任務分配，或時間分配上，都因為重視彼此情誼而能互補、體諒，也儘量不虧欠彼此，尤其歷經多個挑戰與考驗，情誼自然深厚。

5. 靈魂人物：不得不說，Thiel 雖非科技極客一類，卻因堅守某些極客們頗重視的情誼，而聚集到這群臭味相投的團隊，適時發揮柔性領導者的角色，化解衝突、發揮黏性。

6. 創業熱情：創業魂得以充分發揮，這多半來自於同伴支持、經驗、學習成長，而得以大膽發揮。有了熱情支持的動機，加上經驗可以強化對機會的感知，以及擁有能學習進步的能力，更可掌握機會、降低風險。

即便是面對金融監管、政府法規、強大競爭對手，即便是網路泡沫的浪潮侵襲而來，依舊沒能澆熄 Paypal 幫對於網路創新科技的熱情，帶著初衷，持續顛覆世界規則。一群人當然能壯膽，這群人更是擁有深厚情誼、學習能力，因此從 Paypal 的成功經驗，不僅強化創業動機與實力，更將所學再次投入矽谷的新創環境中，形成正向循環、生生不息。

在了解創業家的特性、類型，以及認知、能力，又從創意創新到創業的一連串認識，找到創新項目之後，就是要真的開始著手創業了。跳過繁瑣但制式化的文書流程，更重要的是，創業組織的形成。第二部分，將進入創業組織，從創業團隊、組織的擴大，到行銷與生產物流等實質組織運作，是本篇的整體架構。

一、個人創業 vs. 團隊創業

概述：創業可以是一人，也可以是團隊

看完 Paypal 黨的創業故事，你是否也和我們一樣，有點心生嚮往，又有點不可置信，認為又是一個簡化的傳奇故事，卻如此的栩栩如生 —— 畢竟還在繼續著！

當有了創新項目，你環顧四周，是只有你自己發現、挖掘這個解決方案，還是有同伴一起尋找、思考呢？或者，只有你想依此展開風險事業，還是有人想要一起擔當呢？

當然，將商業化可行性的解決方案推向市場，不一定是風險項目，前面已經說過，但創業的起點，究竟是要一個人展開，抑或組建創業團隊，哪一個比較好呢？哪個成功機率較高呢？哪個會有更多的問題或困難呢？

偶爾，我們會看到這樣的消息：創業夥伴撕破臉，互相告上法庭；創業夥伴捲款潛逃，留下債務與法律問題；創辦人遭公司索賠；創業團隊互爭經營權……等的負面新聞，難免給人創業團隊似乎會引發後續許多麻煩的惱人印象。然而，也會常想到獨自一人在創業的路上孤軍奮戰，不是缺資金、就是分身乏術，技術、業務、財務多方問題多頭燒，恐怕更非「逐一解決、各個擊破」可完成。

然而，往好的方面觀察，也不難看到有許多的成功案例，包括像Amazon、Dell 也都是一人獨力完成創業，至今更是非常成功；團隊創業的例子更多，包括如 Facebook、Netflix 等，以及熟知的微軟、蘋果等創業故事。國內的例子則如郭台銘獨力支撐鴻海帝國，而台積電則由張忠謀及其團隊共同促成。

創業成功的關鍵因素很多，而創業起始團隊組建雖非唯一，但仍是關鍵。以下我們從客觀角度簡單分析一人創業與團隊共同創業的優劣，以及其他角度的觀察與綜合建議。

個人創業的好處與壞處

個人創業就是一人公司、獨資的意思。就好處而言，就是比較能自由運作、不受拘束，也就是不需擔心各種分配的問題，這些分配的問題包括時間分配、任務分配、利益分配等等。

1. 在時間分配上，因為只有自己一人運作公司，即便事情再多，都可以按照自己的既定行程來安排，無須配合夥伴，節省運作時間，也同時節省決策的時間，相對而言，也就提高了做事的效率，而且各方面事項（如業務面、財務面）與專案進度（如產品相關開發進度或對外合作），都較能有所掌握。

2. 在任務分配上，都是自己一手包辦，自然沒有分配的問題。有時事情太多忙不過來，也可以暫時請工讀生或約聘人員處理較為制式化或雜項的行政事務，較為常見的，是會請家人暫時幫忙。一般都會建議要等到這種「旺季」成為常態、每天工作超過 12 小時，才會增加固定薪水的員工。

3. 在利益分配上，由於是獨資，因此完全不需費心思考或計算這方面的問題。所有公司的利潤都是自己獨享。因為多半合夥人會出現的問題都是利益分配方式有不同的意見，背後產生分配不均的問題，演變成所謂的「理念不合」，甚至形成前述「告上法庭」的窘境。事實上，即使是親戚、家人，有時也免不了這方面的疑慮與爭端——甚至更嚴重。

所以綜合而言，個人創業很明顯的節省了許多分配問題，不僅顯得較有效率、更為簡單，還有節省了許多衍生出來的情感分配——不需照顧夥伴的心情、彼此許多的等待與搭配，或者家人之間公私情境的切割等等，因此更能集中精神、專心務實的解決問題。

當然，相反的，就個人創業的壞處來說，就是資源限制問題，包括能力、人手、資金、資訊等方面的不足或欠缺。

1. 在能力方面，一個人的能力再怎麼強，也可能只是在某個領域方面而

已，比方最常見的程式編寫只限於少數幾種程式語言與一、二種應用領域，若遇到跨領域或不同程式語言，往往需要與他人合作，若非合資的夥伴，對外的合作可能交易成本更高（參見第三章、第七章）。或者僅限於業務溝通能力，卻對靜態的文書行政甚至財務能力了解有限。雖然如此，這些「缺陷」仍是可以藉由高價聘請有能力的員工補足。

2. 在人手方面，正如前面所說，新創事業的經營除了推進產品／服務的規模化，也需要持續在業務面拓展與財務面支持，以及許多想像不到的行政雜項，如果在不同能力有所互補（至少在產品開發上），真的會輕鬆不少——尤其是一起打拼的夥伴，不僅財務上較為輕省，在心情上更能彼此支持。

3. 在資金方面，尤其是創業初期，資金都是來自於自己或家人，如果有創業夥伴一起努力，至少在資金方面可以得到多方家族的來源；在初期營運階段除了一方面節省開支，一方面對於初期的持續時間也較長、較有彈性。

4. 在資訊方面，與每個人的能力有所不同與互補類似，基於每個人所接觸到的資訊面不同、人脈網絡不同，對於產品／服務、市場趨勢、競爭態勢，或政府政策等各方面的經營所需的各種資訊，也可能有更為多元的來源，因而進一步可能對於新創企業的發展方向有關鍵性的差異。

更廣的來說，由於資源的限制，除了造成上述的差異之外，甚至有可能影響決策的方向或品質。

因此，創業家在創業之初，若能理性地對自己有較為全面的認知，包括個性、類型、專長、認知習慣、情感取向，以及人脈網絡等等，都可能預先知道資源的限制，進而對經營決策有所助益——至少在合資的判斷上是如此。

創業團隊的優點與問題

團隊創業是當代創業較為常見的故事內容呈現，也因此往往吸引創業家朝此方向思考。而創業團隊的優點，當然就是前面所說個人創業缺點的相反面，在此也就不再重複贅述，除此之外，還有以下幾個方面的優勢：

1. 協同效應：協同效應（synergistic effect）即一般所謂的「1 + 1 > 2」，

或稱為綜效，也就是加乘效果。畢竟，「三個臭皮匠，勝過一個諸葛亮」這句話在東方社會早已流傳久遠；聖經也提到過「兩個人總比一個人好，因為二人勞碌同得美好的果效」；更何況，我們也都見識過「集思廣益」的功效。

2. **心理支持**：之所以會產生加乘效果，就心理學的觀點而言，一方面是因為腦力激盪之下，往往會產生更多更好的想法或創意（參見第二章）；另一方面，在團體動力運作得宜之下，也會讓團隊彼此心理獲得支持，產生安定感、信心，因而在團隊中產生出堅持或勇氣，例如：本章中的 Paypal 案例。

3. **互補效果**：除了前述的能力方面在團隊中可以得到互補之外，其實在個性方面的互補也有所助益！例如：前一章的 Netflix 案例，兩位創辦人的個性互補，因而找出創業方向，並持續創業過程中的各種問題解決。

同樣的，團隊創業有其優點，但這些優點都不是彼此湊在一起就可以自然成形的，若非「臭味相投」，還需善用團體動力學加以運作，否則可能容易產生比前述個人創業好處（及分配問題）的相反面更多的問題，比如：

1. **信任問題**：信任恐怕是創業團隊會產生各種分配問題的原因，而分配問題也可能反過來再增加信任的問題。團隊中只要有其中兩人之間產生信任問題，都會讓整個團隊陷入瓦解的危機。同時，如果創業團隊的人越多，信任問題也就會越複雜，因為兩人的信任關係只有一個彼此，三人的關係增加到三個彼此，而五個人則暴增至十個。由此也可知，Paypal 幫是多麼難得、又是多麼牢固！

2. **依賴問題**：這裡指的是社會心理學中所謂的「社會懈怠」（social loafing），只要是團體，就可能出現「濫竽充數」的情形，如果創業團隊中有此現象產生，就容易讓團隊凝聚力變得脆弱。

3. **心態問題**：是指夥伴之間的價值觀、想法、理念、角色定位等等的觀念落差，進而影響了創業發展。較常見的是家人彼此角色的重疊與模糊，若未能適時切割（時間、空間的切割，參見第五章的雙歧管理），便容易產生衝突；或者創辦人之中有員工心態，出資後只把自己當上班族，未能同甘共苦；也可能經過一段時間，原本的想法產生變化，無法繼續成為打拼的夥伴，只能成為資金參與者；甚至更激烈的，因公司定

位問題、經營模式問題等等產生衝突而不得不難堪地退股。

其實導致這些問題的原因，都可能與共同創辦人的品格有關，品格好的夥伴，即使產生價值觀的衝突，也可能會有「好聚好散」的不錯的結果（如Netflix最初兩位創辦人之間）。雖然可遇不可求，但在確認彼此合夥的關係之前，尋求第三方資訊的建議可能仍為必要。

有不少創業家會如此建議：不要為了組建創業團隊而組隊，要實際上需要，或遇到、發現適合一起的夥伴再邀約，否則合夥的結果可能比個人創業更傷腦筋、更難處理。

也有此一說，東方人創業偏好獨資、西方人創業則較多合夥，這種說法可能針對於上個世紀資本較小、且有實體產品的「小本經營」商店為主，應該是一種傳統固定觀念，例如：所謂「僅此一家、別無分號」這種非連鎖性特許經營事業。然而，我們則覺得，這樣的說法可能多半與溝通能力和習慣有關，也就是說，東方人的社交習慣多半在團隊中容易隱藏反對聲音，而不容易達成真正共識，而西方社交習慣較易表露自己意見，也會往共識方向共同努力。

然而，在資訊傳播越發加速、產業環境越發動態演變、競爭越趨激烈之下，專業深度與跨域廣度的要求也越來越高，創業若不能以團隊專業分工進行，實務上似乎會遇到較大阻礙。

善用創業雙歧管理，可提高創業成功機會

因此，就成功率來看，究竟是個人創業較容易成功，還是團隊呢？據了解，在創業家的觀點，合夥這件事情難度可能比專心經營難度更高，除非剛好認識志同道合者，否則多半寧願獨資；然而創投似乎多半認為，創業團隊的成功機率較高，也較願意針對團隊進行投資。不過我們也認為，這恐怕也只是創投一廂情願的看法，不一定表示獨資創業成功率較低。

不過，在實務上，個人創業與團隊創業其實並不衝突。個人發現好的題目，可以先行創業、著手解決方案，再逐步規劃資金，同時尋找適合的創業夥伴，一方面資金都是先從家人朋友著手，也可以請資金贊助者介紹，一方面也必須使用既有的人脈網絡搜尋個性、能力，尤其品格適合的人進行邀約，或者參與一些創業聚會等活動來主動擴充人脈資源。

根據哈佛商學院教授 Wasserman [2] 的研究，創投認爲 65% 新創企業的失敗，都與創業團隊的問題有關；而創投所投資企業即將發生的問題中，也高達 61% 與新創團隊有關。於是，若能有效解決合夥的問題，有機會大幅提升創業成功機率。

而針對新創事業合夥問題的避免，Wasserman [3] 也進一步提出較爲務實的建議，無論是朋友、親戚或家人合夥創業，一定要先規劃好股權問題，才能避免未來的爭端。這是創業團隊的第一步，也是合夥創業較能長久的關鍵一步。畢竟在合作創業前，即使認識很久的朋友或親人，在創業的壓力之下都可能有不同面貌，更何況長期下來，會遇到更多不可預期的人生際遇影響價值觀或想法，而妥善安排股權，則是在法律底線之上，保障所有創業夥伴的共同利益。

然而，大多新創企業（以及既有企業亦然）都是以均等方式分配股權，但研究發現，均等股權分配不僅會讓新創企業績效較爲不彰，也可能在後期創投募資之路較不順遂，究其原因，可能即與前述的公平性心理（因主觀感受團隊成員貢獻不均等）有關。

因此，Wasserman 建議，創業團隊應花更多時間來討論股權分配制度，甚至應以階段性（或稱有機性、動態性）來做分配。也就是說，創業團隊中的每個共同創辦人都應持續參與新創企業的過程，才能獲得自己應得的股權，或者達成事先設定的階段性目標，再做該階段的分配。不過，這對首次股權分配來說，若不使用均等分配，可能反而增加其困難度。該怎麼設定合作的底線，仍是值得持續研究與嘗試的課題。

二、團隊動力學

此處也提出另一方向的觀點，即運用所謂的團體動力，強化創業團隊的關係品質，試著讓 Paypal 幫的神話般傳奇故事得以一再重現──至少能加

---

[2] Wasserman, N. (2012). *The founder's dilemmas: Anticipating and avoiding the pitfalls that can sink a startup.* Princeton University Press.

[3] Hellmann, T., & Wasserman, N. (2017). The first deal: The division of founder equity in new ventures. *Management Science*, 63(8), 2647-2666.

以運用團隊的優點，形成較佳的創業績效，即便共同打拼一段時間後，情境或觀念變得有所不同，也能好聚好散、不留遺憾。

良好團體動力的四個關鍵要素

團體動力最早是 1935 年 Kurt Lewin 在戰後研究團體時，所提出的理論，並將之應用於團體治療；認為團體動力是來自於團體內部、外在所有會影響此團體的力量，尤其是團體內成員彼此之間互動後的結果。後續學者更進一步認為，團體既然是由成員及其彼此互動所組成，因此為動態存在、有生命的組織，而團體運作過程會產生對個別成員與整體團體的影響力，即團體動力。

團體動力的組成要素包括環境、成員、領導者，是領導者與成員間產生互動後，彼此因對團體有高度認同感而產生集體意識，也清楚團體共同目標，在運作過程中雖然會有外在影響（通常是阻力），但所有成員皆能有所適度犧牲各自利益以達成團體目標，並且在團體持續獲得利益時，成員的個別利益也隨之而增加。

在這樣簡單的團體動力理想敘述中，可以知道，團體動力的目的是希望能夠運用團體的力量，使團隊成員可以藉由團隊目標的達成而獲得共同利益，並且藉由團體達成的總體利益或可能性較個別成員各自努力來得更高。

同時，要構成良好的團體動力，除了外顯要素（環境、成員、領導者）之外，也必須要有隱性的關鍵要素在其中，否則任何人的集合皆會產生團體動力。這些關鍵要素包括溝通與互動、凝聚力、社會控制、團體文化。

(一) 溝通與互動

溝通與互動的模式，可能是其中最重要的關鍵因素。要形成團體，成員之間就必須要進行溝通，而溝通是一個藉由交換訊息來了解彼此的一連串過程，而團體動力也是希望藉由持續溝通與互動來建立成員之間的信任、團體共識與目標的形成等重要目的。而互動模式則可以是較為正式的（如進度會議、成果檢討），或非正式的（如午餐、即興討論）。

在創業團隊的情境中，溝通往往較有方向性，通常以問題的解決方案討論較為常見，而這種正式的工作會議或討論應該要求全員到齊一起參與，

甚至在特殊目的模式中（如創意腦力激盪），更應該建立一些溝通規則（如禁止負面發言）等等，所以，領導者的角色在溝通與互動模式的建立與維持上十分重要。此外，爲建立信任感，非結構性的、無方向性的溝通也應積極建立（如輕鬆聊天、分享感想等等），並且無論好壞的結果都必須要以眞誠爲出發——畢竟時間會檢驗一切，創業團隊往往經不起信任危機。需留意在溝通互動時，彼此權利地位的角色以及成員的情緒，可能都會有所影響。同時，溝通與互動模式也會與團體的凝聚力與文化相關。

(二) 凝聚力

Catwright [4] 曾針對**團體凝聚力**，提出四個足以吸引成員的一般性因素：(1) 親近、被認可和安全需求；(2) 資源與誘因如獲得資訊、獲得聲譽等；(3) 個別成員期待團體的有利或重要結果；(4) 與其他團體經驗的比較結果。在創業的情境下，這些因素不僅都可能被滿足，而且藉由社會控制與溝通互動，更能適時強化凝聚力，例如：在階段目標中暗示獲利、資源取得等等訊息，往往讓凝聚力更強。然而另一方面也須留意，莫使成員彼此之間的溝通與關係出現裂縫，反而成爲破壞凝聚力的因素；亦須留意團體迷思，過度追求團體的一致性有時反而偏離事實，形成集體認知偏差。

(三) 社會控制

是指團體能有序的、穩定的運作，也是形成與維持團體凝聚力的重要因素。而社會控制包括三個因素：

1. 團體規範

嚴格程度從高到低，會有不同的成員約束力與自由度、領導角色的突顯性、溝通時間與效率。

2. 成員角色

除了領導角色之外，團隊性成員應傾向以團隊目標爲優先、努力積極、較少個人意見，個體性成員則應知道團隊目標與個體差異性，而能客

---

4 Cartwright, D. (1968). The nature of group cohesiveness. In D. Cartwright & A. Zander (Eds.), *Group dynamics: Research and theory* (pp. 91-109). Harper & Row.

觀、適時表達意見、給予回饋，甚至適當安排任務，而孤立性個體則不易融入團隊（雖可能有特長）。創業團隊中角色並非固定，角色轉換與規範的制定有關（如團隊默契、原則等）。而若個體性成員較多，則不僅團體動力較強，在行動力與能力展現也可望較突出。

3. 權力地位

在團體動力學中，地位較低者往往會退出，地位較高者則會選擇性服從規範，唯有中間地位能服從規範且不易退出。因此在創業團隊中，應儘量讓團隊成員的地位一致、平等，也因此建議股權均等。但實務上，初次股權的出資差距越小越好，卻應維持小幅度不均等，而出資較多者雖成為領導者角色地位，仍須留意應刻意讓溝通互動時地位均等，待階段性任務逐一達成時，再討論股權調整。

(四) 團體文化

是指團隊成員所達成的共識下，形成的價值觀、信念、願景、傳統等意識形態及其相關的認知過程。團體文化一旦形成，則不容易變更，因而有利於溝通互動、增加效率與認同，產生的團體動力也會較強、較顯著，因此，團隊成員（尤其是領導者）應留意形成正向的團隊文化，例如：Paypal 幫加入後也互相影響，朝更好方向發展。而文化的形成，成員之間若歧異度較大，形成時間較長、較緩慢；若同質性較大，則較容易形成。

團體動力如何運作？

在對於團體動力的定義與要素已經有基礎的了解之後，進一步要知道團體動力是如何運作的呢？大致說來有三個階段的循環歷程。

(一) 形成團體並建立關係

當有兩人或以上彼此互動，並能彼此產生影響，就是一個團體或團隊，Lewin 更提出「場地理論」（field theory）觀點，就是團體還須具備一個心理場地，團體動力則在此生命空間中，以彼此的各自特質進行互動並產生影響。

團體成員在互動過程中，透過溝通互相了解，彼此分享與投入，便建立

起初步的人際關係，並藉此產生具影響力的關聯性。團隊中的兩兩之間都應建立或強或弱的關聯性，因此團隊的人越多，關聯性便越顯複雜。

而在這第一個階段，團體成員為求安定會尋求自己的地位（包括團體內的權力地位，以及團隊目標任務等），同時也藉由前述的這些要素如溝通、社會控制，開始進行彼此的互動與影響力。然後準備進入第二階段。

(二) 團隊共同任務或挑戰

必須要讓所有團隊成員能清楚的了解共同目標、任務，以及所擁有的資源，和未來的挑戰。領導者在此階段擔任的角色相對重要，要引導成員們形成對目標的清楚意識，也在溝通與互動的過程中，強調團體目標、分配個別任務、協調資源運用、鼓勵回饋機制，在產生更積極的凝聚力之前，領導者與團隊目標是需要扮演暫代的角色；持續的溝通與互動，建立最佳模式，領導者也需要適時的給予規範，已逐漸形成凝聚力與團隊文化。

(三) 達成團體共識

指的是較高層次的價值觀、願景、文化，而非階段性任務或目標，一旦共識形成，成員對彼此會產生信任感，對團體會產生認同感、歸屬感，進而會更用心、專心、投入更多努力，並且不僅在個別的任務範圍內投入應有的責任與能力，也會檢視互相搭配的夥伴是否可以共同完成更大格局的目標，讓團隊更好。

然而，共識的形成必然要經過多次的考驗，必然要共同經歷挑戰、合作、衝突、再溝通、解決問題等等，才能逐漸形成共識。領導者在共識形成時應適時地降低角色，融入在其中，才會讓團隊成員突顯個別價值；成員彼此之間的關聯性更強，也才會形成更強的凝聚力與共識。

當然，團體動力的運作不會如此單純，而是循環性的歷程，形成初步共識後必須持續建立關聯性、持續進行任務，經歷挑戰與問題解決再形成更強的凝聚力與共識，團體動力便在其中持續運作著。並且若有新加入的成員，則將自然而然受到團隊文化的影響而改變個體，有時也甚至會反過來影響團體，領導者也須觀察是否有偏離整體目標或價值觀，若有需要仍應以（剛性或柔性的）規範加以控制。Paypal 幫的成立，也是這樣的過程，不斷重複、強大，在堅持價值的道路上呼朋引伴後，也就越來越擴大。

創業團隊須留意什麼？

創業團隊的形成，有的是剛從學校畢業的同學（及其朋友），有的是工作經驗中認識的朋友（們），也有可能是個別創業到一半想找人合夥。無論是哪種情境，在創業團隊形成時，都應有意識地運用團體動力。創業團隊若能有意識的運用團體動力，應會有不錯的團隊氣氛，進而提高團隊的創業績效。

一起創業都會先有個藍圖或目標，或者下一節會談到的共同願景的建立，但其實初步的目標設定應該更具體，應要先放在解決什麼問題上。正如前面章節所說的，創業若從創新延續而來，是最為自然而容易被接受。

在運用團體動力的建議上，清楚可行的團體目標相當重要，即便只是階段性目標，至少可集合認同初期目標的成員。注意，團體動力並不在幫助目標設定，而是在團體形成的過程，而有明確的目標，團體動力可以更容易被驅動，才能有效地進入關係建立、進行任務等過程，也才能開始運用溝通、控制等要素來形成凝聚力與文化。

另外，由於是創業團隊，而團體動力的運用目的在使溝通與互動更良好，進而產生凝聚力，以有助於創業團隊績效。因此在各項團體動力要素的設定上，除須以創業目標導向之外，也要留意團體動力的輔助效果，不應變成目標達成的阻礙。

因此，所謂的「有意識的運用」，應該是要善用規範、角色、權力地位，逐步建立適當的溝通與互動模式，並長期觀察凝聚力的持續性與團隊文化方向。

而溝通與互動模式並沒有一定規則可循，必須是讓團隊成員可以開誠布公、以團隊目標為優先來進行的對話，建立雙向溝通，讓成員彼此間有許多機會可以精確而有效的溝通想法與感受，並應適時地由各成員分享領導權。為此可以設計一些規範，例如：禁止負面批評（特定正式會議）、簡單口號建立默契、會議規則……等，還有如慶生活動、停工日……等柔性對話空間設計有時也很關鍵。

凝聚力是在持續互動，尤其共同經歷面對挑戰、肩負責任、分工合作，才逐漸形成的，其中對彼此的個性、想法、能力的全面了解、互信、互

補很重要，並須讓團體成員確實感受經歷努力達成團體共同目標時，利益與權力將由成員共享，成員若有意識地經營，將會很快形成強大凝聚力。

特別是要善用問題與衝突。在問題解決的過程中，須留意對彼此專業能力上的肯定與支持，權力地位在專業上適時的移轉、互換，以及依據時間、資源與關鍵性的不同而調整決策流程；面對意見衝突時應鼓勵有序地、結構式地進行爭論，充分提出各自意見，勇於挑戰推論與證據，專業討論以求高品質的決策，但應留意最後協調與整合時，須以建設性的、具願景的共同結論並共同承擔，才能產生正向的團體動力。

創業團隊文化更是集體形塑而成，創業團隊的文化建立相當重要，會是未來的企業文化，因此其影響性將會是長遠性的，並且從小地方到大方向都將展現其團體動力，包括小至彼此溝通方式、會議進行，到採購決策、組織擴充，大到資金引入、業務拓展等。需留意的是，若團隊較大時可能產生次團體與次文化，通常對整體有較負面影響，這在創業團隊不應出現，但在企業擴編、開始形成部門組織時，則屬正常。

最後要提醒的是，領導者其實在創業團隊的團體動力中扮演相當重要的角色。除了要長期保持團體動力的意識，適時調整或提醒團隊的規範或文化方向，也應身先士卒的扮演領頭羊，例如：在任務分配、衝突協調等，至少需委派成員擔任（或輪流）。此外，領導者的地位確認十分重要，雖說理論上資金較多者（即股權較多者）通常為領導者，但如同學或朋友一起共同創業，時常會有意見領袖，此時應積極處理股權分配的議題，讓意見領袖先成為股權較大者為宜。

創業團隊的幾個核心重點

總的來說，尋找合夥人共同組建創業團隊，需留意幾個核心重點：

(一) 慎選合作對象

個性或能力彼此互補固然很好，但其實尋找合夥人真正的關鍵在於人品，品格好的人不僅容易溝通、合作、忍讓、懂得犧牲、真誠以待、互相信任，重要的是，即便合作終止也不太會過河拆橋、做出類似背叛的舉動。但人品並非在合作前可以觀察得出來的，因此，為了慎選合作對象，必須要深

入的了解彼此，即便是認識很久的，仍建議要多方打聽；或者至少朝向股權分配方向努力，守住法律的底線。

更廣的來看，創業團隊成員彼此間的關係都很重要，每個成員也都必須彼此了解與熟識，成員之間都必須有此認知，朝向彼此互信發展才行，特別是針對專業方面的優劣勢，才能在面臨挑戰時真誠以對、戮力共赴；在過程中也適時調整合作心態、彼此互補，才能主動積極的去維持創業團隊可長可久的關係。同時，團隊利益與目標雖可以維持長期關係，但跳脫利益與目標的私交才能讓關係更為深入，這就必須要善用團體動力技巧。

(二) 運用團體動力

團隊運作的關鍵在互信，尤其是成員彼此之間的信任，才能形成較強的凝聚力，強化團隊運作效率與效能。但同樣的，信任感必須經歷挑戰與困難、共同合作之後才會產生，因此，應善用團體動力，期盼在早期建立溝通與互動模式時即能逐步產生信任感，同時在經歷挑戰的過程中，運用團體動力技巧來面對衝突、勇於表達，進而強化互信、形成文化，產生互相支持的歸屬感與凝聚力。

除了團隊認同、確認成員對於團隊的目標及成敗的定義相同，而持續形成更長遠的共識與價值，在成員共同努力的方向上也提供適度的依賴（而非過度的依賴），讓成員都能堅持原先認知的任務與角色，更進而因共同努力獲得實質的利益，更能獲得無形的價值感。而維持創業團隊共同目標與價值的基礎，在於分配問題。

(三) 重視分配問題

與其說時間、資源、任務或利益、股權的分配，其實背後的關鍵是公平的感覺。這種感覺務必要經常進行溝通與了解，並且勇於面對，在互信與共同利益的基礎上，才可能去調整各種分配問題；藉由領導者積極的協商、成員共同參與設計，才能確保包括股權分配、利潤分配及相對的任務分配、資源分配的公平合理。因此，理當不能容許員工心態、固定上下班的時間分配方式，甚至兼職創辦人的出現，並且至少每週必須檢討團隊進度、任務等內容。因為唯有先解決這些基本問題，才能真正形成創業團隊，並進而有長期合作的可能，朝向共創的願景邁進。

三、共同願景塑造與現實角色扮演

新創企業在創業之初，應以問題解決的團隊共同目標設定為主，是較為具體可行的階段性目標。而一旦團隊開始運作、啟動團體動力、產生凝聚力後，就要嘗試勾勒、塑造更遠大的共同願景，才能支持新創企業的長期績效。

願景促成創業長期績效

根據哈佛商學院的研究[5]，若要預測新創企業是否能達到較佳的創業績效，除了創業經驗、專業能力與產業知識之外，企業策略願景與創業熱情竟然也是關鍵因素。

研究發現，對於新創企業在產品／服務創新、顧客滿意度、成本控制、預期銷售等方面績效表現的高低，即便在創業經驗、產業知識與專業能力方面豐富，但共同願景缺乏、創業熱情較低的團隊，績效表現並沒有特別高；相反的，即便經驗、知識或能力不特別高，但具備清楚的共同願景與較高的創業熱情，其創業績效仍有明顯較高的表現。當然，兩者皆高的團隊，其創業績效更是明顯較佳。

學者稱經驗知識與專業技術為「硬技能」，而共同願景與創業熱情為「軟技能」。研究結果建議，一流團隊必須軟硬技能兼備，尤其需要建構共同願景，更能促使團隊中所具有的知識得以在團隊中積極共享，使團隊績效更好。因此，新創企業若要取得中長期的績效，務必擁有創業熱情，並建構共同願景。創業熱情已經在第一章提過，本章中我們將焦點放在共同願景的建構。

共同願景為何？如何共塑？

創業團隊應在凝聚力成形與具備互信的基礎下，共同塑造創業團隊的共同願景。

願景已經是個老掉牙並且被廣泛使用的名詞了，正如名作家兼學者

5 de Mol (2019). What makes a successful startup team. *Harvard Business Review*, 21.

James Collins 早在 20 多年前已經說過「願景已成爲最被濫用，卻又最沒人了解的詞彙。不同人對願景有不同意象……」[6] 也由於願景本屬於團隊共同嚮往的美好未來，因此不對願景下定義，而僅提供一個框架，讓企業得以建構企業願景。願景既然是團隊對長期發展的整體性描述，在持續變動環境中能提供不變的方向性指引，我們仍可透過其所提供的框架內容了解並應用在創業團隊的情境中。

簡單來說，願景的組成主要有兩個關鍵元素：「核心理念」（core ideology）與「未來預設」（envisioned future）：

(一) 核心理念

用以界定企業的內涵價值與存在的理由，爲企業長期信條，並不輕易改變，因此是超越了產品或市場週期、技術進步、個人或市場流行之上的價值與目的。核心理念又包括核心價值（core value）和核心目的（core purpose）。

1. 核心價值

是指企業最基本和長期的信念，是由團隊成員的共識所共同組成，因此必須包含每個成員（對企業發展）的價值觀。每個企業的核心價值最多應不會超過五、六項，而在探尋核心價值時，團隊成員都應從本身的價值觀出發，眞誠的選擇應具備的價值，並且不能因環境改變而變動，因此核心價值並非創造出來，而是自內心中發掘出來。需留意，使命、策略、目標、能力都不是價值。

2. 核心目的

是企業存在的最終目的與長期的成長方向，也可以說是一種企業使命，同樣是來自於所有團隊成員的共同認知。企業存在的目的不僅要能抽象的描述產出成果或目標顧客，更要能掌握公司的內在精神，例如：3M 的核心目的是「具創意的解決未解問題」、蘋果則是「打造全球最頂尖產品，並讓世界更加美好」。通常可以用「詢問團隊成員五次爲什麼」的方式來探求

---

6 Collins, J. C., & Porras, J. I. (1996). Building your company's vision. *Harvard Business Review*, 74(5), 65-77.

企業核心目的，並請注意，核心目的不可能是「創造財富」，不僅應具備導引與鼓舞團隊的功能，也應以持續一百年來設定。

(二) 未來預設

就是企業想要達成的或開創的目的，需持續變革與進步才能成就；雖然有點矛盾，但仍須對於長遠未來的夢想與期待給予具體而生動的描述。因此包含了對於未來 10-30 年的遠大目標，以及對此目標生動的描述。

1. 遠大目標，必須設定很久以後才能達成，因此思考的範圍不能僅限於現有的資源與能力之所及，必須跳脫目前的限制而朝下一個（或二、三個）階段去設想，無須策略僅需做夢。看起來有其達成的可能，卻需要很大的突破，而這樣的設定將會使創業團隊生成較大格局、較遠視野，也更加高瞻遠矚。

2. 生動描述，也是基於前述遠大目標若達成的話，那會形成怎樣的情況，將此情況轉換成一幅生動鮮活的畫面，再濃縮成一段文字表達出來。例如：Elon Musk 說 SpaceX 要在 20 年內載人至火星，一如當年 NASA 喊出的月球計畫。或是 Meat 喊出 10 年內將全球 10 億人拉進全球社群中。

願景的建立是一段長時間需持續進行的流程，尤其對於創業團隊來說，將會是創造一個共同故事、發掘共同價值與使命，並且對未來整個企業、員工乃至社會都將產生正向影響，將其工作與所生活的世界產生關聯性的重要大事。

如前所述，創業團隊每個成員都從發掘各自價值觀開始，共同討論出值得留下來的、不會輕易改變的核心價值成為核心理念，並共同設定企業之所以存在的長遠的使命，接著也要刻意勾勒出長遠的未來藍圖，針對遠大目標進行生動描述，建構共同願景。需留意，願景務必要能激勵人心、取得認同，才能在未來獲得整體企業組織的共同努力。

現實角色扮演

建構完成了共同願景，創業團隊的凝聚力也將因此更加強化，因為不僅有共同挑戰的「共苦」經驗，也共創了遠大目標、一同築夢、擘畫美好未

來的「同甘」經驗，這種跳脫利益導向的遠大目標，將更增添彼此互相的關聯性。

回到現實的創業環境，面對依舊少數人的創業團隊，依舊每天辛苦的創業環境，但由於團隊已經建構了願景，幾乎看到未來就在前方招手，每個成員都將勇於面對即將而來的挑戰，在各自所負責的任務或角色上將充滿鬥志。因此，足以使每個成員都能更深入、更有擔當於現在創業團隊的角色。

最後要再次強調，創業團隊的角色應該都是具備某項專業，並且在此專業上足以獨當一面、解決問題的專家，而不應是團隊的一般成員、跟隨者。這也是創業團體動力當中，強調權力分配的主要原因，不僅能強化凝聚力，也重視每個成員的領導力。也因此，創業團隊成員都要以實現願景為方向指引，主動積極在自己的任務內容上，設定每個階段目標，主動參與協商討論，在合理的範圍內使用資源，也爭取更多資源。

同時，領導者的角色仍很重要，雖然願景領導的理論並不適用於創業團隊中，但由於團體動力的運用與願景建構的形成都讓創業團隊更有活力、目標更清晰，領導者也應善加利用願景的激勵方式，在認為需要時能以此不時地給予彼此激勵與鼓勵，讓每個領域專家都能持續地為團隊貢獻。

此外，我們覺得哈佛商學院針對帶領專家團隊的領導者研究[7]，亦可適用於創業團隊，建議領導者應掌握三項關鍵動力因素，以維持其領導地位：(1) 建立角色正當性，例如：創造營收的能力、業務能力、創新能力或解決問題的能力等；(2) 人際關係運用，包括建立關聯性、運用影響力、社交敏感度、表達誠意，其目的是讓各成員相信領導者是為團體利益，以維護共識；(3) 不斷協調，即在領導者的控制權與各成員的自主權之間取得巧妙平衡，而如何適時讓成員主導、分配權力，在創業團體動力學中也是很重要的調整。

因此，領導者除了需專注在新創企業營運的基本面（無論是技術、業務或財務上）之外，可能更須朝向團隊內部的人際關係與社交能力積極運作，推動關聯性建立、團隊目標共識，或願景提醒激勵，並且不斷協調，無論是

---

[7] Empson, L. (2019). How to lead your fellow rainmakers: Collectively, dynamically-and very carefully. *Harvard Business Review*, 97(2), 114-123.

衝突與問題協調、任務分配協調，或是權力協調，有時也必須角色移轉，當個成員才行。

總之，創業團隊成員都應當將自己視為領導者，實際上也應在適當時機成為領導者，故即便在股權上屬於成員，在專業上已具備正當性，亦需積極內部社交，以及主動協商，尤其在願景建構的努力上要有同樣深度的投入。禁止員工心態與行動自是不在話下，畢竟再進一步，到下一階段開始招募員工，甚至擴大組織規模時，創業團隊每個成員都將至少成為帶領部門的高階主管。

 think-about & take-away

1. 個人創業與團隊創業，你屬於哪種？又偏好哪種？為什麼？

2. 你的經驗中，運用過或經歷過哪些團體動力學的要素？

3. 本章運用團體動力學觀點在創業團隊中，你認同嗎？為什麼？

4. 願景促成創業長期績效，你認同嗎？為什麼？

5. 塑造願景，除了本章所提到的兩個關鍵元素之外，你覺得還需要什麼？

案例 4-2 ／國介消防：全臺消防系統第一品牌

正式成立國介之前，陳淞屏才剛準備從學校畢業，便出資與哥哥一起創業，初期只是單純想利用其個人的業務銷售實力，以其較熟悉的產品與業務領域拓展市場，由於其充滿活力、熱情的銷售能量，不僅激勵著團隊成員，雙贏策略的銷售手法也讓客戶難以拒絕，同時也運用理性分析的方式，不斷調整團隊的銷售技巧，使得創立初期的業務量持續成長。之後更水平式拓展產品線、擴充企業組織，不但帶領公司進入成長第二曲線，而因堅持其願景路線更讓員工越來越具信心。懂得銷售心理的創業家，當然懂得團隊氣氛的營運，每每運用有效方式化解組織困難或衝突，扭轉乾坤，使張力反成為士氣。

成立至今已 37 年，從最起初的兄弟兩人單純「跑江湖」式的安全防衛產品的買賣，到現在成為全臺最大消防系統第一品牌企業，總裁陳淞屏如何做到？有哪些成功關鍵？又歷經了哪些困難？因應本章內容，我們僅針對國介消防組織擴建的歷程進行案例分析。

團隊組建

一開始，看到這麼大的市場（創業家需要極度樂觀），感覺自己一個人根本不夠，於是就回到自己家鄉找熟識的鄰居一起打拼，以薪水翻倍為誘因（當然必須有信任感為基礎），組建了三人戰鬥團隊（哥哥需負責後勤管理）。這期間因為必須要掙扎著存活，因此每天銷售目標很單純且清楚；而團隊成員都生活在一起，且彼此原本就熟識，因此容易凝聚——只要業績目標做到就行！

在業績持續成長之下，團隊也逐漸擴充，雖然如此，由於產品仍屬單一，即便成員越來越多，只是業務區域不同，業務性質與目標都較容易掌握，因此沒有太多問題——只要業績目標做到就行！

公司創立後大約 5 年，開始遇到較大的瓶頸，問題累積到不得不正視面對並處理。

組織擴充與停滯

當業績目標出現分歧，就不再是「做到就行」這麼簡單了。創業家的企圖心

讓陳淞屏想讓公司持續成長，「帶著大家一起賺錢」的想法從沒變過，雖說是壓力，也成為動力。但這就不得不引入新產品線，才能讓公司更進一步成長。

「最困難的不是團隊不同」，雖然引進新產品、新團隊，用行銷方式賣新產品，與之前的業務團隊不同（當然業績目標也不同），但學習力強的陳淞屏很快能掌握訣竅來管理不同團隊，因此，持續陷入原地打轉困境的，是「要兼顧產品線很不容易，主要是要找到新產品與新團隊所帶來的綜效」，才能對於企業成長有實質意義。

所謂的綜效，是不同的產品線要能「彼此帶來業務量能，就是賣 A 產品，之後會帶來 B 產品的需求」，這樣擴充產品線才有意義，否則就等於只是原地踏步，雖然帶著大家賺錢，但每個人的收入並沒有變多。為了達到最初給團隊的承諾，陳淞屏在尋找能帶來綜效的產品線，花了將近 10 年的時間，都在不斷嘗試新產品，尋找公司的轉型與新定位，這期間，整個公司的獲利都僅能維持固定，失去了原先的成長動能。組織也無法再繼續擴大。

突破：進入第二曲線

直到某次，將消防產品帶入，終於發現了能帶來持續成長的機會。

因為不但是隨著建物的增加與更新，需要符合越來越嚴格的消防規定之產品，且後續每年都需要維護服務。隨著消防產品的營收比重越來越高，也使得國介再次回到成長的走勢，進入第二成長曲線。

隨著在消防系統的領域開始深耕，開始沿著這個核心服務去擴充產品線，同時也擴充相關服務領域；再隨著臺中地區的限制，反而促成國介走出臺中的舒適圈，進入全臺灣的消防領域，展現競爭力，「我才發現，走對路了」。過程當中持續提升競爭力，早已不在話下。其中的關鍵正是在停滯期所學習的轉型思維。

組織凝聚與衝突

或許與他的個性有關，陳淞屏帶領團隊的風格是身先士卒，但絕非孤軍奮戰。他會先評估團隊的困難度，然後會前往最艱困的團隊裡共赴其中，投入最多資源來想辦法解決問題；同時，也會在其中帶頭設法改變氣氛，「我會問有誰當月生日，晚上就辦慶生會，如果沒人生日，就乾脆幫我慶生……讓所有人表情都改變。」軟硬兼施、同甘共苦，但業務標準不打折、公司利益最優先，堅守基本

原則。困難過後，即便業績沒達成，凝聚力卻已然大增。甚至長期而言，刁鑽的客戶也成為忠實的夥伴！

當然，「團隊衝突的事件在組織中是不會停的」，身為領導者當然有責任要去處理。陳淞屏也有一套解決原則。「如果時間很趕，應該就要馬上做出決策，但要承擔責任；如果時間沒問題，就讓他們（意指不同團隊）去討論。」各團隊有其目標與原則，先看主管是否能達成共識，讓子彈飛的同時，也培養主管的領導能力。

願景管理？

至於願景管理，陳淞屏很老實地說，「願景只是老闆的，員工只看薪水是否真的進帳。」尤其在規模還小的時候，更是如此。

但願景管理仍有其必要性，尤其對創辦人或高階團隊來說。「主要是自己要看到長期的目標，而且企業有一定的理念與價值觀，會衍生出企業的使命……即便一時之間員工難以相信，但堅持朝這目標做的時候，員工看到結果達成就會相信。」屆時產生的組織效用將更深厚堅固。

時至今日，已成為全臺消防系統第一品牌的國介，仍在持續成長，而其中的關鍵就是「要不斷思考轉型」。根據願景與目標，經常檢視有沒有走在對的道路上，根據市場環境、產品銷售、客戶反應，如果有不對就要經常調整、改變，保持彈性。

思考

1. 從創業初期爭取存活到業務擴充階段，水平擴充會遇到怎樣的決策困難？
2. 故事不會如此順利。你覺得組織擴大過程，團隊的協調還有哪些難處？
3. 對於願景管理，從員工與創辦人的不同立場分別有怎樣的重視程度？
4. 凝聚力與士氣，重要嗎？可以設計出來嗎？還是每次都要利用機會來營造？你都怎麼做？

Chapter

5

創業組織管理模式

個案介紹

案例 5-1 / Samsung：從模仿到超越，從矛盾管理到混搭策略

1990 年代的三星，歷經了韓國從戰後到民主化的經濟成長歷程而成長，因應國家經濟政策發展，開展了多角化經營。雖然已經脫離 1938 年創業之初的攤商、貿易商，但仍是國際三流品牌，連在韓國都是日本品牌的替代品，離大公司非常遙遠。20 年後，三星已經成為國際一流品牌行列，不僅是大型企業，更擊敗曾經模仿與代工對象的 SONY，而與 Apple 競逐手機設計主導地位。簡要回顧三星這段奇幻旅程，盼給我們創業組織發展上一些省思。

二次創業的新願景

1988 年因創辦人李秉喆的過世，長子李健熙從父親手上正式接過三星董事長（韓國稱「會長」）的職位，喊出「二次創業」的口號。之所以如此，是因為當時三星在創辦人的帶領下，在國內已有一定的地位，但仍走不出國際，仍是二流代工業者，品牌也是僅能以低價取勝的三流品牌。若想要走出不同的路，唯有走向國際市場。

但沒有這麼容易。阻力正是來自於企業內部穩定僵化的組織。

即使在 1990 年看出數位產品的未來趨勢而大舉投資進入，包括終端消費產品的製造，以及關鍵零件的生產（如記憶體、螢幕等），奠定了未來超越日本的基礎。但內部組織早已趨於僵化，不僅抗拒進步，更難承載新商品的發展。

於是在 1993 年，李健熙推動「新經營」（New Management）的行動方案，一方面樹立更宏大的新願景：成為國際一流企業與品牌，一方面引進西式的組織管理模式；之後，更接著於 1996 年在紐約成立設計中心，為後來的品牌與策略的設計與創新奠定基礎。可以說，新經營，成為三星轉型成功的關鍵，也讓李健熙一躍成為國際性企業管理成功人物。

轉型困境：組織文化矛盾、混搭衝突策略

雖然喊出二次創業的口號、確定跨出國際的決心，但在接班後看出三星長期以來學習日式企業管理風格加上韓國尊卑風俗，早已使組織文化與氣氛充斥著

僵化、穩固與官僚，尤其好不容易有機會超越日本的數位電子商品，但對於進軍這類重資本投資、高精密技術、講求速度與創新的新產業，三星固有的組織型態、文化及運作模式是不可能成功的。

相對年輕的李健熙深刻認知到，想要超越日本老大哥，必須要重新建立品牌、要掌握數位產業機會，就必須講究高品質、講究創新與速度，而要達到這個策略目標，就必須顛覆傳統東方組織文化、引進西式管理風格才行。於是推動新管理。

即便如此，身為董事長的李健熙推動組織改革與轉型仍是相當不容易。尤其面對彼此看似矛盾的東西方管理哲學，要如何有效融合？從大處著眼、小處著手，先立下遠大的願景與目標（國際一流品牌），從東西方管理的共識 —— 人才 —— 大聲疾呼，但實際的制度推動上卻小心翼翼，儘量不與既有體制產生太大衝撞，卻又不停地嘗試衝撞，終於在堅持不懈的對內要求與實驗、對外陸續斬獲佳績的努力之下，成功從矛盾管理思維，轉型為混搭管理策略，以人才資本投資與培育為核心，在研究、行銷、設計上採用激進式創新的改革，偏向西式風格的品牌塑造、企業策略與全球行銷模式，而在製造流程、工廠管理上則採用漸進式創新的改革，保留制式流程的營運、持續提升品質要求。加上李健熙親自操刀、領導，必要時得以擺脫短期財務壓力、進行長期投資、肩負成敗後果的魄力，實驗性的、穩定的推動而獲致成功。

我們認為，過程中有幾個轉型關鍵值得一提。

20 年轉型成功關鍵因素

(一) 領導力的願景與堅持

李健熙的遠見、魄力與堅持絕對是重要關鍵。事實上，李健熙雖貴為董事長，但在三星企業如此重視年紀尊卑的文化之下，李健熙對於許多老臣的僵化與固著，其實是相當束手無策的。所以喊出二次創業、執行新經營方案，目的都是推動改革，因為唯有推動改革，才能真正實踐三星成為國際一流品牌的願景。

從小個性就內斂、深思的李健熙，絕非是只會做做夢、動動嘴的企二代，而是野心勃勃的王子，雖然接班時僅 45 歲，但已經具備進軍國際的視野，也了解三星的企業邊界，更清楚認知欲達成企業願景所需要的關鍵能力：人才、技術與

創新，且三者緊密相關。並且在執行上也充分運用東方韓式的管理風格，尤其是以董事長的高度強力推動、排除組織抗拒力，但卻又謹慎細膩而不絕的導入西方管理風格，成功混搭。最有名的例子是在推動新經營時曾說過「除了老婆孩子，一切都要改變」，在一次集團運動會上將自家劣質產品全部敲爛，以及推動早上7 點上班、下午 4 點下班、下班後學習的組織改革與人才培育計畫（他自己也身體力行）。

　　因此，可以說，李健熙充分運用如宗教般的三星內部文化、以個人魅力與魄力（charisma）強力推動改革，在力倡新願景的同時也灌注不做會失敗的危機意識，並以實質的財務投資支持，藉由資源重分配與組織流程變革逐步達成目標，讓人力資本投資、重視創新成為企業文化與基因，才有後來的轉型成果。

(二) 人力資本（重視人才）

　　人才第一是李健熙實現理想的最重要基礎，而且也是有效化解東西方矛盾管理的入手點與緩衝劑。李健熙在 1995 年推動新經營方案時就提到，核心人力成長會是業務重心，並列入社長（CEO、總經理）的 KPI，甚至說「21 世紀是一個天才可以養活 10 萬到 20 萬人的時代」，因而啟動超越會長年薪許多的方案，企圖招聘世界級的天才員工。

　　實際上，為了引進各領域的一流人才——目標是技術、管理、與設計領域——三星多管道齊發，包括內部既有員工的培養、招聘引進外人（外籍與韓僑）、內部人才外派歐美。此外，不只是祭出高薪而已，也在組織流程設計上做了大幅度的變化，才能成功留置人才。

　　人才的取向，除了既有員工的進修與培養外，關鍵核心的人才包括：(1) 世界一流企業的韓僑，可以帶領三星技術進步，聘為資深高階的人才（稱為 S 級人才）；(2) 海外最佳管理學校或顧問公司的外籍管理人才，可以注入國際級的策略規劃、行銷能力；(3) 直接在紐約成立設計中心、直接聘外人為設計人才，從產品、品牌到企業策略的設計思維。

　　而這些人才確實為三星帶來革命性的變化，從新經營初期的品質快速提升、挖角外籍韓僑使半導體與面板等先進技術快速進步、國際級的品牌行銷能力，以及創新與設計實力快速成熟。

　　李健熙將人才視為重要競爭資本而大舉投資，且為成功招募而改變制度甚至可稱為組織創新，又成功混搭組織文化，使三星在短時間內看見轉型成果，且能在長時間中穩步前進，實現持續性的競爭優勢、快速提升企業價值、達成目標與願景。

(三) 組織流程支持

　　前面提到，三星除了人力資本投資，還有就是需要有組織流程與制度的改變，才能讓人力資本適得其所、有所發揮，不浪費資本投資。

　　對於人力資本發揮方面，新經營方案的初期，針對品質提升引進了美國 GE 執行長 Jack Welch 大力推廣的「六標準差」理念，以及前蘇聯亞賽拜然發明家所提倡的「創新發明問題解決理論」（TRIZ，中譯為萃思），並將兩套系統在內部自然整合為三星獨有的特殊運作方式。例如：在 GE 也只有經理人與專業人員才參與六標準差系統訓練，但三星則是無差別的全員參與。而 TRIZ 則幾乎內部化，三星有專門的訓練、認證等課程，亦為全員參與。

　　由於這兩套系統是全面性、持續性實施（至今依然），不僅使得內部各組織部門，甚至跨集團都使用相同的品質要求與創新思維，而使跨部門的交流溝通能處於同一個層次、使用相同語言，因而大幅提升三星的品質要求與創新速度。

　　此外，在薪資制度方面也有所變革，仿效 HP 的制度全面實施利潤分紅計畫，而非僅有高階經理人才能分紅（只是百分比有所不同）。在當時可說是相當大的變革，也給基層人員帶來強心針。

　　而對於關鍵核心人才，除了最基本的高薪吸引之外，更因考慮到文化的衝突，而揉合多種制度變革，包括剛性的打破升遷年資限制、薪資制度與績效連動，並拉開薪資差距、高層績效，與人才招募留置率高度相關。

　　值得一提的是，為了幫助 S 級與外籍人才能夠融入組織中，1997 年特別成立了「全球策略團隊」（Global Strategy Group, GSG），直屬於社長，新進核心人才先在 GSG 服務至少 2 年，再派至各單位部門擔任顧問半年，才走馬上任。雖然起初的留置率偏低，但持續執行 5-10 年後，留置率已高達近七成，同時也幫三星在各領域立下顯著的汗馬功勞。

　　另外，就是 1996 年在紐約與學校合作成立設計學院，在 2000 年獨立為企

業設計中心（Corporate Design Center, CDC），設計人才更擴充至社會科學、民族學、工程與管理等多方位團隊，設計哲學也從單純的產品造型外觀設計，提升到組織設計，甚至是企業策略設計思考，直至今日仍舉辦每年兩次的設計檢討會議，高階主管都需參與，讓企業整體設計具體化。

組織流程與制度的變革，除了支持人力資本的發揮之外，更帶來三星的創新能力提升，以及組織文化革新。

(四) 創新雙刃：品質與速度，從模仿到超越

1995 年的運動大會上，三星當著 2,000 多名員工宣示，低品質就是無人格與自尊，並當場砸爛 15 萬多台的電話、傳真與手機、市價 500 億韓元的產品，然後燒毀，象徵追求品質的驚人之舉，成功喚醒三星的品質意識。

同時，隨著跨入數位產品的生產製造，半導體引領的技術推進與終端產品應用方式，都強調快速因應與調適，速度成為數位科技時代不可或缺的競爭要素。

幸而，在人力資本、組織創新的支持下，三星具備了新競爭的基礎元素。只是該如何開始啟動呢？現在回頭看，我們都知道三星的創新策略是從模仿最成功的產品開始，主要就是日本大廠——品牌是 SONY、半導體是 Toshiba 與 NEC、面板是 Fujitsu。先從代工或其他合作開始，運用組織能力快速學習、內化、改善，以速度不斷趕上競爭對手（包括大舉投資新設備），然後再超越。

講究品質與追求速度，讓三星從過去以「低價競爭」的次級品策略中金蟬脫殼，更換為「需求導向」的高品質策略，擺脫品牌低劣化造成獲利不佳的惡性循環，轉型為掌握需求搶占市場機會、提升品牌形象與信任感的良性循環。

2005 年，三星的品牌已經躍升至國際一流行列，僅用 10 年的時間趕上國際競爭對手。但尚未結束，我們也看見之後三星持續發揮創新設計的實力，用已熟練的設計、行銷能力將品牌推升至頂尖水準。

三星電子 2009 年獲利總和是 9 家日本電子大廠的兩倍，2010 年營收 2,273 億美元、比 1997 年多 10 倍，全球 31.5 萬名員工，國際名牌（interbrand）全球排行第 19 名，價值達 194 億美元。

三星王子的二次創業，有效運用了領導魄力、組織變革、人力資本投資，以及組織文化的衝突與融合，顯著提升品質與速度，而將創新成效推升至極致，僅用 20 年的時間便成功轉型、達成願景。

新創企業在創業團隊的互相支持與戮力拓展下，終將持續增加客戶、擴大營收，也終將面對創業團隊人手不足，不得不開始擴充常規性的營運組織。本章將從人力資本理論著手，探討組織如何擴充與經營、如何採取創業領導模式，以及如何兼顧已開拓的事業版圖與持續新增業務的管理模式。

一、創業人力資本

時至今日，進入網路時代，由於資訊流通與交換越來越快速，各種市場的訊息、需求面探索、供給面追尋、交易的結果……都變得更加即時；同時，運算能力也依照摩爾定律越來越強大，不僅直接創造出更多更好的（生產端與需求端的）設備，也因為需求可以越來越快被滿足，而創造出龐大的經濟力，甚至在基本需求被滿足後，也創造出更多的次級需求。因而創造出服務需求與知識經濟，也形成市場的競爭越來越激烈、動態性越來越高。

新創企業的門檻有因此加高嗎？很難說，畢竟進入門檻變低了、專業分工效率變高了、外包或異業合作的需求也變多了。但無論如何，現在的新創企業幾乎都會以知識密集為主——因此與人力素質更加息息相關。

既已脫離傳統製造業或大型企業講究單一化、機械化的 X 理論時代，對於組織管理或員工管理也早就超脫了簡單的人事管理，而進入人力資源管理。將企業員工視為人力資源早已經是世界的主流，尤其進入 21 世紀的網路時代，如前所述，企業的競爭不僅趨烈、動態，更是在虛擬與實體共同的作戰，尤其對新創企業來說，人力的需求就是一種資源的搶奪。

一般認為，人力資源（human resource）的概念是在 Shultz（1960）[1] 與 Becker（1964）[2] 相繼提出「人力資本」（human capital）概念，認為企業應將員工視為資本投資，之後的 1980-1990 年代，企業紛紛將人事管理部門改為「人力資源管理」部門，而大行其道，但卻在 1990 年代後期遇到瓶頸，直到美國學者 Ulrich 在 1997 年提出新觀念，才真正打破了過去人事管理的傳統觀念，將人（員工）視為組織唯一的競爭資源。

---

[1] Schultz, T. W. (1960). Capital formation by education. *Journal of Political Economy*, 68(6), 571-583.

[2] Becker, G. S. (1964). Human capital. New York: National Bureau of Economic Research.

　　這個觀念雖非首度提出（如 Peter Drucker、Adam Smith 皆在不同年代提出知識的重要性），卻在不斷更新企業對於人力的觀念與需求管理模式，才逐漸獲得確認。

　　然而，在知識密集程度越來越高、市場越加動態競爭，也越來越要求創意之下，我們認為，在企業經營的概念上，對於人力需求的觀念要回歸資本觀念，可能更為適宜。

　　簡而言之，若將人力資源與人力資本做個簡單的比較，在概念上，兩者同樣都是將人的能力（人力，即工作相關的經驗、知識、技能、體力，以及學習，甚至健康、壽命等影響因子）視為企業創造價值的關鍵要素，是值得企業以一定程度的實質資本去獲得，並須加以管理、運用的。

　　不過兩者的區別主要在於，將人力視為資源，則是一個存量概念，因而是以實質資本「取得」的資源，帶有會耗盡、折損的暗示，所以在使用上要求將之最佳發揮，並以價值創造的績效作為衡量標準。

　　若將人力視為資本，則不僅是存量，更是流量的概念，是以實質資本「換得」的另一種資本形式，期待未來可以藉此創造更高價值（包括企業產出與人力資本本身的增值），因此使用上會積極地促使資本增值、最適發揮，並以投資報酬的概念作為衡量標準。

　　而在實務上，其實將人力視為資源或資本的差異並不像學術上來得那麼嚴謹、差異那麼大，兩種觀念都是將組織員工視為創造價值的要素，因此無論是講求適才適用，或投入其他資本，也都必須在某段時間提供適當的資源（如專業訓練），讓員工持續成長，而能在未來對企業有更大的貢獻與回饋——無論在價值創造、組織領導或其他方面。

　　關鍵差異在於，會將所提供的資本視為沉沒成本、費用，還是投資資本（財務上都會以費用入列，因此是指創業家的心理層面）；同時也隨之影響績效考核方式（如短期 KPI 或 OKR，或是長期價值創造）。

　　值得一提的是，如何讓人力資源成為人力資本呢？學者 Stewart 在 1997 的鉅著《智慧資本》[3]中曾提及，隨著企業的人力資本專用性越高，所獲得的

3　Stewart（1997）將智慧資本區分為人力資本、結構資本、顧客資本，結構資本即指內部組織結構（流程資本與創新資本），顧客資本即指客戶與相關的外部關係資本。後來多有學者將關係資本以社會資本合併組織內部與外部關係指稱，定義較難統一，因此，

超額報酬也會越多，因而將人力資本以附加價值高低及取代程度難易兩個維度，將企業的人力資本區分為四類，以提供管理上的應用。如圖 5-1 所示。

圖 5-1 人力資本分類

取代程度難	• 運用一般經驗 • 以資訊化方式累積為公司資產，並增加其附加價值	• 乃資本化的核心 • 資源投入的焦點
取代程度易	• 用自動化取代人力	• 知識化為公司專屬知識 • 外包給專業機構
	附加價值低	附加價值高

　　而對於新創企業來說，既然需要搶奪人力資源，就更要先清楚建立人力資本的概念，不僅將員工當成競爭性資源來使用，更是一種資本投資。有了這樣的基礎概念後，才能在新創企業逐漸擴大組織的同時，對於在第一批創業團隊之後招募的員工，逐漸地建立適當的組織制度，進而影響未來企業文化與組織氣氛的建構，甚至影響新創企業各階段募資的成敗。

　　最近有研究顯示[4]，對於人力資本與創業成功之間關係的研究綜整後發現：(1) 人力資本投資結果（如知識、技術）比人力資本投資活動更重要；(2) 與創業目標直接相關的人力資本，比間接相關的更重要；(3) 對年輕公司比起時間較久的公司更具意義。

　　進一步解釋的話，即新創公司應越早開始導入人力資本概念對創業成功越有意義，且應針對目標清楚的方向性投資人力資本（包含創業家本身、創業團隊，與之後的員工招募），而非「有做就好」；此外，也要有對於組織資本的概念形成，以強化組織士氣與氣氛。

此處僅引用人力資本部分，但智慧資本概念仍值得參考，礙於篇幅，在後面章節中予以拆分並摘要說明。參考資料：Stewart, T. A. (1997). *Intellectual capital: The new wealth of organizations*. Doubleday/Currency.

[4] Unger, J. M., Rauch, A., Frese, M., & Rosenbusch, N. (2011). Human capital and entrepreneurial success: A meta-analytical review. *Journal of Business Venturing*, 26(3), 341-358.

👪 二、組織招募、士氣與氣氛

人力招募

從創業團隊首批員工到正式成立各部門並分別招募初階員工，這段期間是新創企業首次組織擴大的重要過程，我們稱爲新創初期，也將在此新創初期組織擴大的過程中形成未來的企業文化，因此可以說相當關鍵。

然而，也就是在這段過程中，財務資源相對有限、工作任務也相對複雜而不易有清楚的目標與內容，更遑論專業的人力資源部門來從事員工招募選用。因此，不僅一般性的人力資源管理不太適用，更需在時間金錢等各方面資源有限下要完成組織擴大，相當不容易。

雖然如此，新創初期的人力招募卻其實相對較爲單純，畢竟初期業務尚不複雜、任務目標也相對清楚，問題在於資源不足，且可能需肩負多項任務。因此提示以下幾個初期人力招募的關鍵原則：

1. 招募時，要先清楚知道人力需求的目標。

   從人力資本的概念出發，對新創企業而言，當不得不招募員工時，由於是資本投入，創業家們必須要先設定該資本的投資報酬目標或方向。人力資本相較於財務或其他實質資本更難將投資報酬量化，因此在初期必須以質化方式取代（類似一般人力資源管理中的工作分析與描述），並有更清楚的方向。

   也就是說，當業務成長已經超過創業家自己的負擔（一般會建議持續一個月超過 120% 的負荷），且在可見的未來（數個月）也將會如此，就必須開始找人了（在正式找到人之前可以嘗試合作、部分外包）。

2. 企業需要的人須具備與任務直接相關的專業能力，以及學習能力。

   如前所述，新創企業成功的因素在於投資人力資本的結果，而非投資活動本身，在初期此時由於任務需要，工作需求很清楚，所以最基本的是要具備該任務目標所需的能力（包括技術、知識）才行。但並非如此而已，尤其針對首批創業團隊，之後的初期員工也是，不僅需要「與任務直接相關」的人力資本，在初期應更重視彈性任務與未來延展性，也就是應要求有一定程度的創業態度，尤其是學習能力與領導力，以因應未

來業務與任務多樣化後的延展性，以及組織更壯大後也有需擔任領導者的必要。

3. 如何知道是否具備能力？最好實際測試。

既然人力資本的重點在於結果，並非投資本身，所以學歷、經驗都將不是重點。雖然學歷、經驗可以大致推測可能具備相關能力，但若要確認，就必須要實際測試才知道。因此，你一定會聽說過 Google、Meta 在面試時的怪題目，以及 Elon Musk 的特殊問題，他們都不限制學歷，也最好沒有經驗，但面試的題目都非傳統面試會遇到的問題，其目的就是在測試所具備的專業相關能力。

4. 然而，最重要的其實是人品與態度。

除了專業相關能力、學習力之外，其實要能長期相處、團隊合作的關鍵，我想特別強調的是，在於與能力無關的「人品」（character）或個性，找到有能力的人不難，但找到有人品的能力者，並不容易。這部分與前面章節所述之尋找共同創辦人相當，畢竟要組成初期的創業團隊，性質差異不大。想想爲何 Paypal 創辦人 Peter Thiel 會認爲 Paypal Mafia 竟多達 220 人呢？幾乎初期創業員工都全部算進來了，甚至更多！而他們呼朋引件的方式（運用既有員工的社會資本[5]），也值得創業初期的招募方式來參考。有好的人品可以相處得很好、形塑好的組織氣氛與文化，也有很大的機會形成好的創業態度（attitude），而好的創業態度將可強化學習力，專業能力便可更容易學習！

5. 但薪資福利？用企業文化與未來願景吧！

既然找到有人品的能力者不容易，但創業初期的資源又缺乏，如何提供有利的招募籌碼或薪資福利，來吸引人力資本呢？就必須要使用未來發展（包括公司前景與個人職涯）、企業願景、組織文化，以及相關股權資本利得等等。

---

[5] 社會資本即爲關係網絡（networking），包括內部（員工之間）與外部（組織或公司之外），其內含的橋接與連接社會聯繫（social tie）、結構洞、強弱連結等概念，都有助於人力資本與組織發展，所以也有學者將人力資本與社會資本合稱爲組織資本，但與前面註解 1 中 Stewart 一派的主張不同，因此我們在此並不探究，僅針對實務上的運用相關內容，分散在各章節中概述之。

以企業文化與願景來吸引人才反而更有意義，畢竟初期一起參與創業的過程，必須要能快速融入團隊，甚至要一起塑造企業文化，在創辦人所認定的組織文化之上，持續融入具備人品與能力者所認同的多元文化很重要，將使組織文化更多元、更包容，也更突出，加上這個共創願景的過程，更能使團隊凝聚力更強、人力資本持續增值。

6. 創業家親力親為最好。

值得一提的是，初期的人力招募應由創辦人親力親為，會有最佳效果。所謂最佳效果是指較能確定適合度，也較能確認最適人才的意願。即便時間資源非常有限，但人力資本「籌資」也如財務籌資一樣，需要創業家親力親為，例如：Elon Musk 面試員工都自己來，Google 兩位創辦人在初期面試員工也是都會一起上陣，才能確保所招募的員工擁有足夠能力、熱情，願意一起打拼、共創。

7. 找多少人才夠？理想的話，邁入下個階段前一直都不夠。

其實在真正細分專職部門之前的創業團隊，是從人少變成人多的階段，雖然有可能任務越來越清楚（但多半可能性是相同內容但業務量變多），但此階段的招募可能將會一直持續下去直到決定成立專職部門為止，才會改為各部門各自招募。有下列幾個原因：(1) 當客戶持續變多時，業務量也在變多，需要相同能力的人來分擔不同客戶；(2) 也有可能衍生出不同需求、不同業務性質，通常是與價值鏈上下游相關，或相同功能但不同類型客戶，則需要有略微不同能力者加入；(3) 即使沒有新增，仍須預備足夠人力以防生病或其他突發情況。加上考量招募不易，因此，若企業發展順利的話，創業團隊的招募應該會持續下去。

8. 招募時，雖尚不須完整 HR 制度，但未來發展與組織文化有關。

在招募創業團隊時，由於沒有人力資源專職部門與人才，所以 HR 制度尚未完整，一定無法提供人力資本應有的訓練制度、薪資福利制度，以及績效考評制度。但事實上，這將在未來成立專職部門前，會找來人力資源專門能力者設計，無論將採用計分卡、KPI 還是 OKR，都是未來發展的細節（且屬可變動），關鍵仍在於都會納入創業團隊的意見與組織文化在其中。因此，制度的發展仍與組織氣氛與組織文化息息相關。

從團體動力，到組織氣氛與文化

新創初期，為何要談組織氣氛與組織文化？如前面所述，與未來要建立的制度有關——至少在新創企業可預見未來的範圍內。因為組織文化不僅突顯了企業的價值觀，（搭配工作說明書）更是讓新進成員快速掌握企業運作流程、默契養成、增進效率的一項重要利器；而組織氣氛更是影響員工的工作感受、福祉等心理和態度，而可以提升創新能力、工作能力與績效的因素。

一般來說，當新創企業準備跨入成立各職能部門時，即表示此新創企業持續成長、業績正在擴大，也將要進入更正式的營運管理階段。此時的創業團隊規模可能已達數十人，而幾乎沒有上下層級之分、共同打拼奮鬥的情誼濃厚，經常為了達成業績而一起討論、想方設法解決問題、分工合作，彼此距離並不遙遠，這種積極、熱情、創新性、非正式的組織氣氛，即將在職能部門成立後會逐漸淡去，創業團隊準備好迎接轉變了嗎？

企業文化也是，當組織擴大、分化後，整體企業文化也應該隨著願景與價值觀的建構，邁向更為正式的、遠大的共識，若此時創業團隊沒有意識到組織氣氛與組織文化的意義，職能部門分化的轉折對於新創企業會是一個不小的衝擊。相對而言，若能掌握組織氣氛的延續與組織文化共識的形成，則可望帶著以往的成功經驗進入組織轉型，進入下一個階段的營運。

(一) 組織氣氛

組織氣氛（organization climate）的概念可以說就是源自於前面章節所說的，由 Lewin 所提出來的團體動力理論與概念。若反觀組織中每個成員的心理甚至行為與組織流程都受到一定程度的影響時，即在此組織環境中形成了組織氣氛。學術上較為正式的定義，認為組織氣氛是組織內對員工（的行為與認知）會產生影響的共有價值、信念與工作氣氛[6]，是成員共同體驗的組織過程與感受到的支持、獎勵、預期行為的共識與意義[7]。

---

[6] De Long, D. W., & Fahey, L. (2000). Diagnosing cultural barriers to knowledge management. *Academy of Management Perspectives*, 14(4), 113-127.

[7] Schneider, B., Ehrhart, M. G., & Macey, W. H. (2011). Organizational climate research. In N. M. Ashkanasy, C. P. M. Wilderom, & M. F. Peterson (Eds.), *The handbook of organizational*

由於組織氣氛難以描述、更難測量，學者們多年來有不少爭議。雖然如此，學術上組織氣氛概略分爲整體一般性組織氣氛以及焦點氣氛，其中焦點氣氛越來越多人研究，對新創初期較爲重要的有四個：服務氣氛、創新氣氛、正義氣氛、安全氣氛；另外也要注意組織氣氛強度的影響性。

其中除了正義氣氛是指組織成員感受到的組織程序正義與公平，是針對組織流程之外，其餘三項都是指組織成員所感受到組織關注的結果。例如：成員感受組織關注在服務時，成員將在服務上會有積極的表現，進而使客戶有較明顯感受到好的服務；創新也是讓成員會有創新的較佳表現，而安全則特別對於製造流程的新創企業較爲重要。而成員們感受正義與公平時，也較能爲組織付出、優先考量組織團體利益（在無意識的狀況下，則表現出熱情）。

(二) 組織文化

組織文化（organization culture）雖與組織氣氛感覺類似，只是範圍較大擴及整個企業，但依據學術上的定義，跳脫了成員感受而被指稱爲企業內部成員在認知上所形成共識的基本假設、價值觀和信念，藉此所呈現、代表的一些情境，或藉由成員之間傳述相關言論與事蹟的方式，來傳達組織的行爲或流程，包括解決外部適應與內部整合等問題，同時也被用以教導新進成員作爲思考與感受的方式[8]。

不像組織氣氛的研究較爲鬆散，近年學者們常借用**競值架構**（Competing Values Framework, CVF）將組織文化區分爲四個類型（如Hartnell 等人[9]）進行描述或比較（圖 5-2）。由於 CVF 架構最初被提出時是用以描述組織效能[10]，因此當組織文化使用 CVF 架構套用來區分時，似乎也

culture and climate (2nd ed., pp. 29-49). Sage Publications.

[8] Schein, E. H. (2010). *Organizational culture and leadership* (Vol. 2). John Wiley & Sons; Schneider, B., Ehrhart, M. G., & Macey, W. H. (2013). Organizational climate and culture. *Annual Review of Psychology*, 64, 361-388.

[9] Hartnell, C. A., Ou, A. Y., & Kinicki, A. (2011). Organizational culture and organizational effectiveness: A meta-analytic investigation of the competing values framework's theoretical suppositions. *Journal of Applied Psychology*, 96(4), 677-694.

[10] Quinn, R. E., & Rohrbaugh, J. (1983). A spatial model of effectiveness criteria: Towards a

同時暗示了組織文化對組織效能的作用與影響效果。

圖 5-2　競值架構的組織文化類型 [11]

我們同時依據該作者所區分的四種組織文化類型，以其表格來簡要說明相關的內容，如表 5-1，由於 CVF 與組織文化的細節相當繁多複雜，在此便不再深入探討與描述。然而，值得一提的是，CVF 的假設是組織所聚焦的方向，是以內部員工發展還是外部市場發展為主，以及組織結構偏好，是喜歡變革還是穩定，就組織效能來說，兩個維度是二選一、彼此互斥的；但對於組織文化來說，則有可能在不同的方向上，同時發展不同的重點。

尤其對於新創初期的創業團隊來說，更可以依產業型態、企業本身適合度、創業團隊的經驗，尤其是創業家的心態、想法或個性，提供一個可預見未來發展方向的參考。所以，當然會影響未來招募徵選、績效評核……等的制度建立方式。

雖然在學術上，組織氣氛與組織文化兩者的研究相當紛亂，主要是不容易正確衡量並量化，甚至直到最近，才將此兩者合併來看。但仍有不少研究顯示組織氣氛或組織文化對組織績效，或其他組織發展有所影響。

competing values approach to organizational analysis. *Management Science*, 29(3), 363-377; Quinn, R. E. (1988). *Beyond rational management*. Jossey-Bass.
11 同 9。

表 5-1 四種組織文化類型的說明 [12]

文化類型	假設	信念	價值觀	行為表徵	效標
部落型 Clan	人際關係	對組織信任、忠誠和認同，成員就會表現得宜	依賴性、從屬性、協作、信任與支持	團隊合作、員工參與、開放式溝通	滿意度、承諾
靈動型 Adhocracy	變革	了解任務的重要性和影響，成員就會表現得宜	成長、外部刺激、多樣性、自主性、注意細節	風險承受、創意、適應性	創新
市場型 Market	成就	有明確目標並依其成就獲得獎勵，成員就會表現得宜	溝通、競爭、能力、成就	蒐集客戶和競爭者訊息、目標設定、聚焦任務、競爭力、進取心	市占利潤、品質、生產力
科層型 Hierarchy	穩定性	有明確且正式規定的角色和程序時，成員就會表現得宜	溝通、例行化、形式化	順從性、可預測性	效率、及時性、平順運作

　　然而，在實務上，組織氣氛通常是指小範圍內的，或特定範圍成員的共同感受（如某部門、某個例行會議上……等），並且會影響該範圍內成員的工作士氣與凝聚力，也因而會影響工作流程與效率、個別成員的投入程度或工作表現（包括組織公民行為、道德感、責任心……等）。尤其對於新創企業而言，應更需留意組織創新氣氛的原因與影響性。

　　而組織文化則屬於整體全公司的共識、價值觀，或某些情境下的默契、表徵行為……等，組織文化不僅會影響成員的認同感、行為強度、例行性，也會影響跨部門間流程，進而影響組織氣氛。

　　若將組織氣氛與組織文化加以善用，也將成為企業無形的資源或能力，因此，創業團隊必須在創業初期先找尋、篩選適合公司（至少初期願景）的組織文化，創業團隊需持續關注並養成組織文化，以突顯企業的特

---

12 同 9。

色,甚至形成競爭優勢,同時也能增進效率與員工招募及同化。而創業家的領導力,便在氣氛與文化的形成中扮演重要角色。

三、創業領導模式

關於領導力(leadership)或領導模式,無論在學術上或實務上,都已經有太多資料或資訊可以取得,也有許多學派、觀點與建議 —— 並且莫衷一是(如特質學派、行為學派、情境學派、認知學派、生物演化學派……等),正如有學者所說:「關於領導力的定義,幾乎與領導力理論一樣多;而領導力理論又幾乎與在該領域的心理學家一樣多。」[13] 因此,我們在此僅強調領導力對於組織文化與氣氛的影響性(當然也就進而影響制度、績效等等),並簡要比較近期所提出與新創企業組織擴大較為相關的領導力理論模式。

前面曾經提到過的競值架構(CVF),學者針對組織效能所做的研究中,也同時根據組織效能的因素,提出不同的組織領導模式。也就是說,若想要達到不同的組織效能,基於組織聚焦於內外部,與組織結構偏好動態或靜態,組織的領導者可採用不同的領導風格來達成希望的目標。

若加入組織文化的類型,同時根據領導力也影響著組織文化的推論,也可能產生類似的作用與效果,即採用不同領導風格,將促進不同的組織文化,進而影響組織內部的成員表現以及組織效能。CVF 架構所展示的組織效能與組織文化,以及其相關的八種領導類型如圖 5-3 所示。

---

[13] Fiedler, F. E. (1971). *Leadership*. General Learning Press; Day, D. V., & Antonakis, J. (2012). Leadership: Past, present, and future. In D. V. Day & J. Antonakis (Eds.), *The nature of leadership* (pp. 3-25). Sage Publications.

圖 5-3　競值架構與領導力類型 [14]

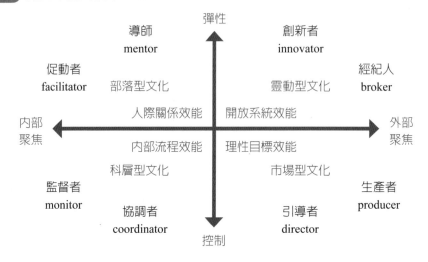

對此八種領導類型簡要說明如下：

1. **協調者（coordinator）**：在內部流程效能為主的組織中，更偏向以穩定控制為取向的領導者，應以協調者自居，以強調組織結構運作的穩定。

2. **監督者（monitor）**：在內部流程效能為主的組織中，更偏向員工發展為取向的領導者，應以監督者自居，以強調管理訊息與正式流程規章，講究公平性。

3. **促動者（facilitator）**：在人際關係效能為主的組織中，更偏向員工發展為取向的領導者，應以促動者自居，注重組織內部互動過程中的凝聚力。

4. **導師（mentor）**：在人際關係效能為主的組織中，更偏向組織彈性為取向的領導者，應以導師自居，著重在組織內部人力資源生涯發展，因應彈性需求。

5. **創新者（innovator）**：在開放系統效能為主的組織中，更偏向組織彈性為取向的領導者，應以創新者自居，重視企業對環境動態的敏感度與適應性。

6. **經紀人（broker）**：在開放系統效能為主的組織中，更偏向對外競爭為取向的領導者，應以經紀人自居，強調組織內外的溝通與相關資源的取得。

---

14 同 9 。

7. 生產者（producer）：在理性目標效能為主的組織中，更偏向對外競爭為取向的領導者，應以生產者自居，著重在組織生產及任務達成的效率與效能。

8. 指導者（director）：在理性目標效能為主的組織中，更偏向穩定控制為取向的領導者，應以指導者自居，關注於組織策略計畫與目標的達成。

要特別說明的是，上述理論之後，對此進行修正甚至批評的學者前仆後繼，如前所述，也紛紛提出其他內容與論述。無論如何，我們仍強調領導力的影響性，乃是處於組織文化、組織效能與組織績效的起源位置，絕非因為組織效能的方向才產生領導角色。因此，此架構可以提供一個組織發展的預測方向。

然而，領導類型與角色不應該是一成不變，而是隨著情境而變化的，於是，領導者對於上述的角色應依組織發展所需而加以切換，尤其對於處在瞬息萬變動態環境中的新創企業而言。在此仍就發展時程，大致引介幾個在學術上，針對高速變動與不確定環境而持續創新與適應的領導力概念。

(一) 權變理論與交易型領導

Fiedler 於 1967 年提出權變理論，認為兩種領導型態（任務取向 vs. 關係取向）都有其效果，視情境因素而定，領導者需具備適應力才能掌握三大情境因素：與部屬的關係好壞、任務結構高低（目標是否具體明確）、職位權力大小，領導成效則包括：組織績效、組織氣候、目標達成度、員工滿意度等。後 Hollander 據此發展出交易型領導，意即領導者利用職位權力與部屬訂定獎勵機制，並提供指導及資源，以換取其努力達成組織目標；同時過程中領導者與部屬彼此了解所扮演角色，並努力建構關係。一般衡量交易型領導的構面包括：權變獎勵、被動例外管理、主動例外管理、關係支持度。

(二) 轉換型領導

Bass 於 1985 年所提出。由於交易型領導認為領導者是工具性角色，基於交換原則提供必要的獎勵，以獲得想要的組織成效。轉換型領導則認為領導者角色是激勵性的，透過個人魅力影響部屬，使其心態產生轉換，而能超越自利行為，除了基本福祉與績效表現外，更能追求更高的自我實現需求、

個人價值觀和內在動機。一般轉換型領導的構成要素或領導行為包括理想化行為（如建立共同願景、道德目標）、個別關懷、心靈鼓舞、智力激發（提升認知與解決問題能力）。

(三) 領導成員交換理論（leader-member exchange, LMX）

由於時間資源有限，領導者會將部屬區分為「圈內人」與「圈外人」，而與圈內人之間會有較高品質的互動與交換關係，因此圈內人會有較佳的資源、績效與評價，離職率較低、滿意度較高。而圈外人則僅維持一般性的交易型領導，甚至互動品質與所得獎勵更低。但領導成員之間是動態性的角色評估，初期僅概略區分，經過時間與事件後彼此皆給予評價而調整角色，加上情感交流後會產生不同的交換關係；因此，LMX 是建立在彼此感受的貢獻度、支持度、情感交流三項基礎之上。該理論從組織角色關係來探究領導力，關注領導者和成員之間的互動，特別強調領導者能引起成員較深度的參與和投入，但實質能擴展應用的範圍有限。

(四) 價值基礎領導理論

House 與 Aditya 在 1997 年所提出，認為領導者應該要持續強調較為迷人的企業願景或使命，並對於自己的信念表現出高度的信心，同時建立如何參與其中的示範，以及對於組織成員的承諾。如此，藉由對於組織成員傳達更高的格局與期待，以及對成員足以完成期待的能力與信心，而激發成員的價值感，使成員們主動投入及參與。此理論與願景管理、魅力領導類似，運作得宜時可能形成企業的競爭優勢，並且難以模仿。事實上，轉換型領導中也包含了魅力領導因素在其中，也同樣是訴諸情感、激發成員內在動機的領導方式。

(五) 創業型領導

Gupta 等人於 2004 年提出時，基於創業家面對動態環境必須發現機會、運用資源、創造價值，因而需具備遠見與視野的立場，認為組織領導者亦須創造遠見與視野以聚集和動員成員支持加入，而使組織成員足以致力發現並利用價值創造的願景。由於著重在資源調動和價值創造所需的承諾，因而需要建構願景以及實現願景的支持成員，因此在整體架構上，從五個領導者

角色 [15] 著手：(1) 建構挑戰目標（爲組織成員架構起具挑戰性但能實現的目標）；(2) 吸收不確定性（爲未來承擔責任）；(3) 清理路徑（協商反對者以便制定相關情境）；(4) 建立承諾（建立激勵人心的共同目標）；(5) 指定限制（針對行動規則取得一致性共識）。

　　一個很好的例子是 Walt Disney。在 1950 年代（那時可沒有什麼價值基礎的領導理論）創業家即親力親爲發展一套「永續經營」的方法，並以身作則直接引用。主要是著重人才發展流程方面，Disney 開始企業訓練，在訓練中持續傳達願景與價值觀、重視組織與個人的行動目的而非任務本身，也強調每個人的行爲結果，如此一來，便讓每個員工都注重企業形象與價值，而成爲可信賴的企業品牌總管。之後也持續沿用這樣的策略思維，例如：後來的執行長，開放創業決策流程讓更多主管可以參與，此舉讓企業的創新能力得以維持；在收購其他電影公司團隊（如福斯、漫威等）後，也能維持其各自的自主權而不過度干涉，並提供所需生態資源。如此，讓企業在接班後許久仍得以維持市場地位與競爭力，是一個創業家在培養團隊自主管理性後，開始朝向價值與願景建構，而打下永續經營堅實基礎的很好例子——即便沒有領導理論依據。

　　總之，除了權變理論與交易型領導屬於傳統型領導理論之外，其他上述的幾個領導力理論或概念，領導者都需要發揮領導能力，以強化提升組織成員的能力，來因應組織可能持續變動之下的挑戰。在此情況下的領導者大致上需要：

1. 從組織各方利害關係人取得特別的承諾及努力。
2. 使他們相信，組織確實能夠達成目標。
3. 清楚闡述強而有力的組織願景。
4. 使他們相信，努力眞的會帶來超乎想像的成果。
5. 堅持，即使環境變化劇烈。

　　無論何種理論與分類，領導類型與角色都不應該是一成不變，而是隨著情境而變化的，尤其對於處在瞬息萬變動態環境中的新創企業而言。雖然建

---

[15] McGrath, R. G., & MacMillan, I. C. (2000). *The entrepreneurial mindset: Strategies for continuously creating opportunity in an age of uncertainty*. Harvard Business Press.

構願景、激發熱情與價值感的領導力能發揮競爭優勢，但亦須留意適時的角色轉換，使成員在各種可能的現實狀況中調整；同樣的，在 CVF 架構中是以二擇一（非內則外、非控制及彈性）的情況為假設，但如同組織文化一節中的說明一樣，對於領導力的角色扮演亦然，在不同情境下，領導者應針對各種突發事件、產業變化或組織環境轉換，而調整應扮演的角色。正如同該作者後來所提出「行為複雜理論」[16] 所做的修正一般，這也衍生出我們另一個想要強調的創業管理重點：雙歧管理。

四、創業組織的雙歧管理模式

什麼是雙歧管理？跟創業團隊有什麼關係？

雙歧性（ambidexterity）一詞最早是由 Duncan[17] 所提出，但主要由 March[18] 首先展開了學術上的研究與探討。顧名思義，是指企業管理上兩項互相分歧的組織活動，主要指的是企業短期績效有關的「運用性活動」（exploitation），以及企業長期發展有關的「探索性活動」（exploration）。

更具體的來說，「探索性活動」是指新產品、技術、市場的開發相關活動，包括如實驗、研究、冒險、創新、變革……等相關活動。而「運用性活動」則是指現有產品、技術、市場的擴充相關活動，包括如選擇、改善、強化、執行、量產……等活動。

針對這兩類活動，學者們有不同看法，有些人認為兩者互斥，企業很難同時讓這兩者一起進行；但有些人則認為兩者可以同時進行——而且必然要

---

[16] Hooijberg, R., & Quinn, R. E. (1992). Behavioral complexity and the development of effective managers. In R. L. Phillips & J. G. Hunt (Eds.), *Strategic leadership: A multiorganizational-level perspective* (pp. 161-175). Quorum Books/Greenwood Publishing Group.

[17] Duncan, R. B. (1976). The ambidextrous organization: Designing dual structures for innovation. In R. H. Kilmann, L. R. Pondy, & D. P. Slevin (Eds.), *The management of organization* (Vol. 1, pp. 167-188). New York: North-Holland.

[18] March, J. G. (1991). Exploration and exploitation in organizational learning. *Organization Science*, 2(1), 71-87.

想辦法同時進行，否則很難取得長期經營的競爭優勢。雙歧管理指的就是企業或組織如何同時進行「探索性活動」與「運用性活動」。

研究指出[19]，若能有效管理**組織雙歧**（ambidextrous organization），讓企業能夠解決雙歧之間的衝突與平衡的問題，例如：在成熟市場競爭並在新興市場推出新產品時，則該企業將展現較為卓越的績效。一旦對於雙歧管理有所認知、有所準備，則將可望在組織持續擴充之際，也能做好相應的準備——而不是一味的按照其他企業的慣例去擴充職能部門。

更有意義的是，在**創新雙歧**（ambidextrous innovation）上，對於資源有限的創新團隊而言，探索式創新（exploratory innovation）需要較多資源來探索開發在技術、產品與市場需求上都屬於較新穎的創新（有較大機會引發激進式創新），但未來發展空間較大；而運用型創新（exploitative innovation）則是在現有的技術、產品或市場需求上做改善（即為漸進式創新），所需資源較小、時間也較快，利潤與發展性當然也較小。創新團隊在持續擴大組織之際，現有的創新已經逐漸被市場接受，卻同時發現新市場或新應用，可使下一階段的企業發展再往上跳，那該怎麼做好雙歧管理？

事實上，雙歧管理不僅是組織的運作方式，也可以是組織成員每個人的工作態度與方式，當然更是創業家或組織領導者的管理邏輯之一。試想，若雙歧管理能成為組織文化的一部分，那麼該組織就能自然而然的同時進行短期運用及長期探索，如此，豈非正是所謂的一石二鳥、一舉兩得？

組織雙歧有三種方式可以進行

學者們[20]針對較為成功的案例進行研究歸納後發現，大致上企業可以三種形式來進行組織雙歧管理：結構式雙歧、循序式雙歧、情境式雙歧。

(一) 結構式雙歧（structural ambidexterity）

是指在組織結構設計上，針對「探索性活動」與「運用性活動」這兩種

---

[19] Tushman, M. L., & O'Reilly III, C. A. (1996). Ambidextrous organizations: Managing evolutionary and revolutionary change. *California Management Review*, 38(4), 8-29.

[20] Lavie, D., Stettner, U., & Tushman, M. L. (2010). Exploration and exploitation within and across organizations. *Academy of Management Annals*, 4(1), 109-155.

不同活動，設立不同的組織結構同時進行，兩方面所需要的人力、財務、設備……等資源也都同時提供。兩個單位在組織結構上是彼此獨立的單位，有自己的流程、結構、文化，但是屬於同一個企業體制與高層管理團隊。這是最為簡單將兩個彼此衝突的活動隔離，而又能同時進行的方法。

(二) 循序式雙歧（sequential ambidexterity）

是指兩種活動雖在同一個組織單位中進行，但在不同時間變換不同的流程與結構因應之。也就是同一組織或單位，依照不同的時間、時期或時段，針對兩種活動輪流交換進行，好讓組織注意力可以在漸進式創新與激進式創新之間輪流切換，由於是同一組人力進行兩種創新的活動，因而有可能達到較高品質的創新內容。也有學者稱之「組織擺盪」[21]。

(三) 情境式雙歧（contextual ambidexterity）

是指在組織中創造出雙歧的組織氣氛或組織文化，讓組織成員能依照個人的不同情況，分配不同時間來進行兩種活動。由於這種方法是從高階管理者的領導風格與行為來推動整個組織充斥雙歧的情境，成員都能了解並被鼓勵自行選擇、調配時間，在支持、信任與紀律性的組織氣氛中，應該是最能有效平衡這兩個互相衝突活動的方式。

雙歧組織管理，需要創業家雙歧領導力

實務上，結構式雙歧效果較佳，但需較多資源，且實際上也有不同的組織結構形式[22]，例如：

1. 在現有組織結構中，拉出探索性活動專案團隊：此種方式實際上是將專案團隊進行循序式雙歧，但若沒有高層管理團隊的雙歧管理支持，雙歧管理效果可能會最差（無法均衡發展，甚至導致兩面不討好）。

2. 獨立運作的探索性活動專案團隊：將該專案拉出既有運用性活動組織

[21] Boumgarden, P., Nickerson, J. A., & Zenger, T. R. (2012). Sailing into the wind: Exploring the relationships among ambidexterity, vacillation, and organizational performance. *Strategic Management Journal*, 33(6), 587-610.

[22] O'Reilly III, C. A., & Tushman, M. L. (2004). The ambidextrous organization. *Harvard Business Review*, 82(4), 74-83.

中，令其獨立運作、進行探索性活動。但若沒有提供足夠資源、高層管理團隊的支持或信任，雙歧管理效果也很有限。

3. **跨職能團隊**：沒有專案團隊，而是既有團隊同時進行雙歧活動。亦即循序式雙歧或情境式雙歧管理。

4. **雙歧式組織結構**：獨立完整的專案團隊，即正式的探索性活動組織，也是結構式雙歧管理。

雖然學者在研究調查中發現，結構式雙歧效果最佳，但卻也提示了高層管理團隊領導力的關鍵角色。組織本身不可能啟動雙歧管理，沒有高階管理層的支持，組織的雙歧管理也很難長期運作下去。由於兩種活動中，一種專注於運用現有能力以獲利，另一種專注於探索新發展機會，兩者需要不同的策略、結構、流程和文化（表 5-2），因此，雙歧管理需要雙歧領導力的支持——要擁有能結合成本效率運用的管理者，和自由開放探索的創業家兩種思維模式，又能巧妙均衡的雙歧領導。

表 5-2 雙歧領導的視野 [23]

	運用性活動	探索性活動
策略意圖	成本、利潤	創新、成長
關鍵任務	營運、效率、漸進式創新	適應性、新產品、激進式創新
核心能力	營運性	創業性
組織結構	正式、機械性	適應性、較為鬆散
控制／獎勵	邊際效益、生產力	里程碑、成長性
組織文化	高效、低風險、品質、客戶	風險性、速度、彈性、實驗性
領導角色	權威式、科層式	願景式、參與式

對一般企業而言，需要整合高階管理團隊的雙歧管理認知，建構兩種活動的共同願景和價值觀，以及高階團隊一致性的獎勵機制，才有辦法結合組織內的兩種活動。此外，高階團隊透過對外的各種網絡關係（社會資本運用）如網路、論壇等，不斷闡述自己雙歧管理的理念與做法，都可能促進雙

---

[23] 同 22。

歧組織管理能力。

但對於新創團隊而言，創業家的角色更形重要。幸而，創業家本身似乎已經自帶雙歧管理的慣性，研究發現[24]，創業家在任何時候都同時進行探索性與運用性活動，雖然無可避免會造成緊張，但這種「**創業家雙歧**」（entrepreneur ambidexterity）是一種同時追求探索性與運用性的能力，而非講究等量的兩種活動，因此他們將自行決定如何切換，並且經常如此——甚至彼此相輔相成。以下簡單歸納了創業家雙歧的行為模式特徵包括：

1. 建立和維護支持雙歧的外部網絡。包括客戶、供應商、專業人士，甚至競爭對手。

2. 創造探索性活動的時間，避免陷入運用性活動。包括花時間在進入新市場的專案、開發新產品或與潛在合作夥伴見面。

3. 創建雙歧相關問題的討論平台。包括定期團隊會議、專案會議、視頻會議、員工會議、參與者分享，或與營運業務和潛在新專案的問題。甚至自發性對話、一對一對話。

4. 收斂式和發散式思維。收斂性思維專注於明確的問題並快速尋找眾所周知的解決方案；發散式思維會刺激人們提出正確的問題、尊重他人想法和潛力，使組織能自由表達想法來因應外界挑戰，並確保訊息從上到下自由流動。

5. 在任務導向和變革導向活動間來回切換。能夠根據當前情況在探索性和運用性的活動之間快速切換，同時也為整個組織的雙歧管理文化做了良好的示範。

6. 隨當前形勢之所需，將組織重點從探索轉移到運用，或相反。如此牽動組織注意力與組織資源的集中。

因此，可以說，創業家雙歧能力將使創業家能在探索性與運用性兩者之間保持動態平衡，因而得以具備動機、能力，對於看似衝突的機會、市場需求和目標，有其敏感度與理解力，而展開行動。這將回到先前所提的「動態

---

24 Volery, T., Mueller, S., & von Siemens, B. (2015). Entrepreneur ambidexterity: A study of entrepreneur behaviours and competencies in growth-oriented small and medium-sized enterprises. *International Small Business Journal*, 33(2), 109-129.

創業家能力」。

👥 五、創業團隊怎麼擴大組織？

至此，我們針對創業團隊成長成正式企業組織，談及了人力資本、組織氣氛與組織文化、團隊領導力，以及組織雙歧管理等幾個在組織成長過程中的重要概念。最後，再針對實務上創業團隊如何成長的關注面向，以整合性的簡要說明來作為本章的結尾。

創業家陷入兩難：組織結構、情感、文化

為因應規模擴大，就必須要進入正式的組織結構，追求更好的人力資本。但卻因此可能失去原先創業團隊的某些理想與初心，像是情感融洽、對新創的熱情、追求創新的嚮往、挑戰權威與體制，尤其是想要建構「不同」的企業文化。

首當其衝的，創業家開始思考正式的建構問題：未來組織結構？各種制度？願景與價值？組織文化？

其次，事實上，創業家在規模擴充時，面臨的壓力與其說是有更多的不同面向（從對外逐漸轉為對內），其實可能是更大的：對外必須兼顧創新雙歧，對內除了組織雙歧管理思維，更增加了面對情感上的雙歧。

(一) 創業團隊的情感衝擊

當創業團隊期間，總人數還在 20-30 人以下時，彼此的感情融洽，有問題會一起開會、討論、想辦法解決，一起熬夜打拼，即便有 CEO、技術長的頭銜，但對內來說，其實也不太區分，比較鬆散、沒有正式組織結構。而當人數擴充到 50 人以上時，規模已經比籃球隊、足球隊或棒球隊人數多了，能「一起開會」的可能性逐漸（也可能是迅速）降低，見面討論次數銳減，解決問題的人可能反而變少了，過去熟悉的面孔已經在處理不同客戶或產品問題了，難免開始產生情感轉淡的衝擊，尤其是與創辦人或核心人物不同團隊的人，更糟的情況，甚至會產生懷疑、嫉妒、焦慮或恐懼。創業家此時要開始注意並想辦法解決此問題，畢竟創業團隊是重要的，尤其在規模更

大時，這問題將更難解決。例如：開始有專業團隊出現，也要了解每個人的想法與建議，並重申創業的核心價值，此時容許他們推薦、尋找比自己更優秀的人才當自己的老闆會是一種方法，但也同時要給予承諾才行。這階段也同時是核心價值與願景建構的必要階段。

(二) 制度的建立與理想的衝擊

從 50 人到 200 人，則是不得不建立正式企業組織的時候，雖然是過去曾經令人討厭的組織結構，但若真的想要持續壯大，就不得不以組織方式來推動，否則不僅無法成長，可能反而更加混亂，甚至衰退。從招募的網路效應開始，到各專職功能部門的設立，該怎麼做組織設計，都要依據外在市場需求而定，尤其面對外在變化快速、競爭激烈的環境之下，組織更需培養動態能力，創業家必要有此思維與準備。因此，組織氣氛、組織能力、激勵制度、跨部門協調、雙歧管理思維……等，都需要在此時陸續導入。即便創業家在新創時期與團隊們有過自由開放創新的理想，與現在的現實產生衝突，在持續成長的前提下，一些理念可能必須有所整理、有所取捨，甚至對於無法接受擴大規模制度化的創業團隊成員，也要請他離開，或者也會產生不少因理念不合而離職的人；雖然如此，離職與解僱可能會是此階段的關鍵，需了解，理念相同的人，比能力強大的人，對組織整體的貢獻更大！否則，創業團隊不想擴大，就必須割捨會繼續成長的業務機會。

(三) 組織文化的成形與衝擊

200 人之後，已經是正式的企業了，有不少的專家進駐，也可能帶來文化的衝擊。創業家必須清楚企業的核心價值觀，有無需要調整、釐清或融合，根據價值觀與願景會衍生出組織文化有關的各種形式風格，以及制度的調整。企業文化的融合並非壞處，只是在正式企業營運之下，都必須步步為營，尤其創業家必須要清楚的知道組織文化與次文化的成形，並決定該如何干涉，例如：組織正義氣氛該怎麼維持、如何賞罰分明樹立典範。此時管理的重點已經從過去的創業團隊，轉而為高層管理團隊，高層管理團隊的透明化、標準化、彈性化……等的實施，也都會是管理焦點。所謂的新創企業大概也在此時可以算為成功創業了。

組織不得不擴大規模，並不代表企業已經做好成長的準備，但也並非

就必然要面臨否定新創企業的理念與文化，必然要轉而奉行曾厭惡的企業教條。因此，若能及早面對、做好準備，思考業務成長時不得不到來的時刻，甚至共同學習、討論出新的運作方式，於企業轉型後仍可望持續擁抱成功機會。

成功邁向下一階段：組織結構化

將前述組織擴充管理的重點做個總結，哈佛商學院在針對新創企業組織持續擴大時的一篇文章[25]中有與我們相似的建議，在此引用並加入前述關鍵要點，提出新創企業該如何成功邁向下一階段，其簡單而重要的企業活動或改變之建議如下：

(一) 明定專門職位，同時穩定創始員工

創業者擴充規模，必須擺脫過去「校長兼敲鐘」什麼都做的情形，從通才思維轉為專才思維，成立專職功能部門，尤其是特定職能的專業化如人力資源、行銷、製造等。雖然此舉將可望引入專家的知識與經驗，提升組織運作效率、促進成長，但須留意創業初始員工的不滿情緒，甚至對企業形成破壞力。因此，需培養員工之間的學習心態，著眼於公司更大的目標與價值，而非個人的擔心焦慮，例如：邀請創始員工參與招募過程、創業家持續與員工討論企業規劃。同時，在正式的組織內部溝通之外，過往非正式的、跨部門的溝通也應持續下去，好讓外來的專家更快融入職能部門，也對企業歷史與文化的形成更快了解，也能安穩創業團隊成員的情感矛盾。

(二) 增設管理結構，同時維持非正式管道

創業家在創設企業難免有許多理想情懷，想盡可能避免科層組織結構，然而，科層組織之所以存在許久，即因在運作上可以充分展現組織效率，讓越來越豐厚的人力資本可以充分發揮其效能。創業家會以為科層組織有礙組織訊息的交流、阻擋創新發展，然而，殊不知，若一方面維持鬆散結構組織、一方面追求創新，最後反而可能阻礙訊息交流、難以彰顯效率，更

---

[25] Gulati, R., & DeSantola, A. (2016). Start-ups that last. *Harvard Business Review*, 94(3), 14-21.

將拖垮決策與執行速度、失去創新意義。關鍵是創業家的心態，因此，可以嘗試不同的組織設計，正式的組織架構仍需要有，以維持組織效率運作、專業分工，但仍維持非正式的交流回饋，柔化正式組織結構，維持組織氣氛與凝聚力，更能培養組織學習心態。一面強調職務與職權的釐清，一面讓訊息清楚透明，員工可以參與、具決策力，也有助於自身的成長與發展。

(三) 建立有序的規劃預測，將知識外部化

就是建立標準流程。既然已經組織化、專業化，就不能再像過去創業團隊時，為了只解決一個問題，從創新發想到概念驗證、調整修正、商品化，都由同一群人任務分工、隨想隨做、即興發揮。組織規模擴大後，創新流程、資源運用都應建立標準流程，以有效控制資源效率與目標規劃，但須留意，仍必須以市場導向，而非為標準化而標準化，應該要能及時回應動態環境的需求變化。創業家與各級管理人員也要持續留意較長期的目標方向，需要花時間做企業規劃，這些規劃重點除了資訊的交流、資源的分配與運用、目標的進度與修正的必要之外，也需面對組織如何保持彈性設計，以及建立標準程序，尤其是過往的經驗知識要如何外部化為整體組織得以運用，這些創業的經驗以及未來的各種學習都相當寶貴，組織雙歧管理的概念也務必在此時注入。

(四) 企業文化的維繫、篩選與明確化

組織文化的重要性已不需再多言，而隨著新創企業的創業團隊所形成那股迷人的組織文化，該如何保留下來？因為唯有企業文化能夠吸引相類似的人力資本，並持續投入、深度參與。就像流程標準化、知識外部化一樣，過去創業團隊口耳相傳的創業傳說，背後所蘊含的組織意義、價值觀、經營理念，應該要清楚的陳述、說明或書寫註記下來，在工作職位說明中、企業網站中都可容易查找得到，甚至衍生出企業願景、宣言，以及使命，而讓每個員工都能清楚了解並認同，藉此較能喚起員工的共識與熱情，強化組織凝聚力與價值感。

新創企業要能順利地擴充組織，是另一個艱難的課題，創業家應及早了解並面對，如何在活力熱情的新創團隊與依規而行的正式組織之間，尋找合適的、屬於自己新創企業發展的折衷之道，是下一階段創業家的挑戰與競爭

優勢的來源。這或許是另一種創業過程的雙歧性，是專屬於創業家的基因。

　　也或許，後面的案例 5-2，值得參考研究。

think-about & take-away

1. 既知曉人力資本與人力資源的差異，身為下屬的你會偏好哪種？身為主管或創業者，你又偏好哪種？

2. 你覺得組織氣氛與組織文化哪個更重要？兩者之間如何轉化或影響？試舉例說明。

3. 本章提到的幾種領導力理論概念之間，你覺得可以混用嗎？

4. 雙歧管理是理論還是實務？為什麼？試著提出你的經驗或相關案例。

5. 我們提出創業組織擴充過程中的三階段歷程，你覺得還會有哪些衝擊、轉變或困境呢？

案例 5-2 ／雪坊／蔬軾：個人雙歧到組織雙歧

不僅創辦人斜槓，連新創企業也跟著斜槓。怎麼回事？

雪坊志業（下稱雪坊），是少見的純天然手工優格食品（與食材）的本土社會企業，2007 年創業至今，專心把優格做成精品，不僅已經推出各種口味，更開發出優格冰淇淋、優格入菜，並向下整合、成立連鎖餐廳，到 2024 年暑假，包括在百貨公司美食街，共計約有 40 家門市，且仍持續擴張中。

此外，2021 年更是不畏疫情、逆向操作，再創出「蔬軾」素食餐廳品牌，也同樣深獲好評！店面擴充也穩定拓展。因此，新創團隊準備開始改變創業以來穩紮穩打的步調，準備進入更大的企業組織，也將邁入企業的轉型。

然而，對於創業團隊而言，抱著怎樣的想法做出雙品牌發展的雙歧策略決策呢？事實上，創辦人之一自己本身也有斜槓，早在疫情之前就已跨足另一家截然不同的新創企業「超凡之聲」，且正收獲專家青睞、快速成長中。是因為這個基因或元素的影響嗎？對兩邊的未來組織變革做了怎樣的準備呢？

注定不凡的斜槓人生

「一群由政大法律與臺大商研的同學們，放棄人人稱羨的法官、律師工作機會，為了天然好吃的優格與建立社會責任而創業……」故事很美，但其實過程往往比簡單的報導還曲折得多！

雪坊的首位發起人蘇立文是創業團隊中的靈魂人物，也是雪坊天然手作優格的核心製作技術擁有者與開發者。由於年輕時不愛唸書，四處打工，19 歲曾做過電腦美工設計，退伍後，24 歲才重考進政治大學哲學系，並於隔年以優異成績轉進法律系，不僅順利畢業，還推甄進臺大商研所。

由於愛吃天然手工優格，經常自己製作，也在碩士班畢業前一次聚會上做給同學們吃，個個讚不絕口之餘，商研所的同學們自然提出許多創業的建議，蘇立文也開始認真深思可行性，並接連找了班上同學、即後來的夫人，以及政大法律系的好友共四人，共同討論、商議之後，便開始了創業之路。

當時，市面上純天然手工優格很少，也都是進口，為了符合想要的口味，只能不斷嘗試，雖然對喜歡優格的他們來說也不失為一種幸福，但由於時間與金錢

資源都有限，只能在自家頂樓暫時蝸居，甚至仍有人持續在外面上班，直到找到對的口味為止，才正式（只能）在網路上開賣，並自己外送。

就這樣，頂著自己的夢想與堅持，一個人製作優格、一個人負責網路接單與財務，兩個人負責外送，雖然連續 5 年虧損（2007-2012），但眼見社會氛圍與消費者意識在轉變，訂單逐年在增加，品牌理念慢慢受到肯定，組織也面臨擴充。

2013 年雪坊轉盈後，蘇立文終於較能輕鬆地重拾數位藝術，而這次，他將研究重心放在聲音優化上面，而廢寢忘食、只求突破極限的結果，竟在 2018 年創立「超凡之聲」，且持續努力並贏得專業錄音室與華語樂壇專家們的青睞與採用，不僅如此，更在兩萬人演唱會上被正式使用（調音），成功寫下超凡人生紀錄。

雪坊品牌理念不凡：健康、天然，但美味

隨著創業之初就是要做天然、健康又好吃的優格，加上法律系與商研所的訓練，帶著初生之犢的樂觀，便走上建立自有品牌之路。

無論是歸因於運氣，或是品質掌握的風險規避，隨著臺灣在 2011 年的塑化劑問題、2013 年的假天然酵母麵包與黑心油事件後，陷入嚴重的食安風暴，臺灣消費者開始重視食品安全而非一味相信大品牌，也開始願意負擔健康安全的食品價格，皆有利於雪坊的業務拓展。

雪坊的品牌宗旨，當然也是強調健康、天然，而在官網上更以家庭、孩子的安全食品為主要訴求，無論是最開始的網購產品，或是後來的優格餐廳。雖然如此，他們對於美味的堅持卻毫不退讓，也因此，才能開創出受到市場歡迎的、美味又健康的產品品質，甚至到 2021 年初，更建立了「蔬軾」素食餐廳的新品牌，都是秉持這樣的理念。

然而，創業團隊四個人，是如何落實品牌理念至今呢？我們在此跳過關鍵之一的產品口味研發經過，畢竟這部分已有多年、多群紛絲的見證分享，較為人所知；而主要聚焦在另一關鍵，即創業團隊如何擴充組織。

雪坊組織管理不凡：品質、展店、訓練一手包

雪坊在品牌理念的落實，除了一開始產品本身做到位，然後依靠被動性的社

會氛圍轉變、各類媒體報導[26]、多重社群口碑之外，一般品牌經營會開始朝向行銷策略發展，並複製先前成功模式後，再做改變。但雪坊卻跳脫窠臼、不按牌理，選擇先朝生產管理、產品拓展與發展店面這幾個較燒錢的方向走，同時所衍生出來的主要問題，就是面臨「跨行」的代價，以及組織快速擴充的衝突問題。所幸順利度過危機，如今反成為了競爭優勢。

(一) 擴充生產線

事實上，由於創業之初資本不大，採取無店面經營、網路訂購，在市場接受度日高、團購與口碑等網路行銷策略逐漸奏效之下，營運情形逐漸擴大、訂單變多，首當其衝的瓶頸其實是生產面。在傳統小量手工環境已不堪負荷之下，與正常自有資金的創業團隊一樣，都先找親友、再聘僱工讀生然後轉正職，來協助並教導如何製作優質產品，過程中也將製作步驟流程化，成為明文知識；此外，生產與生產空間不夠用，除需搬到更大的地方，更擔心增量後的產品品質（因為關鍵在特有菌種的發酵、溫度控制等）。團隊最終選擇面對挑戰，並想出的解決方案竟然是：建置無塵室——不小的資本支出。但這樣擴充產能的步驟，卻意外地完成產線教育、流程化 SOP、大型設備進駐這樣完美的步驟，以至於產線不僅順利逐步擴充，也能維持高水準的產品品質。如果一開始就建置大型設備，恐怕反而會出問題。

(二) 擴充產品線

團隊後來發覺，雖然優格口碑不錯，但真正回頭客可能只集中固定族群，若要更有效讓產品接觸更多消費者，仍要考量大眾化口味；反過來說，消費者雖然買了健康優格，卻仍只能搭配其他現成的周邊產品。於是，為了強化品牌理念與使用環境，也著手研究與優格搭配的產品，從最初的果醬（現已超過十種口味，會搭配季節推不同口味），到後來的冰淇淋（也開發出多種口味），以及與健康相關的優格手工香皂產品。同時，由於所使用材料堅持天然無添加，成本不低、使價格偏高，在整體產品呈現上也走向精品風格，商業模式也採取會員制

---

26 包括立體的與平面的，例如：https://www.youtube.com/user/snowfactory100/videos，或：https://www.chinatimes.com/newspapers/20150728000341-260204?chdtv……等。

度。隨著生產線與產品線的擴充後,產品流程的瓶頸出現在物流了。雪坊仍不走好走的路,在與物流結合維持網購與會員之外,竟同時開設實體門市!

(三) 開設門市

門市經營,算是跨足另一個行業,同時也要應付快速擴增的人力。一方面過去沒經驗、一方面與穩紮穩打節奏不符,雪坊在門市經營上算是跌了比較大的一跤,主要在員工管理制度、領導風格與溝通技巧這些方面。雖然因此服務曾被挑剔,展店也曾一度受打擊,但幸而風暴僅止於內部,創業團隊的門市負責人也在勤勞學習下,很快調整做法,並未影響品牌形象,克服後也得以繼續展店。而歷經展店與組織快速擴充後,也體認第一線服務品質也如產品一般,要能維持品牌的精神與風格,就必然要實施教育訓練。

(四) 教育訓練

也與一般企業訓練不同,雪坊是由創辦人之一自行土法煉鋼得來的內容與要求標準,而非導入外部顧問套裝課程,這多半與其產品的特殊性有關,用標準型的服務訓練並不夠,還要加上更多領域知識(domain knowledge),例如:優格市場知識、雪坊本身的特點與取向,甚至健康相關……等,當然,重點仍在於現場服務該如何表達品牌精神。目前店面總共達 18 家(含蔬軒,目前人員共用)、員工人數超過 100 人,且除了新進的訓練外,是否還需要定期回訓,或有評比等其他制度?創業團隊之一負責店面,恐怕已達極限,務必需要更有效的方式,就是強化企業文化與建立管理制度。

(五) 組織文化與管理

其實創業團隊已認知到自己的界線將成為組織的界線,也開始聘僱外來經驗管理人員,而不再一味只靠內部升遷,如此,可望帶來外部的學習與創新,卻同時也面臨企業文化稀釋的風險。這是下一階段的課題,幸而一路走來,雪坊創業團隊與現有成員已經累積出相當的企業文化與經營價值觀,創業團隊也意識到,需藉由完整的管理制度的建立來突顯企業文化,一旦得以突顯,就不怕稀釋風險,反而可能具備融合的功效。

整體而言,雪坊創業團隊在面對組織擴充的過程,是採取穩紮穩打、按部就

班的方式，以時間換取空間的概念來進行。在不急著拓展，先顧好客戶口碑、品質水準的前提下，逐步擴充，反而能得以維持住品牌精神，也從容的展現其經營價值觀。

策略雙歧：蔬軾新品牌連鎖餐廳

「我們就是希望客戶能感受幸福感」，訪談中創辦人堅毅而喜悅的說出這多年來在第一線服務的心得，也象徵著在品牌理念的背後，希望創造更高一層的客戶價值。也因此你會看到精品式的包裝、溫馨的會員服務，以及舒適的現場服務——事實上，在新品牌素食餐廳「蔬軾」中更加展露無遺。

「市面上對於素食的口感幾乎一樣，沒得選擇。而且多半讓人感覺，吃素、吃健康，好像就一定要犧牲口感與美味。我們想顛覆這個印象……」正如雪坊一路走來的堅持，現在除了優格入菜，也與理念一致的主廚合作，提供同於雪坊文化的素食餐廳。由於現場員工共用，新餐廳仍能維持一貫的服務水準，讓客戶感受幸福。

「不過，讓客戶感受幸福並不是一味順從客戶，尤其不能讓客戶為所欲為、讓員工受委屈，不然我寧願退費、不做你生意。」這是創業團隊對內的經營價值。確實，員工必須先感受幸福，才能端出高水準的服務，傳達客戶的幸福感。

由於在雪坊的成功經驗，如同蘇立文在個人興趣上的斜槓，同時運用了相同的極致研究尋求突破的能力，雪坊也將其整體營運的成功經驗應用在另一家相似且相輔相成的蔬軾上面，意外造就了成功的雙歧發展。

超凡之聲固然屬於專業的小眾市場，與雪坊／蔬軾的大眾市場大相逕庭，也因此需要團隊，但我們看到了個人與組織的雙歧效果。當然，必須付出雙倍的努力才可能成功。我們相信就在不久，健康、天然所產生出的幸福、喜悅、堅毅與尊重，這些價值元素，蔬軾將融合出雪坊的企業文化，而逐漸呈現在各種與客戶、會員接觸面的設計上——就像超凡之聲也展現了極致研究下的數位藝術之美。

思考

1. 根據本章定義，這算是雙歧嗎？為什麼？

2. 你認為雙歧管理與斜槓有什麼異同？

3. 你覺得雙歧管理關鍵是什麼？身為創辦人，要顧及哪些因素？

4. 你覺得為什麼他們能成功做到雙歧策略？

5. 你會將這個案例怎麼分類？創業家雙歧、組織雙歧，還是策略雙歧？

Chapter

6

創業行銷管理

案例 6-1 ／ Stanford 大學的設計思維

Stanford 大學設計學院 d.school

設計思維在被導入到商業應用之前，主要仍應用於設計與美學領域，而正式應用於商業創新領域，就是從 Stanford 大學的設計學院發展出來的。Stanford 大學設計學院全名為「Hasso Plattner Institutes of Design at Stanford」，又簡稱 Stanford d.school，創辦人即為 Hasso Plattner（同時為知名企業 SAP 的創辦人），於 2005 年偕同 IDEO 設計公司創辦人 David Kelley 共同創辦，由他來主導設計思維的商業應用教學。

當初二人創辦設計學院時，起草的 d.school 宣言有四條：(1) 培育「未來創新人才」成為突破性思想家與實踐家；(2) 用「設計思維」啟迪跨學科跨領域團隊；(3) 促進師生與產業之間的「躍進式合作」；(4) 進行「大型專案」並以原型設計來發掘新解決方案。由此可知，設計思維在 d.school 創辦之初就已經被採用，成為設計學院基本宣言之一，事實上，在宣言中可以看出，d.school 完全不如一般純知識或技術教育性質的學院，而是重視跨領域產業應用創新人才，對於解決問題思考與實踐能力的培育，而設計思維在產業應用之地位也可見一斑。

實際上，d.school 所開設的課程中並沒有名為「設計思維」的課程，而是以設計思維的方式在進行每一堂所開設的設計課程，其中包括「人生設計」、「公共安全設計」、「組織文化設計」、「重構校園生活：混合設計體驗」……等各種應用型設計課程。可至 d.school 網站查看。

由於 d.school 是讓跨領域跨學院學生修課的，所以也有在業界工作經驗的學生共同修習，也是跨年齡層的。沒有學位、不頒發證書、沒有考試，但由於是設計思維方法，講究實作與體驗，課程內容豐富緊湊，團體分組協作上課方式也使得課後負擔並不輕，然而每堂課仍不容易搶到有限名額。

以下先簡單講述設計思維的核心步驟。

設計思維的流程與步驟

設計思維的主要核心精神是「回歸使用者的心」，因此在過程中必須要盡可

能深入地了解使用者，並且去除錯誤的定義，用歸納與推理方式、用視覺化的原型製作來探索解決方案，同時利用團隊協作的創新力量與容錯精神，在不斷嘗試中學習與進步。

　　一般來說，設計思維方法在進行時會經過以下五個主要的階段或步驟（圖6-1）。然而，需要強調的是，流程與步驟不應被固定，應是需要增加或減少、延長或縮短，才不失去設計思維「回歸使用者」的本意。

圖 6-1　設計思維五步驟應用——以 NAB Bank 為例 [1]

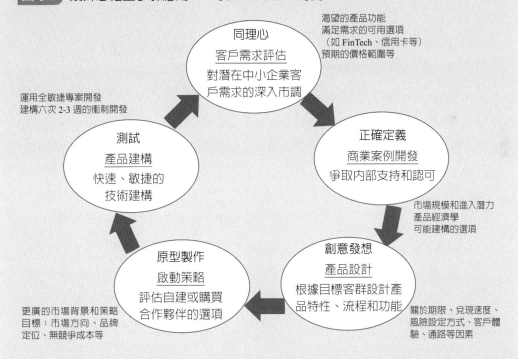

(一) 同理心（empathize）

　　要先能站在使用者角度思考。除了觀察使用者的生活行為或肢體語言，也會調查訪談使用者的感受與想法，甚至更沉浸式的成為目標使用族群來生活並思考，藉由觀察、接觸、聆聽、參與等方式找出使用者真實需求，甚至藉由生活情

1　Wyman, O. (2017). *Design thinking: The new DNA of the financial sector*. Oliver Wyman and IESE.

緒或感覺來發掘使用痛點（pain point）。本階段通常會使用人物誌方式，確實畫出目標客戶的長相、特徵等，視覺化呈現。

(二) 正確定義（define）

定義出要解決的問題。從使用者所蒐集到的深度資料分類，用歸納的方式逐步進行收斂，確實地找出使用者的痛點，並且務必以簡單的一、二句話來描述使用者的實際需求與想法。本階段通常會使用「設計觀點填空」的方法來整合並轉換使用者資料為問題描述，例如：使用者是誰？有什麼特徵或習慣？有什麼需求？為何有這樣的需求……等。

(三) 創意發想（ideate）

是運用團隊的創意來尋找可行的解決方案。實際操作上會分兩段來進行，第一段即為腦力激盪，針對上一階段的問題描述，每個人盡情地發揮創意，提出解決方法並簡要說明；第二段則針對每個創意提案投票表決，可找出 2-3 個可行性高的方案進入下一階段。本階段要注意，不應針對創意給予負面意見，也儘量減少個人主義，正面、快樂很重要，此外，可多利用促進創意的工具如便利貼、視覺化表達、色貼紙投票……等。

(四) 原型製作（prototype）

將創意方案具體化，盡可能以快速且成本低的方式製作原型，產品可以 3D 列印，服務則以草圖、繪製模擬流程，並不斷從試用方獲得的回饋做討論、溝通與修正，直到做出完美的樣品為止。本階段重點在快速且低成本製作原型，具體化、視覺化正是設計思維的重點之一，並且在嘗試錯誤中不斷學習。

(五) 實際測試（test）

目的是為獲得目標客戶的回饋，確認創意解決方案是否符合真實需求、解決痛點。針對同理心的結果提供具體測試方案，一方面也檢視原型是否真的可行，同時也能持續發掘或優化解決方案，以重回步驟迭代更新。本階段也是以同理心方式做實際測試並回饋，或找實際目標客戶測試再蒐集資料，以更加深入了解使用者，並檢視是否有必要重新定義。

需要注意的是，測試完若達到完美不需修改，則可能進入規模測試（β 版測

試、封閉測試、試營運等等），但設計思維並非直線式思考，因此測試結果其實絕非終點，反而更應該將測試結果重回到定義階段，看是否有新需求（本身或周邊）、更好的詮釋等，成為迭代更新的起點。

設計思維與企業管理思維的差異

然而，若要引進設計思維，恐怕不是一個產品設計團隊，或一個行銷部門的事情而已，畢竟設計思維與傳統企業管理的思維差異頗大。除了前述的循環式與傳統直線式的差異之外（這已經有很劇烈的衝突），產學合作機構也整理出一些關鍵差異如表 6-1 所示。

表 6-1 傳統企業思維與設計思維的差異 [2]

	傳統企業思維	設計思維
組織目標	管理	創新
使用者的重要性	• 客戶只是企業流程中需考慮的其中一項重要因素 • 客戶的需求及其行為都來自客戶研究（客戶所說）	• 使用者是一切的中心 • 主要是去了解客戶需求與行為的根本，以及其背後的理由
創意發想的環境	• 創新僅止於數位或技術團隊，和特定創新中心 • 產品的發表都是在企業流程後期、多次迭代及內部確認，並市場研究之後才進行 • 工作環境用以提高效率 • 產品僅限於小幅升級 • 驗證問題存在以便有條不紊地分析評估目前情形	• 創新是整體組織的核心 • 每當構思出一個想法時，就會建構原型並推向市場 • 工作環境用以促進創新和新想法的產生 • 不斷將客戶的回饋融合進原型之中 • 依靠數據和實驗，並具想像力地評估未來可能性
團隊組成	• 團隊成員往往具有相似的背景或經歷 • 相似的個體在獨立組織（silo）中工作	• 團隊特別要由完全不同的背景和經驗者來組成 • 多元思想家一起工作

---

2 同 1。

因此，為了達成以使用者為中心的核心思想，必須以多元團隊方式進行，在過程中務必尊重每個參與者，並以正面、樂觀的氣氛進行，有效激發創意、培養幸福感，不只滿足需求，更創造使用與忠誠的價值，最終可將傳統行銷漏斗轉換為沙漏，或是消費者生命週期的終生循環使用者。

誤區！使用設計思維時的陷阱

在實際操作面，也提醒以下幾個重點，以避免落入陷阱，而失去了設計思維的精神與意義。

1. 設計思維的重點在思考，不在設計。這是一個思考工具，不是設計課程，所以不應誤以為設計思維在商業或組織應用上，主要可以產生很棒的設計，但實際上是集體思考創作，找出真實需求並解決問題，只是解決方案可能看起來像設計，所以，Don't design, think first! 也千萬不要抱著錯誤的期待。

2. 設計思維是先發散再收斂的系統性思維。並非看到體驗式、視覺化就以為只有發散式的創意，那只是在尋索問題的過程，之後必須收斂，並且逐一有系統、有脈絡的討論原因與可能性，在充分的溝通表達後才找出最具可行性方案。因此是相當具有系統性的思維過程。

3. 設計思維是探索未知的可能，而非驗證已知事實。目標在於找出問題、運用創新提出解決方案，並非現存的答案，而是要集體創造出來，有時甚至連問題或需求都須重新定義。因此，完全丟棄現有的事實來參與吧！你會得到傑出的、未經驗證卻具可能性的商業模式、品牌策略、競爭機會、產品應用等。

4. 設計思維不應照本宣科，而是因人而異。如同圖 6-1 的應用所示，五個步驟連名稱都改成適合於自己的內容了！設計思維是一種工具、協助思考的方法，方法的使用必然因人而異，依照每個組織與目標來運用，尤其設計思維強調不要被限制。同時，也不應期待絕對會大成功，而是要逐漸適應。

5. 設計思維重視團隊合作。一個人再怎麼聰明仍有限制，設計思維重視多元成員合作，以及在團隊中的平等地位；此外，深度參與的共識與認同也是關鍵，在共創的團隊中，若有成員參與度、信任度低，都會使設計思維的效果大打折扣。

行銷管理是企業為達成目標的重要利器，已經從過往單純的產品或品牌的行銷戰術，更整合為企業與組織行為的整體策略。傳統經典的行銷理論越來越豐富之際，一方面想迎合快速變化的數位時代，一方面也要思索對於現代新創企業的適用性。我們從經典的行銷概念出發，來說明新創企業的行銷策略思維。

一、4P 與 4C 適用於創業環境嗎？

行銷管理是什麼？概念演進

由於行銷管理的概念早已深入眾人的認知中（雖然仍相當模糊），我們覺得反而更應從定義的演變來看行銷管理概念的轉變。表 6-2 中引用了美國行銷學會（American Marketing Association, AMA）的定義，這是學術界共同使用的定義，也成為企業運作的理論基礎。

表 6-2　行銷管理定義與實務意義的關鍵變革 [3]

適用年代	行銷的定義	實務意義
1950-1985	行銷是一個組織的職能，將生產者的商品與服務帶給消費者或使用者的商業活動。	供給者導向、經典行銷 4P 概念主導。
1985-2004	行銷是從分析、規劃、執行到控制的一連串流程，藉此制訂產品或服務的概念、定價、促銷與通路等決策，進而創造能滿足個人和組織目標的活動。是一套為客戶創造、溝通和遞送價值的流程。	消費者導向、4C 概念興起。客戶也可以是一群人。組織目標通常是獲利，是收益與成本的差異。
2004-	行銷是一套為客戶創造、溝通與遞送價值，並經營管理客戶關係的流程，以便讓組織與其利害關係人受益。	策略導向、數位行銷與生態系的概念興起。價值的概念抽象化，對組織意義轉為綜合財務指標而非成本導向。

從表中可以看出，無論學術與實務意義，行銷管理隨著時代的進步、市

---

[3]　參考維基百科說明與 AMA 官方網站。最近的定義在 2013 年又加入社群關係的行銷價值，我們將之視為在廣義的利害關係人中，對所強調的「定義改變」並非關鍵性。

場的變化而演變，從過去生產者的角度、講求規模經濟與生產效率、爭取訊息揭露、歸納出經典 4P 理論的早期，轉為消費者角度、重視使用者需求、便宜又好用，甚至能表彰個性、歸納出經典 4C 理論，再轉變到網路世代的抽象產品價值階段、商品為價值遞送的載具、訊息爆炸與媒體細分化、創新創意迸發的當代數位行銷。

所以，你真的知道行銷管理的概念嗎？

由於行銷主客位之間的關係持續在變化，特別是隨著時代背景的轉變，從二戰後物資較為缺乏，故以生產製造者為主體的觀點，轉變到戰後嬰兒潮開始具備強勢採購力，環境從賣方市場轉為買方市場，因而必須吸引消費者，行銷也因此轉至消費者客位觀點。這部分的轉變相當巨大而明顯。

之後進入網路時代，隨著虛擬世界的發展帶來更加翻天覆地的變化，各種新奇的數位行銷方式更是層出不窮，行銷管理自然也從單純而清楚的產品或服務的銷售，進入到更為抽象的價值、虛擬世界的運作，以及結合虛擬與實體的各種行銷模式或組合，例如：「羊毛出在狗身上，豬來買單。」

也可以說，行銷的概念從過去以產品導向的時代，過渡到銷售與客戶導向的時代，再到整體價值鏈生態系的市場導向的時代。

也有學者將數位時代行銷管理的飛快進步或改變，稱為行銷 3.0、4.0 甚至到 5.0 [4]，其中將結合社群關係、數位虛擬方式，以及實體與虛擬結合、科技提升生活品質等等概念做區隔。但我們認為此間的改變幅度不如前兩次劇烈，因此我們仍將數位時代視為整體的第三次行銷概念轉變，並在這段時期當中，隨著社群活動的擴張、消費者數位行為的變化，產品與服務的價值主張雖有所不同，但仍在市場導向的數位行銷領域中。

而我們主要關心的，仍是在數位時代的新創企業，在行銷管理的概念上，適合使用哪種概念？是單純的產品與服務提供者時期的 4P，還是要結合使用者為中心的 4C 概念？抑或只有數位產品或服務才需要數位行銷？

---

[4] 行銷管理大師 Kotler 在 2021 年出版了行銷 5.0，此前在 2010 年、2016 年也已經分別出版過行銷 3.0 與行銷 4.0，其中的分野大致上是如此。尤其認為行銷 5.0 等於 3.0 與 4.0 的融合，因此我們認為 3.0 至 5.0 中間的分界沒有那麼明顯劇烈。

從 4P 到 4C：經典行銷概念

眾所周知，行銷管理最早的理論主張，即所謂的行銷 4P，是指產品（product）、價格（price）、促銷（promotion）、通路（place），而這四者的內容雖是以生產者的主位觀點來主張產品或服務的市場行銷，但卻也幾乎涵蓋了行銷的各個層面。

1990 年代學者提出從 4P 過渡到 4C 的主張後，4C 也就水漲船高，被許多學者與業者引用。但是，由於 4C 是出於 4P 的補充，並非將 4P 完全替換或淘汰，因此，4P 的經典理論內容並未完全銷聲匿跡，反而是因為主客位的觀點不同，卻剛好可用以比較，一方面了解行銷管理觀點的演進，一方面也能在彼此對照中體會行銷管理的內容主張。從 4P 到 4C 行銷管理概念演進如圖 6-2 所示。

圖 6-2 經典行銷管理概念演進

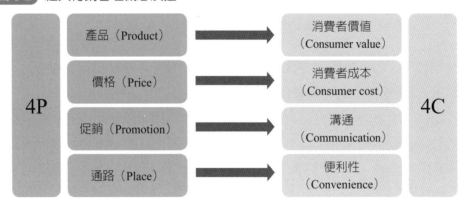

其實在 4P 演進到 4C 的過程中，仍有其他的理論主張出現，只是不如主客位的改變，或數位科技的改變如此劇烈。包括從 4P 到 7P 甚至擴充到 10P 的主張，簡要說明如圖 6-3。甚至也有如此再從 4C 衍生出 7C 與 10C [5] 的內容，則較為凌亂也較少被使用，在此就略過。

5　所謂 10C，是將傳統的 4C 再加上其他 6C：客製化（customization）、內容（content）、脈絡背景（context）、協同合作（collaboration）、社群（community）、變化（change）。另則有客戶關係管理的 10C 理論，與這邊所謂的行銷組合不同。

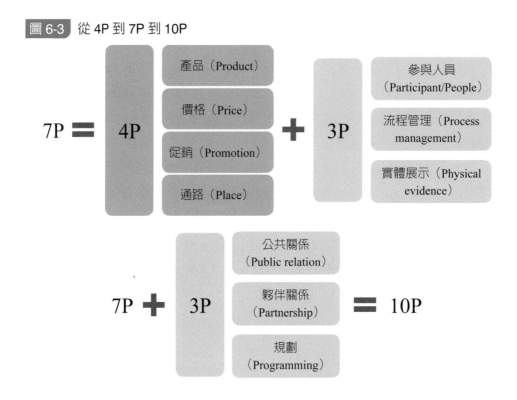

圖 6-3　從 4P 到 7P 到 10P

事實上，如果能結合客觀立場與數位時代的方式加以擴充解釋的話，其實簡單的 4P 理論也仍可涵蓋無論 7P 或 4C 的各方面。例如：

1. **產品面**：重新解釋與定義產品，除了實體的物品或商品，也納入服務體驗、顧問諮詢、解決方案等面向，且在執行產品策略時，也可借鑑企業策略的角度：市場研究、自我定位、顧客眞實需求及產品價值鏈。如此，可以涵蓋到 7P 到 10P 中的內容。

2. **價格面**：應視價格爲客戶爲獲得價值之代價，或對品牌的價值印象。同時，定價策略除考量產品成本及利潤，更需綜合考量產品定位、目標顧客負擔能力、替代商品定價，以及促銷價格彈性空間，甚至差別市場定位（如前一代的旗艦級手機這類的迭代商品）。

3. **促銷面**：跳脫傳統庫存品促銷思維，更積極思考能藉此讓客戶發現、認識、嘗試使用產品或服務的溝通方法（羊毛不出在羊身上，對羊來說就是促銷）。或者是新創品牌或新產品，快速有效地引起使用者注意並認識，也是促銷規劃的重要目標。這中間當然少不了公關、規劃與各利害關係人的參與。

4. 通路面：通路分析能更精準找到銷售途徑，現在更可能使用大數據方式（需要好的演算法與訓練策略），根據市場定位，以及目標客戶的交易場景、環境氛圍的設定，加上適當的曝光吸引手法，結合線上線下（O2O 或 OMO[6]）的導流或交流體驗，可以實施精準行銷。

我們略微說明了經典的行銷 4P 與 4C，或甚至衍生出來的其他各種更細緻的行銷管理概念，其實可說是彼此互相關聯，並隨著時代環境的演變，也可加入不同的行銷組合策略。因此，**行銷管理的思維仍應回到行銷策略擬定的各個階段，重新審視行銷策略的每個步驟**，才能有效應用行銷的手法——無論是幾個 P。

一般來說，行銷策略的步驟是：競爭環境分析、行銷策略擬定、行銷組合模式。競爭環境分析更應該從企業經營分析做起，如我們在第三章所述的內容；但由於產業環境已經進入快速變化、競爭激烈、複雜性高、難以預測的「VUCA」時代[7]，亦即動態競爭環境已然降臨，企業競爭策略應以動態環境的思維因應，此部分我們將在第十章中說明。

一旦企業策略有了方案，環境分析也可有所了解，此時可以針對自身的產品／服務擬定行銷策略，便可針對策略實施行銷組合模式。這部分將在後面章節說明行銷策略思維，以及與行銷組合的關係。但在繼續之前，我們仍要詢問，新創企業是否適用經典行銷概念？

新創業者適用性

從上面對經典行銷概念的敘述與變化，我們認為答案是肯定的，但由於新創企業的特質，必須略有微調。

最近，在行銷學術研究中，逐漸興起「創業行銷」的概念，針對新創企業如何進行行銷活動的研究領域。當然，為了開創新領域，宣稱主流的行銷定義與理論都無法很好的套用在新創企業的環境與內部營運中，並且嚴重忽

---

[6] O2O 見第二章第 62 頁。但在數位行銷時代，過程中買家旅程時間仍嫌過長，李開復於 2017 年提出應該用更為「虛實整合」的方法，即所謂 online merge offline（OMO），讓虛實轉換之間沒有間隙、隨方便可採購，至少可以蒐集整合式的客戶資訊。

[7] Bennett, N., & Lemoine, G. J. (2014). What VUCA really means for you. *Harvard Business Review*, 92(1/2).

略了新創企業的特殊資源、背景、機會、能力、策略或流程，亦即忽略了特殊的競爭能耐——尤其是創業家或其團隊所具備的技術或彈性。

與既有的中大型企業不同，新創企業可能對特定的客戶需求、市場趨勢與定位有更加深入的了解與掌握，因此有不同的行銷能力，也通常會基於其對客戶、市場與技術的優越知識和掌握，來進行不同的行銷計畫與活動。

對新創企業及其創業家（們）而言，行銷管理或行銷活動似乎不僅是必要的企業職能之一——就像財務、人資職能部門一樣——而已，更是必要的核心活動之一（像研發），然而有意思的是，新創企業卻往往沒有（足夠的）預算來執行或規劃行銷活動。

在資源有限、市場熟悉、訊息掌握度高的情況下，行銷的定義與意義將與中大型企業的行銷管理，可能在某些關鍵上與理論概念有些不同，新創企業卻也因此往往以非常規的方式進行行銷活動，例如：利用創新手法追求附加價值，而非採用傳統的成本基礎競爭（如被動採訪、自行直播等），因此並非特定管理決策的規劃結果，而是創業過程與文化運作下，自然而必要的發生。

因此，整體而言，在行銷最新的定義上，可以說已經包括了新創企業的特質考量在其中（尤其是針對價值生態系、社群行銷等概念），但在實務操作上，新創企業的行銷仍較為聚焦、深入。根據研究[8]，可能有以下幾個方向的差異，尤其在實務操作上，值得新創企業家與創業團隊參考：

1. **策略思維**：新創企業家多半依照其對市場的敏感度、對客戶的熟悉度而決定，因此行銷活動並非一套既定流程或模式，不會依照傳統行銷管理理論或 4P 框架思考行事，而是依據所處環境或所獲得訊息來調整。研究也指出，創業家多半沒有行銷導向策略思維，甚至依據更傳統的銷售導向。因此，實際操作上往往只採用部分行銷手法。

2. **機會識別**：創業家對於市場機會通常具有敏銳的嗅覺，無論藉由客戶反應、同業交流，或對領域知識掌握所得到的訊息（即我們所謂的「動態創業家能力」），而較能有所掌握；同時能運用創意、創新能力，快速

---

[8] Hills, G. E., Hultman, C. M., & Miles, M. P. (2008). The evolution and development of entrepreneurial marketing. *Journal of Small Business Management*, 46(1), 99-112.

而充分滿足客戶的需求。

3. **機會掌握**：相對於傳統中大型企業而言，新創企業更容易受到市場機會的刺激，而採用針對性的行銷管理活動，並且因應該市場機會，新創業者的行銷方式通常也會突顯產品創新、流程創新、策略創新或技術創新，來營造新產品／服務的表象，爭取該市場機會。

4. **資源承諾**：由於新創企業規模不大，財務資源相當有限，也幾乎沒有專職行銷部門，因此新創企業的行銷活動多半都是「臨時起意」，缺乏整體性的行銷管理規劃──並非沒有規劃或分析能力，但在新創企業未有正式行銷職能部門前，可能都相當「克難」。

5. **行銷目標**：傳統行銷管理會講求目標，而目標的訂定多會與投資報酬率或利潤率等財務指標掛勾，或至少有客戶相關數據蒐集等要求（以計算「獲客成本」）。但在新創企業中，行銷的目標或指標通常會以創業家的個人目標或偏好融入其行銷目標當中（如人脈拓展），因此會有多重指標來衡量行銷效果。

6. **反應速度**：主要強調的是組織彈性與適應性。傳統的行銷管理並不強調因應市場變化的反應能力，可能因此失去了行銷管理效能。但新創企業在組織結構上較具彈性與適應性，能較快調整行銷活動後的結果，快速決策、快速反應，成為競爭優勢。不過，以數據為基礎的行銷科技正在補足這個差距。

總體而言，新創團隊由於產品／服務單純，接觸面窄，因此可以直接從市場接受訊息，加上預算較受限制、組織彈性較高、較具創新能力，因而能憑直覺、經驗性反應市場所需、創造價值，所以可以說是類似「從下而上」的行銷管理；而經典行銷理論則依循市場研究分析、搭配內部的資源而做的一系列規劃，屬於「從上而下」的系統性行銷管理策略。

須留意的是，當新創企業開始發展專職部門、擴充企業組織時，務必留意策略思維的轉折與過渡，因此，對準備擴充組織的新創企業而言，尤其在面對行銷數據與科技的有效堆疊，更需要了解並具備經典「從上而下」的行銷策略思維。

👥 二、行銷策略思維：從 STP 架構到行銷漏斗

回歸行銷策略思維

如前所述，無論經典行銷管理與創業行銷管理在實務上有怎樣的差距，新創企業在持續擴充組織規模、設立專職行銷部門或人員時，仍須回歸行銷策略思維，以能有效從「下而上」的行銷方式轉換到更有系統性的「上而下」模式。尤其經典行銷管理策略思維之所以能行之有年，必然有其可取之處，而策略思維的起點更具參考意義——無論是中大企業或是新創企業皆然。

加上數位行銷時代來臨，行銷策略已經正式進入行銷 5.0、行銷科技（MarTech）即將大行其道的階段，無論是上而下的經典行銷概念，或是下而上的新創企業行銷手法，都可能在社群行銷、直播行銷、網紅行銷、體驗行銷……等新鮮的名詞與做法上團團轉。羊毛究竟在不在羊身上？狗與豬之間怎麼合作？角色如何區分？在這種行銷手法快速推陳出新、打破既有線性思維框架的時代，行銷管理本身似乎也隨著環境而 VUCA 起來，財務指標或有效性又該怎麼評估，使得行銷管理在做與不做之間掙扎。

同時，我們前面說過，多到幾乎令人眼花撩亂的行銷管理概念其實彼此互相關聯，也隨時代演變可加入不同策略，而在更廣義的 4P 行銷組合模式，或是令人眼花撩亂、多重考量面向的行銷組合發展之下，即便新創企業的行銷活動多為聚焦、臨時、即興，也難逃經典行銷組合模式的範圍之內。因此，我們回歸行銷策略思維的源頭，來重新審視行銷管理策略的意義與做法。但會跳過環境分析，而直接從行銷策略擬定開始，然後說明與行銷組合的關係。

行銷策略從 STP 架構著手

行銷策略思維的出發點一般都從市場環境分析著手，已如前述，再根據企業策略目標進行行銷策略的擬定。此時，會使用 STP 分析架構，不僅有助於銜接企業策略方向，也有助於後續行銷組合模式的運用，在學術研究上

也對於企業後續績效表現多有正面的效果 [9]。

　　所謂 STP 分析架構，就是依序以「市場區隔」（segmenting）、「目標鎖定」（targeting）、「精準定位」（positioning）的策略思維來尋找到產品／服務的使用者，再依照目標市場與使用對象實施行銷組合模式。如此，可以達到精準行銷的目的。以下分別簡述各項的內容精神。

(一) 市場區隔

　　即根據市場客戶的各類特色而做不同的區隔，特別是針對消費者的可能需求差異作為區隔的標準。例如：行銷管理大師 Kotler [10] 提供了四種區隔市場的基本標準：地理標準（如國籍、城市、氣候……等）、人口標準（最常使用，如性別、年齡、教育、收入、宗教……等）、心理標準（較抽象，但好用，如個性、生活圈、價值觀……等）、行為標準（大數據可用，如使用率、點擊率、忠誠度或回購率、停留時間……等）。其他的區隔方式還包括：生命階段（如求學、成家、立業、養育小孩、退休生活……等）、休閒娛樂偏好（如運動、電影、旅遊……等）。在數位科技時代，也有可能針對不同的社群平台做區隔，即資料來源（如 FB、Google、SAP、Amazon……等）。

　　市場區隔目的是要將產品的目標客戶找出來，因此在執行步驟中，必須要針對可能使用到產品的各種客戶類別作為標準。例如：麥當勞在全球市場即可針對國家類別、年齡類別，以及性別作為區隔標準；臺灣星巴克則不必以國家做區隔標準。

　　實務上，多半會更細緻的探討市場區隔、敘述各市場的定義，進一步再以人物誌（persona）的方式描繪出該市場區隔下客戶的輪廓，以視覺化方式更清楚知道在各區隔市場中的典型使用者樣貌，並依此進行需求分析（使用者會有哪些需求、生活訴求或使用痛點等等，更多探討甚至可與之對話溝

[9]　Perreault, W. D. (2011). *Basic marketing: A marketing strategy planning approach.* NY: McGraw-Hill Irwin; Varadarajan, R. (2010). Strategic marketing and marketing strategy: Domain, definition, fundamental issues and foundational premises. *Journal of the Academy of Marketing Science*, 38(2), 119-140.

[10]　Kotler, P., & Keller, K. L. (2010). *A framework for marketing management* (3rd ed.). MA: Pearson.

通，充分表達產品的特色）。有了深度需求分析後，可以依環境快速調整，更可以進行下一步的目標鎖定。

(二) 目標鎖定

市場區隔若做得好，會出現好幾個類似需求的區隔市場，此時需要選定或鎖定想要提供產品／服務的目標客戶群。當然這些客戶群必然要共同具備與本身所提供的產品／服務需求一致之特徵才行，基於此，再依據各區隔市場的產值、發展前景等基本資料分析，以及自身的發展策略、經營方向、資源取向等綜合考量來做決策。

所以在這個步驟中，企業要做的內容包括：選擇幾個想要的客戶群（依據前述需求分析與人物誌選擇），並在所選擇的各個客戶群中更仔細列出客戶的需求、現有競爭產品的需求滿足、自身產品的特色或差異，如此可以將每個區隔市場再細分為不同需求區隔。再針對每個細分需求區隔分析市場規模、產值、發展潛力、競爭情形，以及企業策略與經營方向等。

此時你將不只是對目標客戶的輪廓相當清楚，甚至你會知道這類客戶有多少、市場大約多大，以及會接受所提供之產品／服務的原因（各區隔市場可能不同），也會知道客戶消費生命週期、親近性、獲客成本等較深度資訊，因此較能客製化行銷策略與模式，而得以有效分配行銷資源。同時，也可以開始規劃設計關於大數據該怎麼蒐集（蒐集的標籤、從網頁到平台的位置選擇、新舊客戶的可能區隔、演算法選擇……等）。

例如：麥當勞起初鎖定中產階級家庭，提供營養餐點，以及年輕父母安心的孩子歡樂空間，如同教堂般值得信賴；臺灣星巴克則提供臺灣年輕上班族，除了家裡、辦公室的第三個個人舒適空間，當然包括簡單的會議討論。

至此，幾乎已經可以開始著手 4P 的行銷組合模式，或探索客戶旅程了。但仍應做完下一步驟的精準定位，才能完整審視行銷策略。

(三) 精準定位

是指從目標客戶回頭思考產品／服務的過程，或說產品在目標客戶的腦海中如何形成清晰的形象，且與產品／服務的設定相同。通常會說，在此步驟，需融合前面目標鎖定的各個分析結果，確定自身產品或品牌的定位，而

提出對目標客群最有利的價值主張[11]。

此步驟的重點在於，要讓產品（或品牌）在目標客戶的記憶中留下鮮明印象，該記憶點最好是獨一無二、不可取代，甚至可以賦予產品／服務（或品牌）一個栩栩如生的個性（所以有時會有具象的代言者），讓目標客戶與產品產生關鍵連結，而在選擇相關產品／服務時，都會與所提供之產品／服務產生立即性的聯想。

例如：麥當勞為提供適當的定位與形象，會設立兒童區或生日派對；臺灣星巴克則提供單人與多人座位，且每個座位皆提供筆記型電腦的插座。更多時候，這種定位會需要實際的訪問、問卷，或使用後的回應等相關資料來佐證，才能確認所產生的定位形象如何。

於是，會與前兩個步驟所提出的分析或解決方案相當有關。因此本步驟也可以是對 STP 架構一個重要的審視，若無法產生有意義的形象，應再次將本架構流程重啟、再走一次。

以行銷漏斗思維補強

由於 STP 架構仍主要是從產品／服務的銷售者主位觀點出發，為強化產品／服務的消費者意識，在行銷策略規劃上還會以消費者客位觀點來補強。常用的方式是從「買家旅程」到「行銷漏斗」思維。

(一) 買家旅程（buyer journey）

顧名思義就是指消費者在購買商品（無論是有形或無形商品）時，所經歷的完整過程，大致上可以分成三個階段：覺察（awareness）、考慮（consideration）、決定（decision）。固然所有買家都必須經歷這些階段，但行銷策略便是在買家的每個階段中，了解買家的正負面想法，盡可能地降低或消除負面想法，並放大強化正面想法，幫助買家盡快進入下一階段，以縮短每個階段的猶豫期，加速進程，完成購買。

---

11 關於產品的價值主張，可以適當地使用「價值主張畫布」（value proposition canvas）工具。該工具可與本章案例 6-1 與 6-2 結合使用，亦可應用於第十一章的商業模式中，視情況靈活運用。

1. 覺察階段

買家開始對相關商品有所覺察、意識，或者對某項特定商品或服務開始感到有需求而有意識的觀察。此階段應針對買家的需求予以提示，或盡可能喚醒潛在需求。

2. 考慮階段

買家已經進入認真評估是否有真實需求，開始釐清自己的問題，或甚至開始考慮品質、價格，或與自己的適配度等較具體的因素，也會開始集中訊息、商品比較。

3. 決定階段

在最終決定購買的行動之前，經過各種考量與比較後，決定一個最適解決方案，無論是嘗試購買或是持續購買，在最後決定到完成付款之間的阻礙也會形成此階段的關鍵（櫃位太遠、金額不足、網路當機）。

(二) AIDA 模型與行銷漏斗

了解買家旅程後，便可運用跟隨著買家旅程相應而生的行銷策略思維 AIDA 模型，再從 AIDA 模型衍生出行銷漏斗理論。

AIDA 模型是指吸引注意（attention）、引起興趣（interest）、喚起欲望（desire）、付諸行動（action），四個不同的行銷階段。由於在所有目標客群中，不太可能一次就能夠成功吸引所有人的注意，吸引注意後要能引起興趣的人又少了一些，之後要再到喚起欲望，以及付諸行動的後面階段，成功轉換下去的人越來越少，因此若將每個階段的人數或轉換率畫成視覺圖案，就會形成一個類似漏斗的形狀，因此稱為「**行銷漏斗**」（marketing funnel）。我們將行銷漏斗與 AIDA 四個階段的簡要說明以圖 6-4 表示。

若將 AIDA 與買家旅程結合起來，吸引注意與引起興趣，是在買家的覺察階段；引起興趣轉到喚起欲望是買家進入到考慮階段，引起欲望進入付諸行動便是買家決定階段。

值得一提的是，在數位時代應充分利用數據力，針對行銷漏斗的每個階段，盡可能打開漏斗，讓因每個階段轉換而流失的人越少越好，即消除流程痛點。在每個階段都應蒐集關鍵數據加以控管，並做到即時覺察與反應，了

解流程中的斷點並加以修正，或提供彌補措施，以盡可能提升留置率、加速
購買旅程、提供優質體驗。

圖 6-4 AIDA 模型與行銷漏斗 [12]

吸引注意（Attention）
首先必須吸引目標客戶或潛在目標客戶的注意。例如：曝光、廣告、代言……等方式。

引起興趣（Interest）
突顯特色才能激起客戶興趣。結合價格與其他條件，才能產生客戶價值基礎。例如：試用、贈品、活動……等。

喚起欲望（Desire）
將興趣變成欲望，為此可彰顯功效，彰顯價值性。例如：造勢、身分認同、特殊用途……等。

付諸行動（Action）
促進客戶採取購買行動，購買流程需順暢，各種回應都是正面行動。例如：折扣、折價券……等。

從行銷策略思維看行銷組合模式

至此，我們簡要地回顧了經典行銷策略思維，當行銷團隊的集體思維從
STP 架構到行銷漏斗理論仔細走過一遍之後，應該會開始對 4P 行銷組合模
式約略知道該如何規劃、布局，行銷資源如何配置，並對行銷的回饋與預期
效果開始產生較為具體的概念了。

尤其對於新創企業在持續擴充組織，要轉換為專職行銷部門之際，創業
家們若也能具備從上而下的行銷策略概念，從競爭環境分析、企業競爭策略
開始著手（此部分應相對熟悉），進入行銷策略思維的 STP 架構，對於產
品／服務的目標市場與客戶群有清楚具體的描繪，甚至了解兩個以上的不同
客戶群的需求與產品／服務的相應特色，進而針對不同階段的買家旅程深入
了解行銷漏斗各階段情境後，行銷的各種組合模式也幾乎了然於胸、有所掌

---

12 資料來源：https://www.toolshero.com/marketing/aida-model/，該網站也針對 AIDA 的起
源、案例說明與數位行銷的應用有更為詳盡的描述與說明。

握了。

接下來的問題是，進入數位時代後，行銷理論與方法是否需要調整？正如 4P 是否要轉爲 4C、7P，甚至 10P 的問題一樣，由於 4P 爲根本，與 4C 角度不同，即便時代進步，但若能因應時代應用而有效擴充基本概念，其實轉換與否已經不那麼重要了。然而，我們仍花一些篇幅來談數位行銷。

三、數位行銷

數位行銷的概念

所謂數位行銷，就是以網路爲媒介，藉由網路相關裝置設備，來達成行銷的目的。而由於行銷是「一套爲客戶創造、溝通與遞送價值，並經營管理客戶關係的流程，以便讓組織與其利害關係人受益。」所以舉凡產品／服務提供者與其客戶及相關價值鏈的生態參與者，用數位方式與載體進行價值的創造、交流，都是數位行銷。

由於數位方式其實都是透過一連串的數據交換，使得數位行銷的價值鏈生態系相較傳統實體行銷不僅複雜，且參與者幾乎完全不同。以 4P 爲例，主要差異在於通路，但絕對不僅通路而已！

例如：傳統通路除了直接找通路商之外，通常會外包給專業的廣告公司或公關公司，連同市調、通路與曝光設計、活動設計……等一起處理，內部行銷團隊只需做好 STP 的部分與買家旅程即可。但到了數位行銷，不僅通路大大不同，多數改爲線上（內部官方網站、大行社群媒體或電商），行銷公司也更細分爲線上經營，甚至軟體公司、大型社群網站業者、新創科技業者也都強勢出頭，以專業之姿提供數位行銷的各類數據服務。

這類以數據科技進行行銷即爲「**行銷科技**」，又稱爲「**MarTech**」，正是 Marketing 與 Technology 兩個字的合稱縮寫，也可以稱爲「科技行銷」；隨著數位媒體大行其道、數位行爲持續變異，各類新式數位行銷層出不窮，該如何應用、如何掌握？是當代數位行銷的重點內容。

數位行銷的意義與價值

隨著 MarTech 的興起，企業都會接觸到各種數位行銷手法：「用病毒式行銷快速擴增目標客群」、「建立客戶忠誠度要靠數位口碑行銷」、「迷因行銷方式最受年輕人注意」、「沉浸式體驗行銷最能抓住目標客戶」、「社群行銷可以順便提供許多大數據」、「與網紅合作行銷的業配效果可以集中目標客群」……但究竟那些是什麼？真有那些效果？

1. **病毒行銷**：由熟人推薦，一個傳一個，推薦者可以得到各種獎勵，成為獲客成本。從過去提供 email 或手機號碼，到現在各種 EDM（electronic direct mail）、訊息、折扣碼或 QR code 方式。

2. **搜尋引擎行銷**：就是 SEM（search engine marketing），即付費登廣告在搜尋引擎業者，讓企業網站在關鍵字搜尋結果的最上方。但衍生出 SEO（search engine optimization，搜尋優化），則是藉由改良關鍵字結構，使搜尋相關關鍵字時都能讓企業網站在相對前面的排行，且看不出是廣告。

3. **數位口碑**：病毒行銷可以算口碑之一，但數位媒體更常見的是部落格、FB 等社群媒體（多為業配）介紹，而 Google 地圖景點上也提供「在地導覽員」分享。可以分為集中式（如網紅、粉專）或分散式（開箱文、Google）。

4. **迷因行銷**：利用流行迷因（如梗圖），搭配產品／服務於其中而製作成新迷因。有利於年輕族群中的擴散，甚至成為話題。

5. **體驗行銷**：從過去實體試用並不集中客群，轉到現在結合 O2O 或 OMO 的形式，較具針對性，甚至能與 AR/VR 等新科技裝置結合，更具新鮮感與沉浸式的體驗。

6. **社群行銷**：自行經營或與大型社群媒體合作（如廣告、粉專、分析工具），可以在同性質的群體中取得深度內容行銷效果，取得認同感。社群媒體甚至能提供數位軌跡，是**集客式行銷（inbound marketing）**的主要方式之一。

7. **網紅與業配**：屬於數位口碑行銷之一，有類似傳統代言人的效果，但由於受眾性質類似，忠誠度可能較高。

　　此外，MarTech 的價值生態系參與者也增加了，以軟體業者、社群網站業者、專業科技新創為主，提供數據整合或演算法、數據蒐集模型、數位消費足跡，以及數據蒐集方式或設備。

　　透過 MarTech，確實可以蒐集到更多有意義的數據，無論從軟體大廠的演算法分析出來的各種相關性，或者社群網站所提供的各種消費者網路活動軌跡，抑或從科技新創所擷取的個人消費習慣、忠誠度……等數據，都較傳統實體方式離消費者更接近、更了解客戶。同時，也由於數位行銷並無時間與空間的限制，與傳統行銷組合最大的不同就是可以全時**全通路行銷**（omni-channel marketing）。也就是根據買家旅程的不同階段，全方位的進行數位行銷，當然需要搭配行銷漏斗的各階段，針對 AIDA 的不同行銷訴求來實施。綜合來說，數位行銷的好處是，客戶接觸面廣、無時間空間限制，數位區隔市場明確、針對性高，且成本低廉、可執行全通路行銷，又能取得非傳統的數據。

　　這樣來看，似乎可用更低的成本，更容易取得目標客戶的注意與興趣、有更高忠誠度與回購率。但其實不然，除了無法捨棄傳統實體行銷之外，更重要的還需要留意數位行銷的迷思——數據堆疊的有效性。要留意的是，數據堆疊固然有其意義，但只是盲目地蒐集數據、追逐新奇的行銷科技方法與應用（如前述許多數位行銷手法），不僅行銷效果很快遇到瓶頸、徒然浪費時間金錢，更需要維護這些龐大的數據庫——而且可能越來越龐雜！要解決這個問題與數據迷思的根本方法，也就是我們一再提醒的，要回歸「上而下」的行銷策略思維。

　　為了提醒行銷策略思維在執行時能確實回歸上而下的基本架構，避免陷入數據迷思，並達到行銷科技的有效堆疊，哈佛商學院提供一個「3D 步驟」的數位行銷矩陣 [13]：解構買家旅程（deconstruct）、分解行銷策略（decompose）、設計行銷科技（design）。數位行銷矩陣概念如圖6-5所示。

---

[13] Mela, C. F., & Cooper, B. (2021). Don't buy the wrong marketing tech. *Harvard Business Review*, July-August, 54-59.

圖 6-5　數位行銷矩陣概念圖 [14]

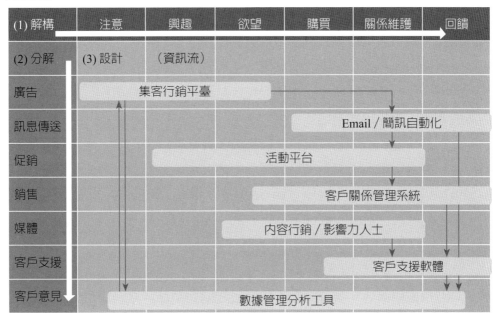

無論是哪種數位行銷方式，即便數位行為持續改變，數位行銷的應用可能難以捉摸，但其實都可以將其視為與不同區隔市場中的不同屬性客戶接觸的方式，相關數據固然應持續堆疊，但務必有目標導向（也才能建構有意義的 AI 演算法）。因此，要重新以「上而下」的思維，回歸行銷策略並結合買家旅程，將更能掌握數位時代 MarTech 行銷策略的節奏與方法，尤其對於新創企業而言，無論是使用者或參與者，都可加入新創特色的創新，一方面增加注意與興趣，一方面可能縮短購買猶豫期，更可能強化忠誠度。行銷策略思維回歸 STP 架構深具意義。

從行銷漏斗到行銷飛輪

其實從上面的概念圖中已經可以發現，由於 MarTech 帶來的變革（成

---

14 改編之資料來源同 9。須留意，只是概念示意圖，應活用此概念，因此在實務上，每個步驟中仍有相對應的指標與應用工具或方法，且步驟也可能因應企業或產品／服務屬性而有所調整。

本低、接觸廣、區隔多、屬性鮮明），使得買家旅程也有所不同 [15]。因在行銷漏斗每個階段的留置率，可利用 MarTech 來強化，同時因應買家體驗旅程的擴充，最終在數位行銷漏斗中，有了不同的階段訴求，而將客戶關係延長至購買後的客戶管理，深化忠誠度，養成熟客，提升回購率。因此，在數位行銷時代，行銷漏斗產生了兩種變化，延伸擴充（成為數位行銷沙漏），與澈底革新（變身行銷飛輪）。

行銷漏斗變形的理論與實務多而複雜，但我們強調的是，無論漏斗的各階段如何變更訴求，但其精神是大同小異的，可以依照各企業或產品之屬性或習慣加以調整變更，不應照本宣科而失去行銷管理的意義。因此，我們沿用 AIDA 的階段，並加以延伸至購買後的「客戶關係維護」與「忠誠客戶回購」。

亦即掌握了買家旅程後，便可適當的運用全通路行銷，在各階段用適當的工具進行價值溝通，讓買家在不同階段皆能與產品 / 服務隨時保持良好互動關係，不斷提升顧客的忠誠度，是應積極發展與布局的數位行銷策略。若**客戶關係維護**收效，則客戶基礎反而會擴大，進而提升**忠誠客戶回購**率，反而使延伸的兩個階段人數隨經營時間而逐漸擴充，當時間夠長，理想上這兩階段客戶形成越來越大的粉絲團，持續回購、推薦、擁護，成為企業的主要獲利來源，因此應好好培養中長期的忠誠客戶。而行銷漏斗的形狀也變成**行銷沙漏**了！

此時，便有主張應完全捨棄行銷漏斗，而改採用「消費者生命週期」[16] 的概念。**消費者生命週期**是指：消費者在發現新需求、探索需求、進行購買、與同好共同體驗等不同階段時，與品牌 / 產品 / 服務之間的關係。在這個概念中，由於消費者生命週期是循環的，改善了原先漏斗的直線式思考，重視消費者循環使用時的思維模式，考量到客戶的心理滿足與使用經驗，並

---

[15] 其實在 Kotler 的行銷 4.0 中，已經將買家旅程更新為買家體驗旅程，並將該旅程擴充為 5A 架構：Aware 覺察、Appeal 訴求、Ask 詢問、Action 採購行動、Advocate 擁護。因此我們不使用原先買家旅程，改為數位行銷漏斗階段。

[16] Noble, S., Cooperstein, D., & Kemp, G. (2010). It's time to bury the marketing funnel. *Steven Noble's Blog*. Retrieved from https://stevennoble.com/blog/its-time-to-bury-the-marketing-funnel.

將之與行銷組合和銷售成果互相連結，特別適用於數位產品／服務的消費模式（尤其是採用**訂閱制**時）。

Brian Halligan[17] 則更進一步提出行銷飛輪模型，來完全取代行銷漏斗的舊思維。**行銷飛輪**（marketing flywheel）的核心概念，同樣是從降低利基市場的流失率出發，但捨棄漏斗的階段性，直接回到買家旅程或消費者生命週期循環中的每個階段，都能有好的經驗，使觀望的路人變成期待的潛在客戶，最後可以變成忠誠客戶，即使沒有購買行動，也可以因為有好的經驗或體驗而願意提供正面資訊分享推薦。行銷飛輪概念如圖 6-6。

圖 6-6 行銷飛輪概念圖 [18]

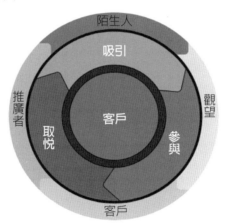

行銷飛輪以客戶為中心思想出發，公司產品／服務必會經歷的三階段：產品行銷、業務銷售、客戶服務，都必須傾企業的全力來讓客戶在三階段都有好的體驗，因此在模型中針對這三階段分別提出三大策略：

1. **吸引策略**：行銷方法務必快速有效對目標客戶產生吸引力，例如：前述所提及的 SEO、部落格專業文章……等。

2. **參與策略**：無論何種管道，務必確定是在進行沒有任何購買暗示的良好

---

[17] Halligan, B. (2018). Replacing the sales funnel with the sales flywheel. *Harvard Business Review*, 28(11).

[18] 資料來源：https://www.hubspot.com/flywheel。本文內容亦摘要自此處與註 17，而該網站有更為詳盡的介紹。

溝通，以建立長期關係為目標而非交易行動。例如：提供價值訊息。

3. 取悅策略：不滿意者應真誠聆聽並確實、謹慎處理，例如：正視問題、迅速處理、再加點優惠。滿意者則可請求推薦。客服目標在於強化回購率。

如此可以推動買家旅程往前推進，推得越快、猶豫期便越短、循環越快。企業應將行銷資源傾注於這三大策略中，促動飛輪推動力，這樣飛輪越轉越快，企業獲利也就越來越可以自然成長。但需留意飛輪也會有摩擦力產生，會使飛輪轉速下降，也就是客戶流失，此時應檢查／檢討飛輪中的策略是否／哪裡出問題，盡速檢修以免終致飛輪停止運作；摩擦力越低、飛輪轉動也就越順利。

四、品牌行銷

不免俗的，我們來談談品牌。新創企業都會打出屬於自己的品牌，因此，品牌行銷，可以說就是新創企業的策略與識別。但在這個主題之下，我們首先想問，你想了解的概念，究竟是品牌，還是行銷？

品牌 vs. 行銷

(一) 新創品牌就是新創企業

無論是否是新創企業，品牌行銷的重要性早已不言可喻。然而，品牌不僅僅是企業的名稱或標誌，更代表了企業的核心價值、文化和承諾。是從視覺開始，到市場對於企業的主客觀的印象與認知的識別系統，刻畫出企業形象與價值理念；新創品牌的建立，實際上就是新創企業的建立。

因此，新創企業的品牌塑造，實際上就是在市場中所欲建立的整體形象，以及消費者體驗的反映與互動。因此，新創品牌塑造，根本就是新創企業的策略執行！成功的品牌建立能夠幫助新創企業在市場中迅速脫穎而出，並吸引目標客戶的關注。這與行銷活動緊密相關，因為品牌的建構與傳播需要行銷策略的全面支持。但不僅如此。

(二) 品牌行銷 = 行銷策略 + 識別系統

品牌行銷本質上是行銷策略與品牌識別系統的有機結合[19]。識別系統則是企業透過名稱、標誌、標語、色彩和風格等視覺元素的設計與呈現，表達企業的價值、文化和承諾，有序的建立其品牌形象。品牌行銷便是將所設計出來的品牌識別系統以行銷策略打入市場。

而藉由行銷策略，新創企業的品牌不僅得以用各種手段或管道，推廣出（各種或各系列的）產品、增強消費者印象與信任感，更積極與消費者建立溝通模式與管道，建立市場競爭優勢。這也是本章主要想傳達的內容：從經典的 4P/4C，到行銷策略思維與數位行銷等。已經於前面的篇幅中提過了。

當這兩者緊密結合時，品牌行銷能夠以一個一致且明確的形象深入消費者心中，從而提升品牌的價值。識別系統是有關於設計的概念，我們將在下一節的設計思維中進一步說明（亦可參見前面的案例）。

在此，我們還想進一步強調的是關於品牌管理的策略概念。

品牌的建立管理

(一) 新創品牌的建立：利用 STP 架構

新創企業除了品牌行銷策略之外，也需建立企業品牌識別管理，尤其在建立初期，隨著企業理念與價值而設計出識別系統之時，也能以精準且有效的策略，幫助企業在短時間內建立品牌與企業形象，對外能拓展市占率、獲取心占率，對內能留置與招募人才、塑造或改善文化。

事實上，因為品牌就是新創企業本身，建立品牌的過程應該要先釐清企業本身的核心價值與承諾，如同第四章提到的願景建立，確定企業使命與價值觀，之後再利用前述的 STP 架構，確定品牌的核心價值、目標市場和品牌定位，注重品牌的獨特性和差異化，並與目標市場產生共鳴。

有時可進行深入的市場調查，了解目標市場的需求和偏好；有時則藉由創業團隊的洞察與自身經驗，來解決需求痛點與滿足需求缺口。以此制定有效的品牌策略、滿足市場期待之外，還要因應市場的回饋持續進行評估和調

---

[19] Keller, K. L. (2001). Building customer-based brand equity: A blueprint for creating strong brands. *Marketing Management*, 10(2), 15-19.

整，以應對環境的變化和競爭——然而，卻不能因此偏離核心價值。

我們想強調的是，要行銷的是品牌與企業，而非產品本身，要建立的是品牌與企業的形象與價值，而非銷售產品的價格與銷售額。因此，品牌行銷與管理應著眼於更大的競爭格局，而非短期的產品銷量。這並不容易，我們可藉由「企業品牌識別矩陣」來協助新創企業品牌的建立。

(二) 品牌識別矩陣 [20]

由哈佛管理學院所提出來的品牌識別矩陣，是一種用於幫助企業再次定義與審視整體企業品牌識別的工具，甚至能釐清企業與各產品品牌之間的關係。詳實檢視矩陣中的九個元素，分析彼此的邏輯與連結，來完成自我審視。這裡藉由簡單說明其架構與操作方式進行介紹。

1. 三層架構

矩陣的構成共有九個元素，每個元素針對企業品牌識別的一個核心問題。在矩陣中分為三層架構來放置九個元素：內部導向的元素放在下層，外部導向的元素在上層，中層元素的屬性則內外兼具並藉此連結。這個架構，可引導創業團隊思考關於企業結構的一系列問題。

下層的內部元素：為企業品牌識別的基礎，三個元素分別是「使命與願景」（吸引並激勵員工）、「企業文化」（工作倫理與態度）、「企業能耐」（獨特的能力）。這些元素都植基於企業「內在」價值觀與營運現狀。

上層的外部元素：是關於企業希望「外在」顧客與利害關係人如何看待公司的「價值主張」、「外部關係」與「企業定位」。

中層的連結元素：是核心架構層，是企業代表意義與顧客承諾的長期價值觀。亦即連結企業內外的「表達方式」、「企業性格」，以及最關鍵的元素「品牌核心」，也是企業品牌識別的精髓。如果企業品牌識別內涵的關聯性趨於一致，則其他元素都會精準傳達並展現品牌核心，呼應企業價值觀與品牌意義，而品牌核心也會同時形塑另外八個元素。

---

[20] Greyser, S. A., & Urde, M. (2019). What does your corporate brand stand for. *Harvard Business Review*, 1(2), 82-89.

2. 元素定位

　　實際操作時，就是開始回答每個元素的核心問題（圖 6-7）。可以從九個元素中任何一個開始，也可以用任何順序回答每個元素的問題，並且簡短回答即可，不須長篇大論，甚至可代表企業的口號也行；在此階段，或第一次填寫時，可以先不用考量每個元素之間的關聯，待完成九個元素問題後再行檢視。雖然可以由某個個人執行，但若是由創業團隊一起進行，效用將會最大。

圖 6-7　企業品牌識別矩陣

價值主張	外部關係	企業定位
關鍵產品是什麼？ 如何吸引顧客與利害關係人？	與關鍵顧客、其他利害關係人之間的關係是什麼性質？	想要在市場上、在關鍵顧客與其他利害關係人心目中建立什麼定位？
表達方式	品牌核心	企業性格
用什麼獨特方式來溝通與表達自己，讓別人從遠處就能認出我們？	我們的承諾為何？可用以總結說明我們品牌所代表的核心價值是什麼？	我們結合了哪些人類特性與素質，可用以形成我們的企業性格？
使命與願景	企業文化	企業能耐
什麼事物吸引我們投入（使命）？ 我們的方向與動力是什麼（願景）？	我們的態度為何？ 我們行為與工作的方式為何？	我們特別擅長做什麼？ 是什麼讓我們優於競爭對手？

3. 操作準則

　　在進行矩陣討論時，建議遵循的準則如下：

(1) 保持簡潔。例如：可以把回答用的短語當成標題，另外註記詳細說明，來充實品牌識別故事。

(2) 直截了當。避免回答得太複雜，或用術語，少即是多。甚至一個字就能反映相對應的價值或態度最好。

(3) 找出特色。採用在企業內能立即產生共鳴的字詞或概念，一眼就知道「在說我們」。

(4) 保持真誠。某些元素可能已經深植在企業中，在表達時應留意產生

隔閡。或者有些元素過於高遠，不夠眞實，就要先在內部進行調整。

(5) 追尋永恆。企業品牌識別應該可以歷久不衰，讓品牌足以禁得起時間的考驗。

4. 邏輯檢視

最後，要來檢視各元素的邏輯與關聯性，看看答案是否彼此搭配、合乎邏輯、相互強化。做法是各元素在矩陣對角線、垂直線與水平線上的答案，有多麼協調一致。

事實上，這些穿過中央品牌核心的軸線（共四條），每條軸線都代表著不同的企業能力：從矩陣左下角往右斜上的對角線代表著企業策略力，從左上角往右斜下的對角線代表企業競爭力，中層水平線代表企業溝通力，中間的垂直線則代表企業互動力。

試著沿著軸線，將前一步驟所回答的問題一併陳列或陳述看看，用那些問題的答案來描述企業的品牌識別。如果每條軸線的元素協調性高、感覺一致，則代表企業品牌識別很清晰，且每條軸線彼此之間的連結越強，矩陣就越顯得穩定。而創業團隊的目標之一，正是讓矩陣的穩定性極大化。

其實極少能有團隊在前一、二次就能得出一個協調性高、一致性高，且沿著四個軸線整合良好、表現穩定的矩陣結果。因此需要花上更多的時間，在各個出現落差與不一致的元素之間，來回檢視並調整這些薄弱的連結，並研究如何強化才能達成協調與穩定。

有了清晰穩定的企業品牌識別，我們就能進入設計的環節了。

🧑‍🤝‍🧑 五、需求導向與設計思維

再談供給導向與需求導向

數位時代使買家旅程產生變化，MarTech 的應用也使行銷漏斗變革爲行銷飛輪。然而，眞正有變革嗎？其實本質仍相同。如同我們前面所述，經典行銷 4P 其實在行銷策略的意義上並沒有消失，即便數位行銷有多種新式方法、應用與技術，但當回歸策略思維時，仍是從客戶需求與滿意度出發，用盡方法使客戶能採取購買行動，頂多是延伸至舊客戶回購，將之包含在行銷

策略思維中。因此眞正的根源仍在於需求導向基礎。

雖然聽起來是老掉牙的問題，但供給導向與需求導向卻始終是產品／服務／品牌，甚或是企業是否受歡迎的根本因素。從行銷管理策略到企業競爭策略，務必要將需求導向思維的基因深植於其中，這樣無論數位技術再如何進步、變化，也都只是讓我們不斷發現新需求、不斷可應用的工具而已。

對於新創企業更有利於朝需求導向發展。畢竟從新創之初，尋索的都是解決問題的對象／內容／方法（who/what/how），創業團隊發展至此，無論是否要持續擴充組織，除了持續提升本身技術能力、產品／服務的品質、累積財務實力之外，至少負責行銷業務方面的專職人員需要保持需求導向思維。

回顧所有行銷策略理論架構，皆是以客戶爲中心來出發，但供給導向思維主要關心的是銷售成績、利潤多少，或者功能很多很好、應用範圍很廣……等，圍繞的是產品本身，因此所衍生出來的行銷策略也是如此。而需求導向思維主要關心的是客戶是誰，爲何需要這個產品／服務，他還需要什麼、眞正的需求爲何……等，圍繞的是使用者的生活與內心需求，也因此會衍生出本章所述的許多內容及演變。

所以，需求導向思維讓用戶感到滿足，照顧到心理眞實需求，才能突顯眞正的價值，一旦讓客戶鎖定價值，便有很大機會成爲常客，而達到行銷策略的目的。從 4C 的演變、買家旅程，到行銷漏斗與行銷飛輪，不都是不斷以此爲核心價值來發展與變革嗎？唯有需求導向爲核心才能讓行銷管理達到持續性的效果！

例如：Pokémon Go，成功號召全球粉絲一起抓寶，喚醒的並不是科技的新潮、遊戲的有趣而已，更重要的是讓忠實老粉絲的愛好活在身邊、感覺更親密、召回熱情與回憶，以及新粉絲與朋友之間多了互動交流的話題，甚至全家人共同的活動與分享。但回到任天堂的視角，你覺得他們的行銷團隊用了怎樣的理論框架或模型呢？

以需求導向爲核心，來驅動你的行銷策略思維吧！過程中在探索適合自己使用的方法，並啟動各種組合、模型或工具，但別忘了，目的是要持續滿足你的目標客戶——不論在什麼階段都是。在案例 6-1 中，我們介紹一個非常適合新創企業，或是新品開發，深度需求導向的工具——設計思維。

設計思維能帶來什麼不同？

設計思維（design thinking），顧名思義就是如同設計師一樣來思考，原先是設計與美學的領域所應用的思考工具與方法，但近年來已經被管理領域應用，特別是用在新品開發（爲了解眞實需求與適用情形）、商業模式設計，以及企業策略（見案例 6-1）。

在管理上的思維往往都是很理性式的思維，從目標設定開始，然後執行規劃（資源分配、執行步驟、分工與合作）、風險與成效預期，最後執行結果檢討、再修正，是屬於直線式的、分析式的思維過程。若放在行銷管理的策略規劃上，多半不太會適用前述的工具，或成爲照本宣科的範本，而回到供給導向。

設計思維融入了美學領域的設計流程，以人性爲本出發，重視人的心理需求——尤其是使用者，從夢想、渴望，到生活滿意情形，或社交需求等各層面的體認（甚至體驗），再將需求精神注入到產品設計中，才能讓產品／服務眞正具備目標客戶之所需。

因此，設計思維可以說是眞實的走入目標客戶群中，讓產品／服務設計者或提供者用需求者的角度來思考產品／服務，再進行設計，從產品定義之初就充分展現需求導向。不僅如此，回到產品／服務本身後，團隊必然會產生眾多創意發想、創新理念，在意見交流與腦力激盪的過程中，必須維持正向思考——這考驗著管理領導與組織文化——才能彙整出眞正好的創意創新內容，並依此製作出展示的原型，藉由原型測試實際使用與最初的需求差距，以及使用上的問題，再經過不斷的修正，才能算正式產品而準備眞正進入市場規模測試。

設計思維的原則主要包括：

1. 對使用者的同理心，不僅走入市場，更要走入目標客戶的生活中、內心裡，以體驗方式探索需求，以及需求原因和其他相關因素。重視產品使用時各種難以言喻的體驗過程，而非僅有可量化的功能性表現。
2. 原型製作、實體展示，如此才能藉由此原型來了解團隊創意與實際需求的差距，以及各種使用情境的經驗，並依此進行修正，或者發現其他有趣的需求。原型只是產品的開始，而非終點。

3. 容許失敗的氣氛非常重要，才能在不斷的嘗試、修正、調整的過程中勇
　 於面對、勇於提出想法。不斷地嘗試，才能不斷地學習，也才能不斷地
　 接近完美。

由於設計思維的本質使然，正向思考、容錯成為正常的組織文化，所
以，很可能會對於原本分析式的、偏向理性的、目標導向的組織文化產生較
大的衝擊，組織氣氛總是正面的、充滿歡樂的，也可能看起來似乎沒有目標
性，但每個人都很忙著在嘗試什麼……。

這很正常，這樣設計出來的產品／服務／品牌精神，在誕生的環境中
就是充滿喜悅的幸福感，對使用者來說，才可能有較高的使用滿意度、較
佳的使用經驗（如 Apple、星巴克）。也難怪在組織管理、商業模式、企業
策略上面紛紛導入設計思維的方法與精神，讓組織藉由設計思維進行轉型與
改造。

幸而，由於設計思維本來就是用於產品設計上的工具，若延伸至產品
的行銷策略設計、新創企業的商業模式，其相容性應該不低，應該也都非常
適用。

你的行銷團隊也給你這樣的感覺嗎？

 think-about & take-away

1. 對新創企業而言，經典行銷 4P 與 4C，哪些不適用？為什麼？試舉例說明。

2. 我們主張的行銷策略，建議以行銷漏斗補強 STP 架構，你認同嗎？

3. 在數位時代，行銷漏斗變成行銷沙漏，請以視覺圖像畫出行銷沙漏圖，並說
　 明每個階段。

4. 你可以將你的企業品牌用品牌識別矩陣列出來嗎？協調性與穩定性高嗎？是
　 否有調整的必要？為什麼？

5. 你覺得設計思維好用嗎？迷人之處在哪裡？還有什麼常出現的錯誤使用
　 方式？

個案介紹
案例 6-2 ／懷生數位：資安新創品牌

起源

2023 年成立的懷生數位（Wizon Digital）是臺灣資安新創品牌業者，在資安即國安的大趨勢之下，乘勢而起。

「講資安還是太模糊……簡單的說，我們是電腦的守門員，專門處理端點與網際網路之間的安全。也就是，電腦被駭客入侵、資料從網路被竊取，都由我們來負責偵測、防衛、把關。」

我們應該要了解，區分得出使用者登入（身分識別）的安全，以及雲端或網站被一鍋端（網路程式）的安全，跟懷生數位要把關的東西是不一樣的。

隨著全球數位轉型的快速發展，越來越多的企業暴露在數位威脅下，各行各業對資安服務的需求日增。然而，資安業者除了威脅持續成長且技術進步快速，還需面對市場競爭、客戶預算壓力及人力資源短缺等問題。其中，中小企業資安預算不足及人力資源短缺，往往成為網絡攻擊的主要目標，形成資源相對有限但需求十分迫切的缺口。

懷生數位主要是看到市場的缺口，以及企業所面臨到的挑戰，進而以自身在資安產業的經驗來協助中小企業在面對資安的威脅時，該如何的因應，「期望企業在數位轉型時，不會因為資安的問題而遲疑不前，降低了企業本身的競爭力，懷生數位提供最簡便、最快速、最經濟的資安服務，這就是我們創立的宗旨。」創業家林永明簡潔有力的說。

「為何要成立自有品牌企業呢？」好奇的一問，意外展開了創業家的遠見與企圖心。

企業定位

由於懷生數位的技術是利用自動化技術方式提供專業資安服務，將服務焦點放在雲端平台，讓更多企業能夠經濟有效地防範數位風險，降低資安門檻。「我們雲端平台都建好了，當然越多人用成本就會越低。而且我們是雲端平台方式經營，不管終端客戶用誰的品牌，只要雲端規則一樣，我們都可以提供服

務。」林永明霸氣的說。

　　懷生數位的核心業務主要為資安治理與自動化解決方案。公司藉由其自主開發的資安平台，整合資安專家團隊、關鍵技術與自動化流程，提供「資安即服務」（Cyber-Security-as-a-Service, CSaaS）的模式，特別針對中小型企業的資安需求，幫助企業有效應對數位轉型中的資安挑戰，以訂閱方式為客戶提供靈活、可擴展的資安解決方案。

　　因此，相比於傳統的資安服務商，懷生數位的競爭優勢即在於其自主開發的平台和自動化技術，使其得以較低的成本提供相同品質的資安服務，亦有能力隨客戶需求的變化進行調整甚至客製化服務。

　　所衍生的月費訂閱方式，讓許多無法一次性支付高額的資安費用的中小型企業，能逐步擴展其資安保護，從而降低初期投資風險。不僅幫助企業獲得資安保護，也促進了公司與客戶之間的長期合作關係。

　　然而並非從此一帆風順，尤其獨立後所面臨的首要挑戰，便是如何建立並鞏固自身的品牌。懷生數位的人員大多為技術支援單位，僅須提供技術服務即可，然而，從技術支援角色轉型為獨立品牌，意味著公司必須自行面對市場，尤其身為品牌業者（相對於專案或系統整合），更需重新思考其行銷策略與品牌定位。

　　據了解，目前剛開始可以透過各種管道接觸中小企業，訂閱制的方式使客戶進入門檻低，又能將資安外包，雖有其優勢。然而，仍必須面對資安同業的競爭，尤其得面臨企業從單一部門變成獨立生存的轉型：專案思維轉換為品牌行銷策略。

為品牌行銷策略定錨

　　或許，可以從 STP 架構協助懷生數位進行品牌行銷策略的定錨。例如：

1. 市場區隔（segmentation）：懷生數位主要針對中小型企業的端點資安防護訂閱，進行清楚的市場區隔。基於前面所描述的市場環境，懷生一方面可以根據企業規模、行業類型及其面臨的特定資安需求來劃分市場。但仍需進一步決定東南亞市場、臺灣市場，抑或中國市場？則需要進一步區隔市場的分析比較。

2. 目標客戶（targeting）：懷生數位選擇以資安需求高但資源有限的中小型企業為主要目標客戶。這些企業需要一個經濟實惠、易於操作的資安方案，以滿足其基本的網絡安全需求，可以根據預算高低、訂閱模式、資安選單等需求來描繪出目標圖像。同樣的，也要進一步再確認預算為多少金額，以匹配相對市場所提供的功能與其需求。

3. 品牌定位（positioning）：懷生數位的品牌可能定位為專業、靈活、經濟且可靠的資安服務提供者，其服務針對中小企業，提供訂閱模式下的資安解決方案。公司透過技術創新與高效的服務體系，建立了「資安即服務」的市場地位。然而，進一步更要確認這樣的定位提供怎樣的價值？例如：CP 值高的資安，這如何展現？如何描述？

以上都不該是憑空想像，而是需要與客戶之間不斷的互動後，從回饋當中重新思考、過濾、取捨，調整修正後再重新出發取得回饋、再修正的正向循環。

策略的調整與升級

隨著持續重新評估與調整其行銷策略，品牌得以逐漸成形。透過品牌價值與理念的固化與重塑，進而落實到 CIS 系統、企業文化與理念的傳遞，不僅提高品牌能見度，也強化在目標市場中的信任感。

若以消費生命週期為例，進行懷生的品牌行銷策略調整方式，可以針對發現需求、探索需求、進行購買、與同好共同體驗四個階段檢討規劃相應的策略行動，以確保顧客的心理滿足與使用體驗，並與行銷組合和銷售成果相連結。

1. 發現需求（awareness）：在這個階段，客戶（與潛在客戶）意識到需要資安服務。懷生數位的策略行動可以是：數位行銷（如 SEO、相關的社群媒體廣告）、參展和研討會、專業媒體管道等。

2. 探索需求（consideration）：此時客戶（與潛在客戶）開始探索不同的資安解決方案。懷生數位的策略行動可以是：免費試用、案例研討、諮詢時間等。

3. 進行購買（conversion）：當客戶（與潛在客戶）決定購買懷生數位的服務時，懷生數位的策略行動可以是：簡化購買流程、多種支付方式（包括選單，但務必納入最佳預設考量）、即時答問等。

4. 同好體驗（engagement and loyalty）：關鍵在此，務必重視客戶使用服務並與其他用戶互動的環節與設計。懷生數位的策略行動可以是：專業社群（交流與答問）、永續技術支援、忠誠計畫……。再次強調，這是關鍵階段。

5. 行銷與銷售連結：將上述的每個階段與行銷組合和銷售成果緊密結合。例如：從產品面（product）如何根據客戶反饋改進和優化服務、價格面是否能根據市場競爭情形靈活調整或拉高層次、通路面能否適當的合作以擴大服務範圍、促銷面是否合宜以持續提升品牌影響力。

此外，我們也可以藉由行銷沙漏模型，從品牌認知到客戶忠誠度的每個階段，設計相應的行銷策略，尤其是忠誠客戶的關懷，讓訂閱用戶捲起口碑行銷或同溫層行銷。

當然，品牌管理的策略思維還有許多（請參見本章內文）。

品牌識別矩陣？

而如果要使用品牌識別矩陣這個看似較為完整的工具，從前述的過程當中，應該也足以將九個元素填入。各位讀者可以自行試試看。

然而，品牌識別矩陣的使用重點，實則在第二個步驟，即如何將各元素在不同的水平、垂直與對角線上取得平衡，並且在調整的過程中，對於自身的品牌越來越清楚、熟悉。

思考

1. 未來懷生數位在品牌行銷過程中，將會遇到的挑戰及其應對策略還有哪些？

2. 懷生數位的行銷策略是否適用於其他領域的新創公司？需要調整什麼？

3. 想要進一步提升品牌知名度與市場占有率，還有哪些策略或方法？

4. 這麼多行銷策略工具，彼此有關聯性嗎？

圖 6-8 懷生數位的品牌識別矩陣

價值主張	外部關係	企業定位
• 我們提供負擔得起的資安服務，保護企業免於網絡威脅。 • 我們以經濟實惠的訂閱制方式，讓客戶能夠隨時調整其資安服務等級，對中小企業尤為有吸引力。	• 我們積極與多個行業的合作夥伴、客戶及資安專業機構建立長期合作關係，以保持技術領先及服務品質的穩定。 • 這些關係有助於持續獲取最新行業知識和技術趨勢，並應用於服務提升。	• 中小企業資安解決方案的首選供應商。 • 我們藉由訂閱制模式和自動化技術，提供具高度靈活性的資安服務，滿足目標客戶的需求。
表達方式	品牌核心	企業性格
• 簡潔且易於理解的表達，尤其我們採用「一站解決」的概念，讓資安變得簡單有效。 • 簡單易懂的表達風格，使得客戶更易接受我們的產品與服務。	• 品牌核心是「資安即服務」。 • 這反映了我們為中小企業提供經濟、靈活且高效的資安解決方案的宗旨。 • 這是我們的承諾，也體現了我們的價值觀，更反映出市場中的獨特定位。	• 我們的品牌性格可形容為「穩定可靠、創新靈活」。 • 展現出既有前瞻性又能快速回應市場需求的特質。 • 公司的形象傳遞出技術領先、貼近客戶需求的理念。
使命與願景	企業文化	企業能耐
• 我們的使命是提供靈活且經濟的資安解決方案，致力於讓中小企業簡單高效地應對數位威脅。 • 我們的願景是成為全球中小企業首選資安服務平台，讓每個客戶都能獲得與大型企業同等級的資安保護。	• 強調「科技與人文並進」，以技術為導向，並提供人性化服務、體貼客戶需求。 • 推動員工保持技術創新，同時保持對社會的關懷。	• 我們的核心能耐在於自主開發的資安平台，結合自動化技術與資安專家團隊，快速有效地應對複雜多變的網絡威脅。 • 該平台使我們足以提供快速便捷與高度客製的解決方案，滿足各領域需求。

Chapter

7

創業價值鏈管理

個案介紹
案例 7-1 / Amazon：從電商到雲端運算與物流服務

1997 年中，Amazon 在美股掛牌價為 18 元，隨著網路泡沫降臨，最高曾到 113 元又跌至 5.51 元，就這樣快速殞落的 .com 公司比比皆是，而 Amazon 不僅依然存活，24 年後的 2021 年中，股價最高來到 3,731 元，不僅成為一代傳奇，也可能是美股史上漲幅最大的公司，自然也將創辦人 Jeff Bazos 一度推至全球首富之位。

從財報來看，Amazon 營收有五個主要來源：電商、會員訂閱服務、第三方賣家平台、AWS 雲端服務、廣告與其他（如實體店）。其中電商為其創始書店之延伸，占其營收一半，後來更衍生 prime 會員訂閱服務、第三方賣家平台服務、廣告，在解決線上營運問題時又研發出 AWS，且開放收費服務，如今更占半數獲利；2019 年更增加物流服務為營業項目之一。我們藉此來看看 Amazon 傳奇中，倉儲物流與研發管理究竟怎麼做。

關鍵大事紀

Amazon 於 1994 年成立之初是網路書店，1997 年在 Nasdaq 掛牌，但直到 2001 年的第四季才單季獲利，2003 年全年獲利才算是正式撐過網路泡沫危機，挑戰 Barns & Nobles 成功後，再進一步將業務拓展至全方位電商（everything store）。

2005 年啟動 prime 會員制、免運費；2006 年將原先自己解決雲端問題的 AWS 方案對外開放，成為重要營運項目；2007 年開賣 Kindle 電子書；2012 年併購 Kiva System 強化倉儲自動化；2015 年開張實體書店，顛覆商業模式；2016 年推出 Amazon Go 無人實體店服務，並於 2017 年併購 Whole Food 實體連鎖超市；2020 年併購製片商，成為獨立製片業者。

不過事實上，Amazon 自從轉虧為盈以來，一直將所賺的錢不斷投入的，是在倉儲與物流，成為其投資最密集處，以提供客戶最好的電商體驗與服務；如今不僅形成極高的競爭門檻，更引領電商與物流的未來發展。

倉儲與物流服務

首先是倉儲。雖然是以圖書起家,其目的就是希望降低倉儲與物流的成本;然而隨著其販售品項越來越多,朝向全方位電商發展之際,原先搭配合作的專業物流與倉儲業者所提供的服務,已逐漸難以滿足 Amazon 所要求的服務水準,因而不得不從擴大自建倉儲開始,盡可能縮短送貨時間,以滿足客戶。

2002 年起運用自己內部的 AWS 開始運算適當的倉儲量,以控制存貨成本,2012 年則併購原先合作的機器人公司 Kiva System,將倉儲搬運朝自動化發展,也同時將過去倉儲管理以人找貨/貨位(人力放置存貨),改為貨/貨位找人(機器將貨搬運至人所在處),減少人力移動時間,加上近年逐漸導入 AI 來安排最佳的貨位路線(依據暢銷程度安排密集與隨機放置的演算法),而將處理入櫃與挑揀的進出作業最大化與最適化。

2019 年開始也導入「工作遊戲化」,使原本單調工作的倉儲人員可以加入樂趣,以提升工作效率。其中有六大項目標如準確度、速度,可以得到積分,除了每天排名之外,積分也可以換願望清單等獎勵。創新並超越了傳統倉儲管理模式。

於是從 1997 年原有的兩個城市倉儲中心,擴充至今北美有 34 個、歐洲 23 個、日本 8 個、中國 15 個倉儲中心。事實上,為使倉儲管理的效率最大化,同時能服務中小企業賣家客戶寄放存貨(以及物流),倉管服務早於 2006 年開始收費營運,稱為 Fulfillment By Amazon(FBA)服務。其收費方式分為配送費用與倉儲費用,皆以體積計費,賣家皆可直接使用「Fulfillment by Amazon Revenue Calculator」計算費用。

是的沒錯,Amazon 也正式跨足物流了!Amazon 在美國的貨物從 2018 年之前採用外包(UPS 與 FedEx)超過八成,到 2019 年竟達到一半是由自行運送。

主要投資的部分在於飛機機隊(含北美與國際,企圖點對點運送),以及運送成本最高的最後一哩遞送,包括 2016 年推出的 Amazon Air 無人機服務、Amazon Go 的實體店面取貨,以及實驗中的自駕小貨車與機器人送貨服務等等。

起因還是 2019 年 4 月起,調漲 Prime 會員年費的同時,也將原先二日到貨更提升到 24 小時到貨,不僅是為了服務 Prime 會員,也同時提供中小商家客戶可以更快出貨。

一切都是為了讓消費者更滿意！

Amazon 飛輪：以消費者體驗為核心出發

從創立之初，Bezos 就想提供給消費者最佳體驗。而當 2001 年瀕臨破產之際，Bezos 與團隊認真地畫出 Amazon 飛輪模型，以消費者體驗為核心，來轉動公司成長的飛輪。

為讓消費者有更佳體驗，就要提供更多選擇、更低價格、更快到貨，於是將所有獲利集中投資於倉儲與物流等後勤服務，同時提供商場中的賣家優質服務，一切都是為了讓終端消費者有更好的體驗。

並且，為了區分服務與強化黏著度，從 2005 年開始推動 Prime 會員制（Amazon Prime），並全力發展 Prime 生態系，除了免運費與 24 小時到貨服務之外，還包括音樂、影片、書籍……等額外服務。據了解，目前 Prime 會員已達 2 億人之多，美國有 1.47 億人、超過半數家庭使用 Prime 服務，且取得美國人普遍的信任！平均每人線上消費竟達 1,400 美元，比非 Prime 會員高出一倍！

可以想像，從消費者瀏覽到累積訂購、倉儲與物流等行為模式，甚至實體店面活動，既然都在 Amazon 的虛擬與實體整合的生態圈中，便幾乎能掌握完整數據，如同購物喜好、影片喜好推薦等，必將進一步發展 Prime AI 提供全方位生活服務，並藉 Alexa 語音介面溝通。這些研發過程，Amazon 又如何發揮管理效能呢？

研發管理，催生 AWS

AWS 服務應該是 Amazon 最成功的研發項目，目前已占營收超過一成、獲利占一半，不僅使 Amazon 各項服務更有效率，更獨占雲端服務之鰲頭，目前美國市占近四成，超過微軟、Google。

最初是由於電商業務持續成長之下，內部的伺服器與各種營運資源管理出現紊亂與瓶頸，影響了消費者體驗，於是工程團隊設計出 Amazon Web Service 的運算平台，來有效管理各種分散式或虛擬伺服器等雲端資源。後於 2006 年對外提供中小企業使用，大獲好評。

而 Amazon 對於創意與研發的管理方式，其實滿令人吃驚的：乍看之下與科技創意相去甚遠，反而相當傳統，甚至教條式。值得說明的部分包括：

1. 14 條領導準則 [1]：幾乎已經是全球知名的文化，更是 Amazon 內部的共同語言。這是 Bezos 當初創立時所寫下的企業原則與精神，逐年增加後也逐漸形成企業文化與行為準則。令人驚訝的是，幾乎所有人都能默誦，並且在所有行動上也都能加以批註說明，而使各團隊服膺。

2. 小團隊文化：任何團隊（包括創意研發），人數必須以兩個 pizza 能餵飽一餐為限制（是指在晚上加班時），大約 8-10 人。小團隊好處一方面是為了避免官僚文化，一方面能強化溝通，也能快速成形；但可能限制資源，很難形成較大型專案。不過，也因此促成許多「模組化功能」，則是意外的優勢。

3. 會議規定：禁止使用 PPT 已經眾所周知，並且在一些要爭取較多資源的專案，更要寫滿 6 頁 A4 的制式書面報告，會議開始半小時所有人閱讀，之後開始進入「攻防戰」。按照準則進行對話，儘量直言不諱、以顧客至上為最終目的。

4. 授權第一線：第一線人員可以決定暫停某些服務，或開通暫時性服務。且如果犯下錯誤，即便公司因此有所損失，也幾乎不會受到任何責罰。當然，這也是依據領導準則之下的行動文化。

事實上，對於創意或研發團隊來說，上述執行方式雖看起來規定很多、壓力頗大，但實際上卻也得到不少自由度與支持，更與當今流行的敏捷開發團隊、精實創業的內容相當類似（見本章及第一章內文說明）—— 只是 Amazon 已經實行了 20 多年了。

爭議與未來發展

雖然必將持續朝 Prime AI 發展，不過，在領導準則之下，其實研發人員的福利遠不如矽谷其他大型科技公司。當然主要是因為 Amazon 多數員工還是屬於

---

1 這些準則包括：顧客至上（customer obsessive）、主人意識（ownership）、發明而簡化（invent and simplify）、決策正確（are right, a lot）、學習慾強（learn and be curious）、選賢育能（hire and develop the best）、堅持高標（insist on the highest standard）、胸懷大志（think big）、行動至上（bias for action）、節儉（frugality）、爭取信任（earn trust）、追根究底（dive deep）、敢言與承諾（have backbone, disagree and commit）、達成業績（deliver results）。

倉儲人員，不願讓員工有差別待遇。

然而，在持續朝倉儲自動化，甚至朝無人倉儲發展之下，倉儲人員的使用將越來越少。畢竟，對於傳統倉儲物流而言，人力成本約占總成本的一半，甚至六成，若能以機器取代如搬運、配送這種大量人力部分，成本將持續下降，有更多空間回饋客戶——但卻也將面臨裁員的局面。

目前已經開發出八爪章魚式的自動揀貨中心，僅需一人即可以挑揀大量貨物，利用 IoT 與大數據，加上特製貨運路線進行。加上已經有的 Kiva 搬運系統、AI 運算最佳路徑與貨位，不久的未來將對傳統倉儲管理有革命性的轉變。

另外，Amazon Pay 自從 2013 年推出以來，已經建立起自己的金融體系，同時也提供企業貸款，只是目前都仍限於 Prime 生態系當中。但擁有高信任度與詳細資料的 Amazon，持續推出金融商品的成功率相當高——只是這是否遠離消費者的定位與需求呢？就看 Amazon 如何決策了！畢竟，「在 Amazon，每天都是第一天！」

創業團隊針對市場需求所提出的創新解決方案付諸實踐時，就等於在生產製造產品了。包括軟體產品與服務在內，產品製造從研發、生產製造到遞送，該如何管理，是本章內容的重點。無論創業家是否有足夠的財務資源，在價值傳遞方面，都需要與價值鏈上的其他角色與夥伴相互合作，也會是我們主要聚焦之處。

一、創業研發管理

產品開發流程

　　根據美國新產品開發管理協會（Product Development and Management Association，簡稱 PDMA）定義，所謂**新產品開發流程**是指，企業的產品 / 服務從初期構想，到可正式銷售之間，一連串定義清楚的工作任務和步驟之標準程序；亦即新產品開發 SOP。研究[2]顯示，有完整產品開發 SOP 的企業，新產品成功率平均達 61%。企業的流程已成為競爭力的來源，產品開發流程也成為各企業的標準配備了。

　　PMDA 固然將**新產品開發**（New Product Development, NPD）流程的範疇在概念上區分為三大階段：探索期（discover）、開發期（develop）、銷售期（deliver），但理論上多集中在開發期步驟的建議，但探索期卻不可輕易忽略。探索期即所謂「**模糊前端**」（Fuzzy Front End, FFE），由於對於外在環境因素（如市場需求、技術發展趨勢……），以及內部資源因素（如技術匹配、可分配資源……）等，皆很模糊、不確定，因此難以預測與規劃，更難保成功[3]。若前期不投入則成為惡性循環，或僅能採取「老二哲學」，成為跟隨者。

　　新創業者的 FFE 極為重要，務必要有產品開發起點即從 FFE 開始的認

---

[2] Markham, S. K., & Lee, H. (2013). Product Development and Management Association's 2012 comparative performance assessment study. *Journal of Product Innovation Management*, 30(3), 408-429.

[3] Cooper & Kleinschmidt（1994）研究結果 FFE 為 NPD 成功關鍵。且從創意構想到進入開發流程機率僅 0.47%，進入開發流程到銷售則為 7.14%，若有結構化的 SOP 則更高。資料來源：Cooper, R. G., & Kleinschmidt, E. J. (1994). New products: The factors that drive success. *International Marketing Review*, 11(1), 60-76.

知，因此必要在探索期就提供足夠的資源（有形與無形）與認定（高層參與、文化），才能更加快速確定要開發的產品需求外觀。我們仍強調，FFE必須由創辦人、行銷與業務團隊，以及技術人員，共同參與探索市場需求。

前一章所提及**設計思維**（design thinking），仍是我們在此部分所推薦的流程，但在此針對較為常見的其他結構化 NPD 流程模型，依歷史發展與重要性，簡介其內容概念重點如後。

(一) 瀑布模型（Waterfall Model）

1. 內容重點

由 Winston Walker Royce 於 1970 年所提出，強調產品開發流程的七個步驟，從系統需求、軟體需求，到產品分析、設計、程式編寫、測試及運作等明確的階段性管控，有效確保系統品質，為軟體開發的典範應用。見圖 7-1。

圖 7-1　瀑布模型 [4]

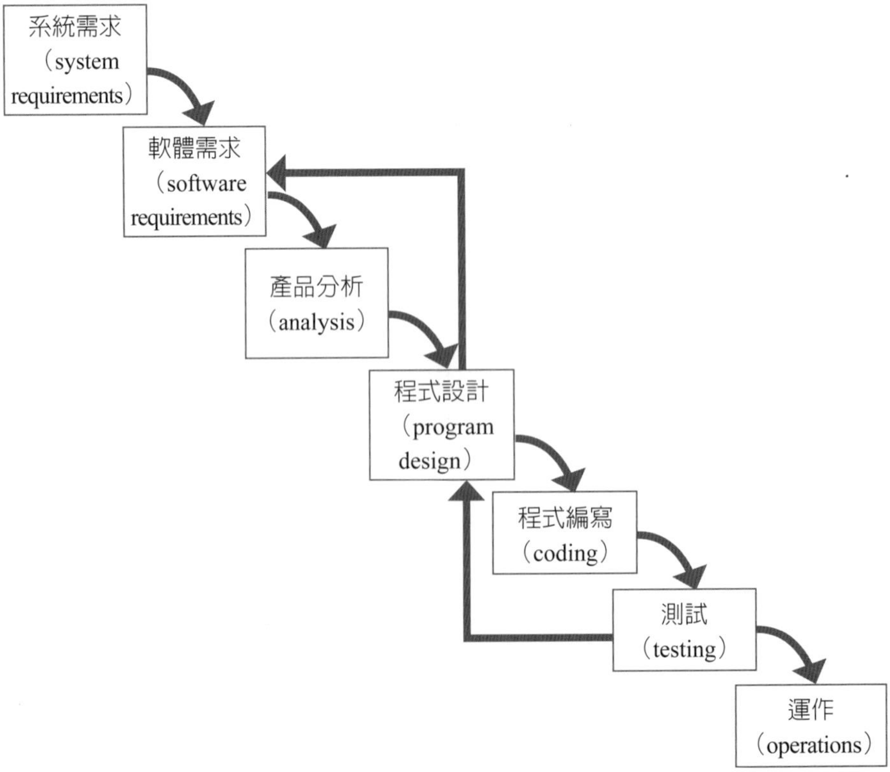

---

[4] 事實上原作者 Royce 後續還提出許多流程理論如迭代更新、敏捷開發，都與軟體產品開發流程有關，且其模型後來有許多更新版本。

2. 特色

簡單、易用。由於爲軟體開發人員所開發，因此較適用於軟體相關產品的開發流程。然而此類步驟型的產品開發流程不僅影響後續流程設計，也拓展到其他工作流程管理上，將步驟適度改爲四步驟、五步驟或六步驟，應用也不僅硬體、組織管理等。卻也成爲後來許多變革的比較標準。

(二) 階段關卡流程（Stage-Gate Process）

1. 內容重點

由學者 Robert Cooper [5] 提出，強調流程自然演化，原則上有五個階段（圖 7-2），每階段都有其清楚定義的工作任務與進行的活動項目，且要蒐集充分資訊以作爲進入下一階段關卡決策參考，而每階段成本逐步墊高；關卡也有其決策定義標準，然須視情況彈性調整。不僅刻意將探索期納入，並涵蓋了產品行銷部分，強調從產品開發最初期就應考慮行銷，隨著階段完成，也陸續完成市場分析、產品目標制定、產品定位策略，乃至於整體行銷方案，可說是從創意構想到行銷銷售的完整過程。甚至因爲關卡決策把關，而可有效管控開發成本。

圖 7-2 階段關卡流程 [6]

2. 特色

整體特徵有 6F：Flexibility 彈性調整、Fuzzy Gate 模糊關卡、Fluidity 流動性流程、Focus 聚焦組合管理及順序選擇、Facilitation 專人協調促進、

---

[5] Cooper, R. G. (1988). The new product process: A decision guide for management. *Journal of Marketing Management*, 3(3), 238-255.

[6] 資料來源：PDMA。

Forever Green 不斷創新改進。每關卡都要進行通過決策，以管控成本、優先順序等，發揮資源分配效率。此法在美國較流行，且以大公司為主。美國500 大企業中有七成採取此法為 NPD 基礎架構，近年也結合敏捷開發，並應用在軟體以外產品。

(三) 整合產品開發（Integrated Product Development, IPD）

1. 內容重點

IBM 導入 PACE（產品週期最佳化）的經驗加以改善，更以市場與客戶需求為導向的整合性產品開發管理架構。參與者有從 top-down 觀點的決策層團隊（IPMT/IRB），把關決策檢核（DCP）與技術審核（TR），以維持資源效率；有執行層的開發團隊（PDT），由產品經理領導的跨部門團隊（產品週期管理團隊 LMT 與技術管理團隊 TMT），除提供 bottom-up 建議，更重要是負責通過審核會議。進行時會針對三大業務方向（產品開發、市場管理、技術開發）定出流程步驟內容與檢核點，核心產品開發六階段：概念（concept）、計畫（plan）、開發（develop）、驗證（quality）、發布上市（launch）、生命週期（life-cycle），每階段都有決策檢核，各團隊共同進行審核會議，決定是否推進至下一流程。

2. 特色

IPD 法由於從決策層到執行階層全員參與，容易形成整體企業的支持氣氛與快速投資決策；在每次審核會議皆能檢查（市場與技術）風險、控制成本；強調市場導向、最佳實踐，重視實踐後優化、形成組織文化、資源集中，複雜度雖高，但對資源有限的新創業者或中小企業亦適用（但須簡化），其中，（自有品牌）製造業最為適用，而服務業所需的調整較大。知名案例如華為。

(四) 敏捷開發（Agile Development）

1. 內容重點

2001 年由 Sutherland 等 17 人共同發起的產品開發方法，提出「敏捷軟體開發宣言」，相較過去偏重流程工具、文件、合約、計畫，更重視人際互動、軟體、合作、變化，以及客戶需求與滿意度，產品本身一直處於變化或

改進的狀態，從而具競爭優勢。以最流行的 Scrum 為例，其概念架構是「3-5-3-5框架」，即三大角色：產品負責人（product owner）、敏捷教練（scrum master）、開發團隊（development team）；五大事件：衝刺（sprint）、衝刺計畫（sprint planning）、站立會議（daily scrum）、評審會議（sprint review）、回顧會議（sprint retrospective）；三大手藝：產品待辦（product backlog）、衝刺待辦（sprint backlog）、產品增量（product increment）；五大價值：開放（openness）、尊重（respect）、勇氣（courage）、承諾（commitment）、專注（focus）。

2. 特色

敏捷開發週期較短，一個衝刺可能不到一個月，可更快滿足客戶需求，因此更易適應環境的迅速變化，而合乎所謂「敏捷」開發。同時，敏捷開發也採用迭代式進步，每個衝刺都有其具體的增量，所以在短期內便可以交付具體的迭代產品，提升客戶滿意度。敏捷開發方法較適用在軟體或服務項目上，近期也有許多企業導入敏捷開發，應用在數位轉型中的組織文化創新。

隨時代演進，從硬體製造進入到軟體應用，再到虛擬環境，不僅變動加速，所需開發的產品／服務也越來越朝數位傳遞方式，NPD 流程價值觀趨向彈性、溝通、合作，與最初所謂 SOP 概念漸行漸遠、卻又更強化了。但無論何種 NPD 流程，應要採開放態度，尋求適合產品特質（如硬體、軟體、服務）、企業熟悉度、組織文化、策略目標等多元方向來思考並決策。整體而言，要考慮以下內容：

(一) 需求面向

要能符合內部需求與外部需求。內部需求是指企業策略目標方向、各部門的溝通協調；外部需求則是指市場變動與客戶真實需求。發展新產品必須要能面面俱到，綜合考量各方利害關係人的觀點與利益，才能做出較適當的產品定義，然後採用適當的開發流程，而滿足內外部的各方需求。

(二) 資源面向

財務成本要最低、資源分配要適當而彈性。財務成本必然要最小，但須留意有時流程不熟悉，或忽略某些項目（因溝通不良、角色定位不清……）而產生因小失大的窘境。另外，由於外部需求變動快速，資源分配務必要適當而且靈活，不僅不應被表面的流程綁住，更不應該被資源綁住（如預算規劃、個人績效……），尤其團隊管理上應有更具彈性的領導力。

(三) 時間面向

快速、循環與永續。產品價值創造與傳遞需強調快速交付、將產品開發週期縮到越短越好；產品開發流程講究持續循環回饋、不斷改進、迭代進步；而產品開發所展現的企業或品牌價值則應具備永續經營的態度。

開發團隊管理

企業的產品開發往往以團隊方式進行，因此，團隊管理將左右產品開發成敗。領導的概念已在第四章有所陳述，因此僅針對產品開發團隊相關的概念加以補充。

(一) 開發團隊規模

產品開發團隊究竟多少人適合呢？一些大公司產品開發團隊，像IBM、微軟等，動輒數百人、上千人，讓資源有限的中小企業或新創企業望之興嘆。但人數多，產品開發就有速度快、品質高、切中需求等的優勢嗎？在 Amazon 案例中，任何團隊包括產品開發，都是「兩片 pizza」原則；敏捷開發也建議開發團隊 5-9 人，加上敏捷教練最多 10 人；設計思維中的團隊也以不超過 10 人為原則。

(二) 開發團隊結構

團隊組成以同質性來區別，例如：在產品開發團隊中，技術相關人員彼此之間、行銷與業務部門之間同質性較高。同質性高的團隊，由於語言、思路、觀點較一致，溝通成本較低、易取得共識；但也使共識範圍受限，開發結果恐偏離需求，總成本可能更高。因此，NPD 模型發展越後期，越要求異質性、跨領域團隊結構，以納入多元觀點，解決方案適合度更廣。但要如

何讓異質性高的小團隊發揮效能，便依靠團隊領導力了。

(三) 開發團隊領導

小團體凝聚力較高，可善用團體動力原則；然而，多半效率不彰的、開發屢屢受挫的團隊，往往都是領導者本身問題居多，例如：立場不公、態度不明、爭功諉過、霸權領導……等，繼而造成團隊溝通不良，失去信任、熱情與創新。若僅是團隊成員之間有類似狀況，應立即處理，藉由重新提示團隊目標、標明角色功能等方式協調溝通。領導者應留意團隊成員（含自己）心態，保持積極、尊重、開放、學習、誠信，在團隊運作與執行亦應有清楚的目標、計畫、彈性與現實感。

研發創新保護方法：智慧財產權

產品開發後，為有效取得創新研發成果並藉此獲利，都會進行研發創新保護；目前全球也都有此共識，亦即要共同遵守研發創新保護機制。這些使用集體智慧所產生的創新成果，保護機制即為「**智慧財產權**」（intellectual property right），較常使用的包括專利權、商標權、著作權、營業祕密，比較簡述如表 7-1。

表 7-1　智慧財產權[7]（以臺灣為例）

	專利權	商標權	著作權	營業祕密
保護客體	企業對該產業上可利用之發明，包含物件、方法與視覺設計，包括軟硬體、製程設計等的相關發明創作皆可申請	企業本身及其產品／服務或任何具識別性之標識	各種創作成果的保護	企業在營運發展過程中對製造、銷售等具有明顯貢獻而不願公開的特別方法、技術、配方、設計或組成等資訊

（接下頁）

---

[7] 資料來源：改編自 KPMG 網路文章。見：https://home.kpmg/tw/zh/home/insights/2018/03/11-lessons-for-startup-ceo-ch9.html

（承上頁）

	專利權	商標權	著作權	營業祕密
要件	新穎性、實用性、獨特性	文字、圖樣、符號、指標、動畫、氣味、聲音	文字相關創作、軟體創作、音樂及各類表演藝術等創作	提供企業經濟價值、無法輕易取得、擁有者採取合理措施予以保護
申請	申請並審查	申請即可	不需申請	不需申請
年限	發明 20 年、新型 10 年、設計 12 年美國則分為發明、設計、植物三種專利，年限亦不同	公告日起 10 年	自然人：至死後 50 年法人：發行後 50 年	無限制
排他性	有	有	有，但不排除獨立開發	有，但不排除獨立開發
公開	申請後 18 個月須公開	註冊公告	不需公開，但通常會自行公開發表	不得公開
國際公約	無	「馬德里協定」與「馬德里議定書」	伯恩公約	無
案例	Apple 與宏達電手機侵權訴訟	中國喬丹體育與美國 Air Jordan 訴訟	漫威或迪士尼的作品	可口可樂配方，或台積電的製程調整方式
侵權刑責	無	有	有	有

　　智慧財產權多已明文規定寫入各國法令中，以臺灣為例，以專利法、商標法、著作權法、營業祕密法、IC 布局法等等這些法令，分別保護不同形式的智慧財產。

研發創新保護的使用

　　一旦研發創新成果受到保護，則可因創新而從其中取得獲利報酬，此種可獲利程度稱為**專有性**（appropriability）。若專有性高，可以想見就會吸引

眾多競爭者競相模仿，而競爭者會如何模仿，以及模仿的難易程度，將決定創新擁有者該採取怎樣的保護機制。

每個產業或產品，都有不同的適用性，例如：新藥廠商多半會針對新藥申請專利保護，而非營業祕密；以消費者感官為主的（食品業，如可口可樂）、知識複雜度高、難以標準化的（如台積電製程控制），多半會以營業祕密來保護。

軟體服務業除了專利申請，也會運用**授權**（license）──權利方授予使用方使用該權利，而使用方則以雙方所約定的作為或償付提供權利方價值回報。其考量因素主要是該產品／服務（如單一程式）獨立運作有其限制性，往往必須搭配其他關鍵產品才能更好的、更多樣的運作（如遊戲機硬體、某些雲端運算），甚至使用規模逐漸擴大、模仿難易度不高，想要搶占主流設計的地位，以期成為**市場標準**（之一）的可能性，因此會在部分關鍵產品採取開放或自由授權（如 android 系統、Tesla 電池）。

因此，新創企業創新產品／服務的創新保護策略思維，首先，可以從模仿難易度去思考，模仿難度高的應偏向營業祕密為主，尤其是非標準式的內隱性知識（如獨家配方），或是具有高複雜度的知識（如半導體製程調整與設計）；而有標準可依循的外顯知識，或複雜度相對較低的知識，所構成的創新成果，也就相對容易找到模仿的方法（如藥品、軟體程式），則應採取專利。

其次，固然專有性高，且價值架構較為單純的，也應採取專利或營業祕密保護（依據模仿難度判斷），但若價值架構複雜，或專有性並不高，則可採取適度開放性的控制策略，即所謂的授權。

授權的情形之所以常出現在軟體業或代工業，是因為單一軟體獨立運作通常有其限制性，無論是功能性的限制（單有 android 系統仍無法更好的使用手機，需搭配其他應用程式），或是使用時間的限制（只有少數幾種軟體遊戲容易玩膩，所以遊戲機硬體會採開放態度），只依靠單獨一家廠商很難讓研發創新出來的成果發揮更大價值，所以會與其他價值鏈上的夥伴共同開發，才能持續發揮價值，而形成價值共創。因此，在這種價值架構較為複雜的關鍵產品，通常會採取授權的方式，而剛好軟體業的競爭型態是較為開放而複雜的架構。

在此情況之下，對於研發創新成果的權利方而言，若採取較封閉的策略，亦即**專用系統**（proprietary system），則由於其他第三方無法參與，使得使用者僅能面對該生產者，固然能夠成為獨占的立場、取得所有利潤，但若使用規模受限，則很難發揮規模經濟，甚至無法獲利。如前所述，為了讓使用規模擴大、取得主流設計，甚至市場標準的可能，則應採取偏向**開放系統**（open system）策略，讓第三方一起參與，然而卻也因為開放而使得獲利被分享。

通常會將整體系統分包授權，基礎性的開放性越高，從完全開放、自由授權，到適當授權，而功能性的開放性較低，僅給予有限授權，因此可以依據不同的區隔市場差別取價，這是目前較普遍的做法。如前面 Amazon 的雲端案例，從最初的雲端運算單一產品，到後來有許多的不同產品彼此堆疊，授權程度並不相同（但 Amazon 則搭配會員計費制度，有不同的價格與使用權，事實上，這是借用其在終端消費者會員制度的經驗）。

新創業者可依據自己的市場取向與產品定位，做適當的授權開放策略。

二、生產與物流管理策略

新創企業確定研發創新的開發流程與保護策略後，便進入生產製造及後端配銷。

生產與工廠管理策略概念

對於有實際產品生產製造需要的新創企業而言，由於資源有限，產線建置多為小量生產，在實質獲利後才會視情況逐步擴產。因此本文內容較適合標準廠房需求以下的中小企業，並非針對大型生產管理；此外，面對 AI 及 IoT 時代，也會提及工業 4.0 之後強調利用數據資訊的生產製造概念，以及供應鏈與價值鏈管理。

生產線是新創企業夢想的實現，也是從創意到創新再到創業一連串問題解決的成果，更是證實概念並展現實力的表徵；生產管理策略大致上可以簡約成決策層面與執行層面這兩方面的概念來看。

(一) 決策層級的生產管理重點：成本與交期

生產管理（production management）的終極目標，就是要藉由管理方式將生產力推到極致。決策層級最關心的生產力展現就是：高品質（良率）、產出快速、成本低、存貨期間短。

在成本管理方面（或說績效管理），就是要降低成本，減少所有可能的浪費，著眼在八大浪費：(1) 調機損耗；(2) 各種等待；(3) 搬運；(4) 加工過程；(5) 庫存；(6) 動作；(7) 不良品；(8) 管理浪費。也可歸納為人工作業、流程管理、品質管理、存貨管理四部分。但最浪費的還是「工安意外」，因為一旦發生安全問題，不僅須停工，更涉及許多賠償責任，因此應將生產線安全放在成本管理最重要位置；而安全包括人身安全，以及設備操作安全與定期維護。

作業與流程是傳統作業研究（operation research）要解決的核心問題，而針對人工作業的動作、節奏、距離、排程、線路設計……等做了許多科學研究，再加上工業心理學針對工廠員工的心理研究（如疲勞、壓力、習慣、視覺管理……），目的就是要降低作業與流程的浪費、提升生產效率，並解決工安意外有關問題。

品質管理（如不良品分析、追蹤、改善、標準化等）與存貨管理（料件數量與選擇、進出速度，甚至倉儲設計等），是再細分出來的研究管理類別，其策略概念將於後文說明。緊接其後則是交期管理，包括生產規劃、派工、產能負荷分析、人機料的增補與管控、異常處理等等。

由於新創企業所需產能不大，固然需要生產管理與作業研究針對的動作設計、生產線路設計、排程規劃、存貨管控等。但重點仍在於品管、工安這兩項，先顧及這兩項之後，再開始設計最適產線、追求效能，最後才是存貨管理與浪費的減少。

(二) 執行層級的生產管理重點：4M1E、7S 理念

執行層級則講究現場、現實、現物的管理，是生產管理的重中之重。一般是針對生產線五大要素：人員（men）、機械（machine）、物料（material）、方法（method）、環境（environment），即所謂 4M1E，運用科學的理論、方法與技巧，進行合理的配置，以達成安全與高效的管理

目標。新創企業若要從無到有進行生產線的建置，這五大要素大致上有其順序：

1. **方法**：先有適合的理論、規劃、設計與排程，也就是先有生產線計畫，包括機器設備如何及何時採購、如何放置、相關路線設計、工夾治具與物料、人員需求與位置、排班，以及一連串視覺化管理設計（看板、工單等）……等的整體設計。

2. **環境**：根據設計著手進行生產線的環境基礎建設與適合度確認，包括用電、用水、用氣、消防、備用設施。

3. **機械設備**：一旦生產環境確認並完成後，就開始將主要生產設備移入、裝機，並予以檢查、試機。相關的工夾治具、所需視覺化管理亦應備齊。

4. **物料**：當機械設備完成裝機，便可以開始採購所需物料，在試產階段，即可開始針對物料的供輸、存放做測試，尤其針對存放有效期短的瓶頸物料，須加以注意供貨與存放情形。

5. **人員**：是最後到位的，一旦到位就必須立即投入生產。因此在以上要素確定完成後，人員訓練也應完成，並正式展開生產，實踐降低成本浪費。

現場管理重點在人員動作、人機協作部分，學術上，針對各站人員動作節省、標準化，以保持生產線最有效率運作，因此有所謂生產節奏計算、人員動作設計，以及人員合理分工。但近年因機械設備大幅進步，人員需求越發精簡，僅以機械設備管控、參數調整與現場問題排除為主，動作研究逐漸式微。

另外，需要了解生產流程的**關鍵瓶頸**（bottle-neck）通常是在機械設備（人員依學習曲線進步），整體節奏（參數調整、物料存貨等）需搭配瓶頸設備，才會使效率最高。同時，若要提升效率，也必須針對瓶頸設備著手。

除了生產線五大要素之外，在現場管理的概念上還有 7S 理念。這是從日本工廠管理的 5S 理念所沿用，並衍生出另外兩項而來，簡單說明如下：

1. **整理**（Seiri）：對於生產現場所有不須用到的人、事、物，都加以整理並移出生產現場。盡可能減少人員、流程及存貨，強調現場不應存在多餘物料，並整理多餘物件如廢品、剩料、個人用品等皆應移出生產

現場，工具箱、物料間不應有多餘物件，包括休息室都應在外面或專設，達到現場無不用之物的境界。

2. 整頓（Seiton）：對於在現場的所需用之人、事、物，都應根據科學理論合理的擺設或操作。因此，凡是會動的都應該有 SOP、管理規章制度、操作維護方法等說明手冊，靜態的物品則應合理擺設（如依據使用率、搬運成本等計算方法），並以視覺化加以管理（包括看板、標記規定、顏色區別等）。

3. 清掃（Seiso）：各人對所處工作場所、所用設備與工具的清掃及保養維護。自行清掃成為每日工作收尾的標準項目，讓設備與工具得到保養，以維持使用年限，降低維修成本。也藉此及時發現生產線上所有可能的問題並處理。

4. 清潔（Seiketsu）：字面上看起來跟前述清掃有點類似，但清掃的重點在於動作，而此處的清潔重點在於觀念，也就是要隨時保持清潔，將整理、整頓、清掃完全內化，從而杜絕工安的可能性，甚至維持良好工作心態。

5. 素養（Shitsuke）：盡可能提升人員在工作習慣與態度的素養水準。消極而言，以期能恪遵工廠所有規定、養成好的工作習慣，積極而言，以期能增進生產效率、養成健康樂觀的心理衛生。應將素養視為 5S 理念的核心，重視人力資本，藉由培訓、耳提面命、標語等各種方式，持續提升人員素養。

日本的生產管理 5S 理念取得重大成效後，之後又加了兩項：

6. 安全（Safety）：重申工廠安全。因此有工廠安全規定、各種操作規定，以及災害處理與演練，也有相應的人員訓練及素養和心理健康，如前述。

7. 節約（Saving）：重申各種節約。減少各種浪費，包括時間、物料、流程、人員、場地、零件、搬運、文件……等。

後面衍生出來的都是重新強調先前 5S 及其背後的重要概念。近期除了 7S 之外，又再衍生出 9S（Study、Satisfy 或 Service），也都是同樣的核心理念。

關於精實生產

這種減少浪費、降低成本的日式現場管理風格，應用在生產線上就是所謂的**精實生產**（lean production），是相當適合新創企業的一個生產概念與實踐方式。精實生產系統是來自豐田式生產系統（Toyota Production System, TPS），並在多年實踐中不斷改善、持續精簡、更趨理想，發展至今已屬相當成熟，並被廣泛應用於少量多樣的新創企業生產模式。

精實生產系統的實踐方法，就是搭建企業自己的**精實屋**（lean house），大致上可分成四個層級：目標層、準則層、方法層和運作環境。目標層與準則層屬於決策層級，訂定生產管理目標及達成目標的數個準則；再依據各準則，分配至執行層級的方法層與運作環境，規劃調整出如何利用現場管理與執行方法。

其中，精實生產系統常見的模組化管理，即使用於方法層與運作環境如及時生產（Just-In-Time, JIT）、自動化、單元生產方式（cell production）、多能工（multi-skill）等方法層模組，以及視覺化管理、現場管理、快速換模法（Single Minutes Exchange of Die, SMED）等運作環境模組。

整體概念上，精實屋從目標與準則的規劃開始，找出生產管理的具體實踐方向，但從運作環境層開始著手實踐，針對現場的 4M1E 各方面建構，再針對方法層實施執行，皆採用模組化管理（有多個模組、多種監控管理目標與訓練）；因此，運作環境成為精實屋的地基、方法層成為架構精實屋的支柱，如此才能完成準則層的棟梁，最後可以達成目標的精實屋屋頂。

由於精實生產承接日式管理、TPS 生產精神，減少一切浪費為其中核心，簡約式生產管理的主要思想，透過簡約、降成本來提升效率與利潤率。加上客製化的流程設計、模組化的管理思維，不僅適用於新創企業或資源有限的中小製造業，也被應用於組織文化的塑造，或軟體網路業等新興行業應用，甚至對於智慧製造的工業 4.0 的轉型也相當適合。

品質與存貨管理策略概念

(一) 品質管理策略概念

品質管理是生產管理的另一重點，在傳統生產管理概念上已經發展得相

當完整。其實只要做好前述執行層次 7S 的每項管理，尤其是相關人員的素養與態度夠高，則整個生產流程中的品質管理應無問題，加上精實生產降低成本、減少浪費的整體觀念，就已將品質管理鑲嵌於其中了。以下我們藉由**全面品質管理**（Total Quality Management, TQM）概念來重申品質管理策略概念。

整合美國品管學會（ASQ）與國際標準組織（ISO）對於 TQM 的定義，是指「企業透過組織所有成員參與，針對企業流程、產品製造、服務與文化的改善，使顧客滿意、組織成員與社會受益，而達成企業長期成功的管理方式。」其中的重點在於全體成員參與，且不只針對產品／服務品質，而是組織文化的內化。

回顧企業品質管理概念的演變，從最早有品質意識開始，控管點為製造後的檢查、到製造中、製造前的設計，擴大至高層管理經營決策，再到全面的企業文化與習慣，品質管理已成為讓客戶滿意的企業文化，內化至所有員工與企業流程中。因此，TQM 對於「品質」的範圍，已經超出單純產品／服務，乃至於企業整體的各層級流程品質、環境品質，以及對於社會的責任品質。

實務操作上，品質管理大約可分為三個層次。亦即事後管理，即品質控管（Quality Control, QC）；事前管理，即品質確保（Quality Assurance, QA）；以及更加全面至整體企業層級的 **6 sigma**（6 個標準差），也就是實際 TQM 的執行。至於在品質管理的各級工具上，有所謂的品管七法[8]，其實是在操作上必須使用的七種統計圖表工具，有利於管理視覺化，也是更深入實務面操作的工具。

(二) 存貨管理策略概念

從財務的角度來看，存貨包括原物料、半成品、成品。前兩者與前述的倉儲及流程管理有關，精實生產的概念上務必儘量做到零庫存。而成品則與終端銷售有關，包括了在途（物流管理）與通路商（配銷策略），將在下一

---

[8] 還有舊七法與新七法的演變。舊 7 法：魚骨圖、管制圖、直方圖、查檢表、柏拉圖、散布圖、層別法；新 7 法：親和圖（KJ 法）、關聯圖、系統圖、矩陣圖、優先次序矩陣圖法、PDPC 法（過程決策程式圖法）、箭形圖。資料來源：維基百科。

段說明。

純就存貨策略概念而言，在精實生產的精神之下，存貨較高的部分將會是銷售端，因此存貨管理務必考慮銷售端的績效；若加上原物料的管理，備品、耗材、廢料等的考量，就形成了價值鏈的全面供應鏈管理（見下一節內容）。

實務上，除了供應鏈管理之外，所需做的必須能儘量預測各種產品的銷售情形（包括產品上市前的需求預測、上市後的需求差異分析，甚至促銷或長尾），並同時考量銷售情形與庫存情形做交叉分析。

而針對不同產品、不同通路成效的交叉分析，可用雙維度觀察判斷，以銷售成長率為橫軸、庫存天數為縱軸，區分出來四個象限：

第一象限屬 control，銷售成長高、庫存高，原則上應要嚴格監控，雖銷售情形不錯，但仍需防庫存過高。第二象限屬 risk，銷售成長低、庫存高，這是最差情形，應要想辦法處理（促銷、贈品、報廢……）。第三象限屬 sleeper，銷售成長低、庫存也低，這應該屬於產品生命週期末段產品，原則上應要考慮下市、迭代更新，或報廢。第四象限屬 health，銷售成長高、庫存低，這是最希望見到的正常狀態，新產品或長銷產品多屬於此類。但仍需持續追蹤。

至於需求預測，常使用的工具包括基準線預測法，即根據過去歷史或循環趨勢來預測；事件驅動預測法，在行銷端的活動效果做需求與存貨預估；通路規劃預測法，例如：通路端銷售＋在途存貨＋庫存，並考量供貨服務量能。

產品配銷與物流管理策略

新創企業的產品生產製造後，就依設計與規劃來行銷，實體產品更需要配銷策略。在現代商業中，隨產品虛擬化，配銷昇華為消費者溝通、再進入全通路的行銷概念。對於實體產品 B2C 形式的新創企業，仍需有配銷與物流策略的概念，而由於產品相對單純，配銷策略也並不複雜，要尋找最適合的上架方式，需要同時考慮消費者需求、與消費者之間的接觸適合度，品牌業者更須搭配整體行銷策略規劃，但除非中長期目標是走強勢品牌路線，通路配銷便需整體搭配、謹慎經營，否則新創品牌知名度較低、資源也相對有

限，則可直接考量通路目標，並依通路目標決定通路結構與類型，以及搭配的物流合作方式。

通路目標仍以產品目標市場（如性別、年齡等）、服務地理區域（在地或全域性）、提供服務水準高低（如方便性、多重性、後續服務等，與成本有關）而定。通路結構是指通路的長度、廣度與密度，其中，通路長度是指商品配銷至銷售點的方式，採直接上架或透過批發商分銷，即零階、一階或二階通路類型，但在電商發達下，也可能以電商倉儲爲主（如 momo 的自有倉儲，或 Amazon 的 FBA 服務），或是虛擬通路實體物流；配銷通路廣度則指採用不同類型通路合作的廠商數量；通路密度則指某一類型通路的中間商階層有多密。

然而對於新創企業來說，大型通路商議價能力太強（包括大型電商），或是配銷結構太廣太密，都會讓成本偏高，要如何讓商品在初期更精準、更有效率的配送，都需要再次回顧前述關於商品與消費者接觸點的重要考量，以此精心設計，並應取得相關數據（效率、有效性、滿意度等等）作爲調整依據。有時，會以商品受眾較密集的單點代表城市，藉由虛擬通路搭配實體物流管理直接配送。

物流管理的基本概念，一般都會從物流的六項要素切入思考並規劃：載體、流體、流程、流向、流速、流量，並且在一定的範圍內（如城市內、人口密集的鄰近城市），可以不需要建置物流中心；但在範圍之外，可能仍以物流中心爲宜。加上區域範圍內的車隊類型、冷鏈物流、鮮食物流等考量，較大區域的物流中心之間的配送，甚至跨境國際之間的機隊、港口倉儲……等，除非是物流相關業者，否則物流對於新創業者而言是隔行如隔山的另一行業，多半採取如 Amazon 的 FBA（跨境）、電商或較爲精準配銷業者之間的合作，或在單點城市中自行（或委託物流業者）運送即可。如前所述，重點仍應回歸依據消費者實際需求（與變化）進行回應，回應越及時精準、消費者滿意度越好。

於是，進入智慧銷售、新零售、科技行銷時代，將不再單看物流管理或配銷策略，而是虛實整合的全通路行銷概念，供應鏈管理也將變革爲價值鏈管理與合作。

👥 三、價值鏈管理

智慧製造與數位轉型

面對高度資訊化與網路化的 VUCA 環境與現代社會，消費者需求變化快速，且越來越希望能有個性化商品、能與眾不同，在競爭趨烈之下不僅使得製造期間大幅縮短，更要求品質要提升。因此，除非某些特定強勢品牌，否則很難再像過去資訊不對稱的時代，以大批量的生產方式用規模經濟競爭，傳統的生產管理模式與概念也因而出現了瓶頸。包括：

1. 成本控制更困難：計畫趕不上變化，成本資料的及時性、準確性低。加上客製化、短交期、少量需求，使成本不降反升，需求難測下，成本控制不易。

2. 生產現場營運管理失效：需求變化快速導致傳統現場管理方式的資訊不準確，4M1E 之間資訊交換恐不夠及時，生產計畫與控制體系恐失去效率。

3. 預測失靈、盲目生產：在需求回應不夠及時之下，傳統合理預測方法可能反而陷入跟風製造，若加上生產資訊傳導慢，甚至可能導致庫存與資金問題。

4. 品質管理出問題：人員一旦窮於應付新變革，可能來不及做完善的計畫、執行、檢核、預防體系，導致品質問題難以改善。

幸而在高度資訊化的現代技術之下，**工業 4.0** 便提倡**智慧製造**與生產線的**數位化**，來解決上述問題，因此，若能有效結合**物聯網**（IoT）與數據化的智慧機械能力，持續應用精實生產概念，仍能支援講究小量多樣的及時生產型態。對於是否投資智慧機械仍須結合財務規劃，但對於**數位轉型**仍提出幾個建議：

1. 資料使用務必從蒐集、整合、應用三方面同時著手，才能建置一貫的資料庫，使終端蒐集的資料可以直接在生產線上及時顯現，而做出及時的判斷與調整。

2. 生產管理策略思維，要從自動化轉為數據化（data-driven），依蒐集、整合的數據做整體應用的輔助判斷，現場 4M1E 皆須與數據串接，打通

資料壁壘。

3. 精實生產持續實踐，除依據數據驅動目標層、準則層、方法層與環境運作的內容降低浪費外，也應強調適應速度，強化視覺化、人員素養與人性化管理。

4. 結合自動化、數據化的智慧製造，多能工與多工設備的人機協作，但現場仍需從計畫、排程、生產現場、品質、人員、設備等角度打造智慧製造體系。

5. 視覺化管理更提升，運用更多數位工具看板，包括裝置狀態、料件供需、生產狀態、現場管理情形等，以儀表板方式整體呈現，提高數位化管理能力。

現在無人的全數位關燈工廠越來越多，眼看未來的現場管理將不再是4M1E，而是將精實管理的降低成本精神更進一步，不需人員、方法也直接內建，更為精簡，只剩機械、料件、環境，工廠只剩經理負責檢視維修與補料的供應商。也許真的不出幾年，每個工廠就會只剩一個人、一條狗了——狗負責看門，人負責餵狗。

創新價值鏈概念

對供給端的產品／服務提供者來說，智慧製造的工具已然成形、數位轉型的發展正在進行；而對產品／服務需求端的消費者來說，則已經在線上線下隨時切換的環境當中，且消費意識抬頭，無論是個資隱私，或是對產品的個性化與客製化需求，都相較過去更高了。

面對所謂「新零售時代」強勢到來，加上數位環境的成熟，產品／服務與消費者的接觸面將更廣，整體供應鏈也將成為全通路行銷，而應以價值鏈觀點來看待。

實務上的價值鏈整合，或供應鏈的數位轉型，其實是需要整體企業來進行的，甚至要與上下游供應鏈廠商一起整合，才能讓數據互通，達到真正全通路行銷，因此是一個龐大的課程與工程，也是深奧卻又非標準性的內容，很難以短篇幅說明清楚。但對於新創業者而言，在必須取得數位競爭力的前提下，即便只能較為被動的配合大型通路或製造業者，也不得不有以下幾個全面性、整體性的概念。

(一) 全通路供應鏈策略

這是促動供應鏈轉型的核心，也是價值鏈形成的關鍵。從商品—實體與虛擬—銷售三大面向：人、場、貨來看，從貨出發——研發設計到生產製造再到配銷——的供應鏈思維，將轉從人出發，以消費者為中心，達成整體供應鏈數據驅動，了解需求、打破資訊壁壘、隨需交付的客製化價值鏈。其中的重點項目包括：

1. 消費者中心

由於資訊壁壘消失，消費者搜尋與消費場景的成本低，競爭趨烈，需更強調客製需求、體驗、售後等差異化服務，為此，供應鏈需更細分化，依據目標客戶與服務水準、分配資源、建構能力、再整合，提供內外部各段所期望的適當服務和體驗。因此，必須將供應鏈管理思維模式從原先以「貨」（產品與庫存）為中心，轉變為以「人」（消費者）為中心與數據驅動。

2. 數據驅動

為求差異化服務水準，必須將消費者需求及產品／服務的整個銷售流程，包括消費者、產品、訂單、物流等核心元素數據化，來驅動日常供應鏈的營運；同時，基於大數據、預測性的供應鏈分析和優化能力，供應鏈設計也應朝向外部服務而非傳統的內部支援，注重彈性而非規模經濟，提供少量多樣、精準快速的客製化服務需求，以數據分析結果進行決策。

3. 跨通路

線上線下趨於整合的數位時代，企業與供應鏈也不再區分線上或線下服務，而是兩者有效並進，對內部（績效）與外部（合作）的整體價值鏈皆朝向鼓勵資源分享的機制設計，業務流程標準化的資料共用，供應鏈界線模糊化、直接服務消費者，使消費者可以依需求做不同的訂單交付決定。

4. 訂單交付

無論對於消費者或價值鏈成員，產品庫存應可視化、跨通路的訂單接收能力，並建構庫存可售的回應能力，以及倉儲／店面的發貨能力及退換貨的售後服務，以達成消費者中心、服務最佳化的目標。

(二) 預測與價值鏈協作

　　為滿足消費者需求，經常性促銷、訂單交付時效與客製化服務成為競爭之必須，又得同時應付供應鏈的**長鞭效應**（bullwhip effect），因此必須更精準的預測，且跨部門跨通路更緊密的協作以增進供應鏈彈性。幸而隨著技術日益成熟，預測可以透過導入物聯網 IoT、人工智慧 AI（與機器學習和演算法）等未來性工具來協助提升準確性。此外，也需將現有資訊系統（如進銷存系統）更向上下游延伸、融合，為價值鏈成員提供即時資訊，以增加整體價值鏈的反應速度與能力。

　　此時，企業應更著重的是預測偏差回應，或是市場快速變化的反應。這種供應鏈的彈性能力，除了前述資料的蒐集與共用外，也來自於企業內部跨部門業務和流程的協調整合、財務與營運計畫關鍵指標的一致性、小量多樣的生產管理，以及跨供應鏈成員的協作，例如：提升送貨週期、增加訂單交付點等等。其中難度較高的關鍵在於價值鏈服務需與終端商務業務融合（銷售點與倉儲如何結合設計），以及如何打破傳統管理制度、降低內部管理障礙。

(三) 結合智慧製造的生產管理

　　理想上，供應鏈的數位轉型借助智慧化與數位化的方法，來改善製造流程與效率，達成客製化、個性化產品／服務的目標。由於客製化生產即代表精準預測或快速蒐集資訊，因此必然要在產品生命週期的早期就要深度的接觸消費者，並將資訊通傳至全價值鏈，才能切中需求。同時也代表生命週期縮短、循環加速，因此必然要整個價值鏈具備快速反應速度與生產彈性。在資訊有效蒐集、可視化管理、快速服務之下，工業 4.0 的智慧製造能力提供了實際生產製造方面強大的實踐。數位化工廠可望讓生產製造最佳化，顛覆 4M1E 現場、落實 7S 理念，也更為經濟、環保，更使客製化成為可能。

(四) 存貨、倉儲與物流

　　為有效提升消費者需求的反應能力，要強化資料分析能力及價值鏈協作與執行。在全通路價值鏈的概念思維下，要同時思考如何安排本身生產／採購的需求，對上下游或跨通路之間的影響性，以及企業整體各地倉儲／店面存貨的廣度、深度，與最適服務（在最低成本之下）；若再加上動態環境，

在不同時段、季節，或競爭與需求變動時，也要進行因應調整。這些都需要更優化的存貨倉儲網絡布局規劃，以及跨通路整合庫存管理與設計。

物流也將因資料分析能力而變得更積極主動（建議倉儲／店面補貨）、更爲彈性（一日多批多樣、少量準時），但成本更低（需搭配資料分析與人工智慧演算法）。新創企業臺中旺來瓦斯[9]便是使用 AI 送瓦斯，主動建議更換、規劃送貨路線而大幅降低成本 25%，得以回饋消費者、取得競爭力；當然，瓦斯瓶本身的革命性更新也是重點。因此，倉儲恐將面臨重新設計，需更能合乎所在地的貨件量、存貨方式、批次批量特性，以及跨通路庫存共用，與消費者接觸的介面。而物流的使用也將面臨細分化，而非單一、集中式的快遞服務，以縮短並提升**訂單到交付**（order-to-deliver, OTD）的服務水準。

企業本身的物流變革，需搭配整體企業策略或商業模式來進行，而物流業在這趨勢之下，也將逐漸朝外部化發展，更策略性的與第三方物流（3rd party logistics, 3PL）搭配合作，對物流業將會是一個革命性的**轉變**。

(五) 資料架構與分析能力

資料蒐集與分析是數位轉型與價值鏈成形的基礎，資料蒐集與應用必須更爲全面、向外向前向後延伸，也更應重視資料分析的前瞻性與預測性（而非事後績效分析評估），全通路的蒐集、融合與共用也同樣重要。因此，首先需要正確而一致的架構，然後是資料分析能力。

在架構上，至少搭建起全通路應用系統架構，從使用者、訂單、CRM（Customer Relationship Management，客戶關係管理）系統，到進銷存、生產製造，甚至財務、資安等相關模組等，整體價值鏈應盡可能延伸涵蓋；而在應用上，務必導入跨通路、跨成員的系統整合能力，以及更完善的資料治理結構，以達資料的即時性、可視化、共用性與適應性。

基於即時、有效而可靠的資料與分析能力，才能有效驅動價值鏈的運作，提升效能、強化協作，進而滿足快速變化的需求、維持市場競爭力。

---

9 資料來源：旺來瓦斯官方網站：https://www.wagas.com.tw；數位時代報導：https://www.bnext.com.tw/article/65342/gas-company-ai

四、策略合作光譜

數位轉型與智慧製造雖正在發生，但可能需要很長的一段時間進行。回到現實面，新創企業在此環境之下，比數位能力的投資與累積更先遇到的，可能是與價值鏈上的夥伴共同策略合作。最後，我們來談合作策略。

合作與套牢問題

對新創企業而言，若能與大企業合作多好?! 當然，大企業、大客戶訂單量較多，很容易就對新創企業形成龐大的貢獻，若產品受歡迎，則更容易有較長期的訂單。但對於客製化生產卻不盡然，因為很可能形成**套牢問題**（hold-up problem）。

諾貝爾經濟學得主 Williamson（1979, 1985）[10] 在交易成本理論中提出資產專用性的問題，來決定企業「自製或外包」（Make-or-Buy）策略如何決策。依據交易成本理論，企業要運用一項產品 / 服務時，對此需付出相當的成本或投資，若可從市場購得便不須自製（如標準零件，像輪胎、面板、文書軟體等）；若市場沒有所需產品 / 服務，又無替代品，就要投資資產來生產。

生產特定專用產品的資產特性即為**資產專用性**（asset specificity），該企業要衡量的是資產管理成本與外包成本之間的差異。如圖 7-3 所示，當資產專用越高、總成本會越低，企業越可能採用自製的方式（或併購決策）；亦即當資產專用程度高於 A 點時，因總成本低於 0，便會採用自製方式生產。

有趣的是，若是一個長期以來委託新創企業的外包生產合約（無論是否有實體生產線），一開始對新創企業是大訂單，如前面所說，但發展到後來，如果資產專用性越來越高，則新創企業便會陷入套牢問題：被併購或被棄單。

---

[10] Williamson, O. E. (1979). Transaction-cost economics: The governance of contractual relations. *Journal of Law and Economics*, 22(2), 233-261; Williamson, O. E. (1985). *The economic institutions of capitalism: Firms, markets, relational contracting*. Free Press.

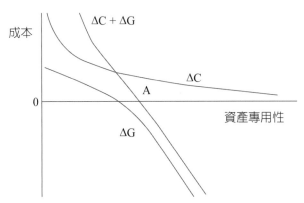

圖 7-3 自製或外包決策 [11]

大企業如何或何時決定要自製或維持外包？雖然圖 7-3 顯示的是 A 點，但實務並非數學函數，會依據市場需求與企業策略變動，關鍵是該產品／服務是否或何時成為該企業的核心產品／服務。例如：Amazon 成立初期並沒有物流服務，也沒有雲端運算服務，後來物流逐漸成為重資本，甚至影響服務水準，因此開始投入專用，變成核心業務後更進一步開放收費服務；雲端運算也從原先自用，後因應需求開放雲端運算服務，也快速成長，雙雙成為重要營收，更有助降低總成本。

常見的另一種情形是，該專用資產為寡占（如觸控面板、高階晶圓代工、AI 演算法），大企業往往使用兩手策略，在合約到期時可能會交換主要訂單，以避免訂單集中（臺灣經常扮演彼此競爭的角色，從晶圓雙雄、光碟片，到手機鏡頭模組）。或是逆向套牢問題，即合約期間成為關鍵產品／服務並要求大量投資後，卻因大企業策略轉向變成非關鍵產品，使該專用資產在合約到期後發生閒置（如 TPK 當年為了 iPhone 手機初期的觸控技術而大幅擴廠，之後卻因更換技術而遭棄用）。以上兩者都是另一種套牢問題，新創企業應以創新或分散客戶方式因應。

新創企業所提供的產品／服務，為了要解決套牢問題，一方面要觀察市

[11] Canback, S., Samouel, P., & Price, D. (2006). Do diseconomies of scale impact firm size and performance? A theoretical and empirical overview. *Journal of Managerial Economics*, 4(1), 27-70; Riordan, M. H., & Williamson, O. E. (1985). Asset specificity and economic organization. *International Journal of Industrial Organization*, 3(4), 365-378.

場與該客戶的動向外，也必須要擴充使用客戶或場景來降低資產專用性，以「分散風險」；或者運用創新能力來做資產專用性的區隔、提升專用資產的成本，也可能採取研發成果保護策略或不同的合作方式。

合作型態與合作光譜

在 Williamson 的交易成本理論中，對於資產專用性有三種基本模式：市場（即外購或外包，在資產專用性低時採用）、階層管理（即自建或自製，在資產專用性高時採用），以及長期合約（與實務較接近）。

實際上，企業所處的環境越來越朝向 VUCA 發展，是一個連續性、動態的、持續演變的環境，不僅使得大企業的生產成本與市場交易成本不一致，也讓新創企業有機會改變成本函數。因此 Williamson 的理論模式較適用於技術相互依賴且不考慮創新的競爭環境，對於動態環境解釋力較弱。

由於科技變化與進步快速，創新更多來自於外部資源或刺激，因此協同合作有時比良性競爭更有意義。社會資本越高、信任度越高，加上整體內外部知識管理（資訊共享、融合、分析能力）越有效時，創新能力也會越高，尤其價值鏈成員彼此之間合作空間更大，即便可能發展出資產專用性高的共同產品／服務，但由於身處不同的競爭市場，垂直整合或併購的可能性（暫時）不高，但合作的深度與默契卻超越了長期契約的依賴性，成為更深層的策略聯盟；或是在外部性（效率與成本的共同）考量下，可能會獨立為合資子公司。新創企業在其中可以深度參與營運、以共同研發方式加入其中，也可能志不在此，僅以授權方式輕度參與。

在價值鏈中重要的環節如生產、製造或物流，或企業創新的影響因素考量如外部供應商是否充足、是否擁有相應的能力與資源，都會有較為關鍵性的決策。通常，在有足夠外部資源的供應商、生產能力等的前提下，企業會進行有條件限制的外包策略，有時也會視情況搭配自主創新。

在生產、物流、銷售和售後服務這些關鍵基礎活動，和輔助設施或職能管理中，對於從外包到自行經營的選擇，反應強度都有所不同，因而形成了不同策略合作的一連串決策模式。針對價值鏈或更廣的生態圈合作思維，整合學者們的建議，根據資金成本與參與度高低及合作型態，約略形成如下表 7-2 所示的合作光譜。

表 7-2 合作光譜

		自建	共同研發	合資	策略聯盟	外包	授權
資金成本	高	⬅━━━━━━━━━━━━━━━━━━➡					低
適用性	高	⬅━━━━━━━━━━━━━━━━━━➡					低
參與度	高	⬅━━━━━━━━━━━━━━━━━━➡					低
發展速度	低		中		中／高		高
交易成本	低	中／高	中／高	高	中		中
控制性	高	中／高	中	低	中		中

　　因此，在價值鏈（也可能是更廣的生態圈）的建構過程中，許多適應能力、創新能力，甚至技術能力，也會在相互的合作中，各自找出對自己最有利的方式——無論是利潤最大、速度最快，抑或風險最低——而達到發展價值鏈（生態圈）的共同目標。

　　雖然自行建置有許多好處，例如：量身訂做、能力自用、專利與技術自主等——尤其金融業長期以往皆以自行建置的方式，已成為文化。但創新價值鏈的發展因涉及跨域動態競爭環境，而不得不朝合作方向發展。合作的好處則包括：(1) 減少開發時間；(2) 易取得必要技術與資源；(3) 專業經營、跨域學習；(4) 降低創新發展的成本和風險。

　　此外，由於價值鏈的策略合作涉及的是以消費者為中心出發，從研發製造到行銷與銷售場景的整體策略合作，實際上須慎選合作方式及對象，相關的資料共享與技術發展上，亦須注意彼此的相容性與延伸性，以及合作各階段的信任、監督與回饋檢討。

合作夥伴的選擇

　　有鑒於此，無論是怎樣的合作型態，從併購到授權的不同合作深度，都是原本兩個（或以上）不同獨立企業之間的結合，因此，合作夥伴之間的互動，關乎合作的成效。該如何選擇？又該注意什麼呢？

　　不少研究的建議都從合作夥伴之間的適合度著手，而提出許多合作的適配度因素，例如：基本適配、策略適配、資源適配、文化適配、組織適配、營運適配或管理適配等等。其中歸納出最多學者提到、實務上也確實有意義

的三個因素，來涵蓋所有的適配度：策略適配、營運適配、資源適配。

　　顧名思義，可以知道**策略適配**（strategic fit）主要是指合作夥伴彼此之間的目標、利益的一致性，對合作的方向與成效有一定的共識。**營運適配**（operational fit）則包括組織文化、作業流程、對效率與績效的管控……等內部營運可以相互搭配。**資源適配**（resource fit）包括在技術面、市場面、知識與能力……等方面，具有互補性，也可以共同進步。

　　然而，在實務中，不僅企業面臨動態變化，合作的團隊變化程度可能更大，因此不僅無法深入了解這些適配度是否真如事前評估一般對彼此有利，甚至能否達成合作綜效、維持長久效果，更難掌握。也可以說，適配度在合作上固然重要，卻可能要合作後才能真的了解。因此，考慮到動態變化，應以另外三組建議項目進行事前評估 [12]：

1. 目標一致性（congruence of strategic objectives）：為達成策略適配，夥伴之間需在合作目標、達成效果與各自可獲利益取得一致看法，若能了解並認同彼此的策略目標與地位更佳，可有效降低監督成本與交易成本。

2. 合作共識度（consensus and co-alignment）：為達成營運適配，需了解彼此的經營政策、管理控制及議價能力，並取得較高的合作共識，包括企業文化、價值觀，以及與各自利害關係人的協調，達成一定程度的心理契約並共享控制結構。

3. 資源互補性（complementarity of resources）：為達成資源適配，需針對目前彼此的資源評估互補性，不可能完全互補，但須帶給彼此共同利益，並藉此取得共識與信任。

　　此外，也須留意對合作關係或適配度造成影響的其他因素，可分為內部與外部因素。

1. 合作夥伴內部因素：主要從**關係治理**（relational governance）的面向來看，其中的因素包括承諾、關係建構、共享行為（經驗、知識、資訊）、共同保密、技術進步、彼此學習、相互調適、衝突解決、競爭合

---

[12] Yan, A., & Duan, J. (2003). Interpartner fit and its performance implications: A four-case study of U.S.-China joint ventures. *Asia Pacific Journal of Management*, 20(4), 541-564.

作關係……等。有時不一定是排他性，而是彼此的共識程度與默契，或者承諾的改變，或能否維持本身的獨立性。而內部因素的關係治理，往往來自於彼此的尊重與信任，尤其面對可預見的變化，若能事先告知夥伴們或互相商量、取得新的共識或認可，則信任度可能更深。

2. 合作夥伴外部因素：主要是指動態變化的環境，對於合作關係的共同利益或目標產生了破壞或變化，則將影響繼續合作的可能性。或者環境改變導致其中成員的獨立性喪失、企業策略調整，或競爭性的變化……等，使得合作關係無法繼續。外部因素較無法預期，因此若使用聯盟契約強制規範合作關係時，也會有相關的彈性規定。

至於在監督夥伴方面，除應在理論上思考合法性或契約協定之外，更應首先思考如何消除監督的必要性，以降低交易成本。例如：用較為柔性的共識會議紀錄、了解備忘錄（MOU）等方式，將權利義務或控制方式明文化，或者強調正面利益共享的權利或報償機制取代義務規範，可能會是較佳的方法。

最後我們來看看新創的金融科技（FinTech）小公司，如何成功與大型金控策略合作的案例。

think-about & take-away

1. 你認為服務業有沒有「新產品開發」流程？本書所提及的這幾種模式適用於服務業嗎？你會怎麼調整？

2. 請嘗試就「存貨管理策略」部分，將四個象限畫出來並說明之。你覺得如何落實使用？

3. 本章所提到的「價值鏈管理」，似乎與前章的「行銷管理」相類似，你覺得呢？有什麼原因？

4. 我們使用合作光譜將經典的自製外包策略函數實務化，你有什麼看法？請試著以實際案例說明合作光譜的各面向，並嘗試補充。

個案介紹

案例 7-2 / Fugle+ 玉山銀行，合力翻轉臺灣金融科技

Fugle 是臺灣本土馥群科技推出的股票交易 app，由於完全不同於現有下單軟體的介面與個性化能力，2019 年在玉山證券上線後，欣逢 2020 年散戶開戶潮，帶動玉山證券線上開戶數成長 6 倍之多，Fugle 用戶也來到 9 萬以上。

Fugle 有何厲害之處？

成立於 2014 年的馥群科技，是由 5 位年輕業餘股票玩家與同學，一同成立的 FinTech 公司，創業團隊除了都是七年級生，背景多元化與愛研究股票是特色，也因此深諳年輕投資人在研究股票時的痛點，針對性的開發出好用的軟體 app，更在 2017 年新加坡最大創新育成加速器 Startupbootcamp（SBC）的比賽中，自 2,500 支隊伍脫穎而出，進入前十強的決賽！並榮膺新加坡創業基地給予「獨立投資人的最佳數位證券商」的頭銜，獲得極高評價。

Fugle 之所以能取得好評，實際上也確實吸引年輕投資人愛用，主要原因包括原生手機看盤下單 app、視覺化操作介面、個性化設定組合、資訊簡單清楚又豐富，甚至有自產自製、簡單易懂的產業報告，卡片式設計更如同滑 IG 般親切，加上可直接線上開戶（號稱最快 5 分鐘）、手續費折扣、遊戲化設定等等，非常適合年輕股民的喜好。

與臺灣證券業者合作，真難！

事實上，創業之初的規劃是想要成為純網路券商，只是直到目前臺灣都沒開放純網路券商的經營，不僅如此，在臺灣要成為券商的規定並不低，為了要快速上市，只能改變目標，與現有券商合作。

只是，以券商的立場來看，由於經紀業務主要是以實體分公司（號子）的手續費為主，網路下單功能當然是為了服務現有客戶方便而設立，因此並不講究好用，而是堪用（也與電腦下單的歷史發展有極大關係），且手機下單 app 目前幾乎一家獨大，也不願為了一家（中小型）券商客製化，券商也沒有人才與能力開發更好用、適用或屬於自己的 app。再加上臺灣證券業者礙於規定、經營思維與習慣，能合作的空間相當有限，資訊軟體的部分幾乎都是委外標案，並且要求許

多資訊安全、隱私、處置等規定，使得有意願做的人並不多，標案也都維持現有合作的系統整合廠商為主。

在雙方（券商與資訊廠商）都維持穩定之下，臺灣金融業難有創新能力。除非有券商願意率先嘗試，突破窠臼。

Fugle 如何成功合作？

玉山是近年來積極嘗試數位轉型的金融業者之一，在唯一專業經理人領導下，願意突破性嘗試，且玉山證券在其金控集團中地位不高、資源有限，更需與外界合作，於是，開始了與馥群科技之間的第一次合作。

雖然是剛成立 3 年的 FinTech 公司，但在上述的情境之下，玉山證券先將其內部評估難以短時間上線、又不太重要的「股票 e 指存」功能（零股交易）委外給馥群，而馥群的小團隊在短短 40 天就開發完成，且一併通過內部的各項要求，給玉山證券留下極佳印象。

而馥群並沒有因此志得意滿、得意忘形，在接下玉山證券委外專案的同時，並沒有忘記公司的真正主力：Fugle —— 在當時還只是定位在股市資訊戰情室 —— 沒有將整個團隊的資源放在該專案的開發，而是適當的、以專案開發看待，並仍維持原先創業目標的路線前進。

幸運的是，在該專案成功後，也將 Fugle 與券商交易功能結合的想法提給玉山證券，而雙方也一拍即合，開啟了共同研發、更深入的策略合作之路。

因此，對馥群來說，並非一開始就取得深入合作的機會，反而是堅持創業的定位、先取得市場的肯定（競賽、功能、特色、用戶或經營目標與理念……等），發展的過程中可能因資金的需要，不得不接一些專案開發 —— 並且對達成目標有幫助的專案，接案過程也沒有因此迷失方向、維持創業的初衷，同時也持續發掘市場機會，終究取得屬於自己的舞台。

此間，與玉山之間的共同利益如何定義很重要，玉山證券很清楚是維繫現有客戶、賺取交易手續費為主，而加入 Fugle 則可望開創年輕投資新戶（後來證明其所獲得新開戶遠超預期，但新戶取得須負擔成本，即與馥群分潤）。而 Fugle 的營運模式則在於先累積用戶數，在其強大的資訊提供能力之下，除了基本的資訊之外，也有需要付費的功能；此外，每筆交易也都能與券商分潤。

　　加上玉山正處於轉型期，心態夠開放，證券地位並不高，又已經與馥群有了合作經驗、了解其能力，馥群也有好口碑。就這樣，在雙方能藉彼此各取所需、有基礎的信任下，取得超越固有金融業委外合作的突破性空間。

　　不過，在臺灣證券市場，Fugle 只與一家券商合作，且瞄準的是有意願轉型、開放心態的中小型券商，因為「未來網路券商可能只有一家」，而且目前為止在網路上取得成功的其他產業都不是既有的大公司。至於未來那一家是玉山，還是 Fugle，則是未來的事了。

多元的合作，取得多元成果

　　對於金融業而言，數位轉型一定要合作嗎？這牽涉到「make-or-buy」的交易成本策略思維，以及競爭策略速度與地位的問題。理論上，從市場上購買的交易成本過高的話，都會傾向於自建，但由於數位虛擬世界可能只有前三名，如何搶占更少的席次？通常是以速度或客製化程度取勝，而剛好數位世界的需求是未來性、變動性、年輕化的取向，與金融業一直以來所重視的專業度、穩定性、安全性的取向幾乎是完全相反，可以說金融業沒有這個基因，即使花上幾年、找個龐大的資訊團隊，可能也難以打破企業（或產業）文化，來滿足數位需求。

　　因此，整體來說，勢必要投入龐大的成本才足以建立數位競爭門檻，對臺灣金融業者而言，也可能僅有少數幾家業者足以負擔（而且會耗掉龐大時間，這也都還不論家族領導所產生的策略短視與組織僵化形成的成本）。

　　以專業經理人領導的玉山金控因策略成本較低，因此率先採用自建式的數位轉型策略，也花了 10 年的時間並導入外來的數位知識（如延攬學術圈人士陳昇偉擔任科技長），而玉山證券如今也不得不持續採用策略合作的方式。以策略光譜來說，採用了不少開放式合作，非僅傳統的完全自建、併購與完全委外，而有更多樣策略選擇——因此較可能取得多元成果、較有機會取得數位版圖。

　　因此，無論是玉山證券或是 Fugle，接下來要面對的是，純網路證券業執照的開放，是否會造成兩者合作的破局？抑或反而是更加緊密的結合，並取得更大的成果？

Fugle 現在的問題是？

　　重新聚焦在 Fugle，面對未來的發展，雖然現在已經證實其價值創造、價值

遞送的能力，都足以取得用戶的肯定，也必然能讓各方獲取各自的價值，但純網路證券的開放，是另一個機會或是風險？

有可能與玉山證券之間形成更多的競爭，屆時該如何繼續合作？由於僅與一家券商合作，則是否該朝向更深度、更緊密的合作，共同搶占更大的市占，創造更大的價值呢？抑或淡出合作關係，重新回歸專案性質，而將經營主力回歸本身網路券商的營業項目呢？為此，是否該將市場更細分化、在不同市場定位與其他更多方業者進行異業合作呢？

事實上，臺灣金融法規限制仍多，開放性對照美國、日本與歐盟還算落後，因此可見的未來，必然將持續朝向數位環境更多開放性來發展，對 Fugle 而言是順勢的利多嗎？還是會被要求更多的法規限制如隱私權、資安要求、法遵合規等等的規範呢？

也或許，這些問題都還不如堅守新創企業的核心價值來得重要，基於先前 Fugle 與玉山之間的合作經驗，為行動下單維持並創造更多價值，可能才是更需專心的問題。一旦創造出更多因資訊堆疊而來的價值後，也將創造出持續性的競爭優勢，也必然會形成各種合作的可能性──無論是專利授權、專案開發，或者多方策略合作或共同研發。

Fugle 與玉山的合作，持續反轉著臺灣 FinTech 市場，未來仍值得我們繼續拭目以待。

思考

1. Fugle 與玉山銀行合作至今，算成功嗎？為什麼？

2. 你認為未來玉山銀行會自行推出類似的服務嗎？還是會繼續與 Fugle 合作？

3. 若有一天，玉山銀行提出併購的提議，你會如何建議 Fugle 負責人？

Part 3

新創企業管理

Chapter

8

創業的財務預估

個案介紹

案例 8-1 / Fab vs. Zappos：財務運用比較

放手一搏：Zappos 垂直整合致成功

Zappos 是美國專門鞋類的 B2C 電商，創立於 1999 年，以其拍案叫絕、無人出其右的絕佳客戶服務，以及幾近完美的商品整齊度風靡市場，於 2007 年《時代雜誌》評選為「生活必備 25 網站」（25 Sites We Can't Live Without）之一，2009 年 Amazon 以 12 億美元收購。

Zappos 與謝家華的成功故事，早已廣為人知，且屢屢被哈佛選編為個案教材。今天來看看他在垂直整合時的資本決策如何成功。

通常的焦點是在謝家華（Tony Hsieh）身上，從電腦神童（19 歲即哈佛大學電腦科學畢業、得過全球程式比賽冠軍）到億萬富豪（24 歲首度創業公司賣給微軟 2.65 億美元），但我們的焦點仍放在成功創業家：與 Nick Swinmurn、Alfred Lin 共同創辦 Zappos，當時 Swinmurn 已經成立一個小網站賣鞋，認為「美國鞋類市場每年 400 億美元，其中有 5% 是透過郵購目錄銷售」，認為市場深具潛力而投入。

不過，隔行如隔山，當時他在 3 年內就把初期投入資金幾乎燒光，包括自己與所擁有的 Venture Frogs 投入的 1,000 多萬美元，加上紅杉資本 4,400 萬美元。即便 2003 年賣掉所有家產投入，依然直到第 7 年才開始賺錢。不過，2003 年傾家蕩產的資本支出，卻可能是轉型成功的關鍵。

在創立首年即轉型為品牌通路後，便確立消費者滿意的核心價值，並持續堆高此競爭障礙，然而不如軟體或電子產品，鞋類商品不僅供應鏈較長，且以少量多樣進行販售，其中任何一環出問題都會影響用戶體驗，並不適合品牌電商營運。然而，Zappos 卻反其道而行，為守護核心價值，決定開始向上游整合，除了在第 3 年決定創新轉型（成功後才叫創新，在當時被評為自殺行為）為買斷商品，更不堪倉儲管理委外導致庫存混亂的困擾，而決定自建倉儲物流中心、自行管理。

前後不到 2 年，與團隊討論後的結論是買斷模式、自建倉儲，才可能真正掌握消費者滿意度，以及未來的黏著度，但前後這兩筆大型資本支出，如何才能讓

公司轉虧為盈？更何況，建立倉儲管理，簡直是另一個行業，更是超大筆資本支出，真值得嗎？

投入 Zappos 4 年，謝家華只剩一棟充滿回憶的房子，是否要為此傾家蕩產？在決定前，他依約先去了一趟非洲挑戰吉利馬札羅火山，經歷了極地後，回來決定放手一搏。

之後，由於建立了倉儲管理，加上超優質的客服，消費者滿意度大幅提升，創造買鞋體驗的三連 WOW：獨一無二的客服、買一供三試穿、一年內免費退貨。最終成為消費者心中無可取代的鞋子網站，連 Amazon 也自嘆弗如，並在併購後仍維持其獨立營運至今。

曇花一現：Fab 躋身獨角獸竟失敗

Amazon 收購 Zappos 後一年，2010 年初，Jason Goldberg 與 Bradford Shellhamme 成立了 Fabulis（原屬男同志社群），由於其特殊性，快速取得 15 萬會員並獲天使與創投數百萬美元投資後，創業團隊利用其在設計方面的專長，進行第一次轉型，變成設計品閃購電商，並更名為 Fab.com，於 2011 年正式上線。

由於核心價值在設計，網站設計簡潔美觀，販售的商品也經 Fab 精挑細選，具有一定設計風格，加上低廉的價格、有限的時間，與特殊的「靈感牆」（inspiration wall）社群功能，因此立刻吸引大批會員，並掀起搶購熱潮。

在此並不探究其成功因素，簡單說，Fab 以社群平台起家、用設計能力為其樹立特殊風格，以及創新特殊的營業模式，與病毒式行銷手法，而其核心價值在於結合了設計與共享，亦即由於網站瀏覽與購買經驗很好、Fab 產品風格明顯，會讓消費者想在社群中分享、炫耀，或推薦（讓人想到 Zappos），是能快速吸引與累積會員的關鍵。

到 2012 年，正式上線後不到一年的時間，Fab 已擁有 1,400 萬會員，營業額達 1.2 億美元且已經獲利，成長速度更甚於當時的 Facebook 與 Groupon，加上當時的環境背景也讓創投資金較能做大膽的投資，因而成為創投眼中的明日之星，使 Fab 能在短時間內取得足夠多的資金。

光是 2011 年就取得三筆資金，且不乏有名的創投。取得資金後，也燃起了更大的野心，同時為了配合創投資金之所好，開始朝向歐洲市場發展，由於募得

的資金足夠，便較肆無忌憚地快速擴張，在 2012 上半年，就先後收購了德國閃購網站 Casacanda 與英國設計網站 Llustre；並且為了降低成本而開始建置自有產品線，往下游垂直整合，從設計到生產都一手掌握；而為確保產品銷售情況，也同時建置自有倉儲與物流系統，使出貨時間從原本的 16 天縮短至 24 小時。

　　公司的市值也隨之水漲船高，從 2011 年的 2 億美元，2012 年的大幅資本支出後竟來到 6 億美元，2013 年的募資由騰訊、伊藤忠科技創投、DoCoMo Capital 聯手投入，更將 Fab 一把推上新創事業高峰，躋身獨角獸行列，眾所矚目。

　　也許專心於擴張，也許為了迎合獲利成長的去瓶頸工程，Fab 已從閃購電商轉型成為了綜合電商，卻也就在躋身 10 億美元一個月後，同年 7 月，Fab 竟宣布德國公司裁員，然後共同創辦人、財務長、人資長也相繼掛冠求去。2014 年後半推出家具設計 Hem.com，仍難挽局勢，2015 年以 1,500 萬美元（現金＋股票）被 PCH 收購，舊員工僅留 35 人。美好童話慘澹落幕，3 年崛起瞬閃即逝。

　　創辦人 Goldberg 回憶，可能是歐洲市場擴張過快，可能因裁員而瓦解了向心力，也可能是經營理念漸行漸遠，如今，都成為了傳奇案例。

　　兩個故事，看似對於垂直整合擴張策略都大膽而盲目，結局卻大異其趣。帶給你我什麼樣的啟示呢？

創 業家可以不懂財務管理，卻不能看不懂財務報表，畢竟現金是企業的血液，跟新創企業的存活有關。本章僅著墨於創業團隊皆須了解的基礎財報認知觀，並針對未來的規劃如何進行，也提及可能觸及的併購，提供思考方向。

一、財務報表分析

為何要了解財務分析？

對於新創事業而言，除了從創意到創新再到創業的創意落實具體概念之外，真正要做到成功的營運，仍然要回歸到正常的企業經營。而企業經營仍必須以財務表現為最終的指標，就算是一人公司的 SOHO 族，也不能沒有財務的概念與支持，否則很難持久性經營，甚至出現有訂單仍難以為繼的窘境──所謂週轉不靈、黑字倒閉等等。

事實上，新創企業的目標都是成為獨角獸，但要能成為獨角獸，絕非僅將創意與創新落實而已，真正創業要能成功，必須要能得到後期資金的認同，並且仍能持續成長，否則，前述的 Fab.com 就是最好的失敗案例──而這樣的例子恐怕比成功的更多十倍以上！

要如何取得後期資金的支持？要如何規劃新創企業的財務結構？要怎樣成功的持續營運甚至競爭？都要從財務分析的基本概念出發。

財報基本結構

我們從財務報表的基本結構談起。

企業一旦成立，無論是否為創業家一人公司，就已經開始了企業的財務運作，即便創業者自己不涉略財務（基本上都是如此），也會委託會計師事務所處理日記帳，以及之後的財務報表。

所謂的日記帳，就是企業每天開銷的帳務記錄，常見的就是訂單與金錢往來，初創事業則可能是辦公文具或設備採購等等。而日記帳是以現金流量為基礎製作的帳務記錄，需要以公司的現金存量支應；每天的帳務交由事務所，每月會做成營收月報表，每季做成財務報表，這些財務報表，卻又是必

須以非現金的應計基礎觀點來看。

為什麼要使用應計基礎，這麼麻煩？主要是因為企業交易多半是用記帳、月結等信用交易而非現金交易的關係。

比方，我們企業採購設備或材料，供應商確認好數量價格後，會先開發票給我們，無論有沒有採購合約，都不會以現金交易，而是信用交易（先記帳，之後再結帳）。如果只用現金基礎來處理每月或每季的營收獲利，其實只會更加複雜、更加麻煩。

尤其新創企業，接獲訂單通常難以立即收帳——無論是軟體還是硬體產品——至少都只能先收到一部分（常見的慣例是先付 30%），之後依照產品完成比例或交付情形付款。此時的營收獲利情形與現金進出的情形就出現落差，因此必須要先有現金基礎與應計基礎的概念。

其次，也需要有資產與負債的概念，這部分相對比較單純，卻也相當重要。所謂的資產就是屬於企業名下的財務性資源，通常由過往的交易事件累積而來，並預期未來會帶來經濟效益，包括各種有形資產與無形資產；而負債就是相對於資產而言，因為過去交易事件累積的債務，預期未來須以資產或勞務付出償還，或其他某種對價的經濟性流出。

以上這些基本概念，同時也帶出了企業財務三大報表的內容。由於日記帳無法看出企業活動的累積效益，但透過財務三表進行適當的基本財務分析，不僅可以評斷過去累積的財務成果，了解現在的營運優劣，甚至可以預測未來的可能性。

財務三表關係簡介

如前述，觀察與分析企業活動最重要的三表：損益表、資產負債表、現金流量表。三表的功能與描述，以及一般企業活動所產生與三表的相關內容（如各科目認列或計算，以及投資活動、股利政策等），在此我們並不從頭介紹，僅針對財務分析部分說明三表之間的關係。後面章節也將以新創公司的特定情境為主加以描述。

要了解三表的關係，之後才好進行財務分析。而三表之間的關係，會先從損益表開始。

(一) 損益表

損益表（income statement），顧名思義，是陳述企業正常營運活動產生的損益結果的表（表 8-1）。從上到下，主要項目為：營收、成本、毛利、費用、營業淨利、業外收入與支出、所得稅、本期淨利等。

表 8-1 損益表（僅列重點項目）

	第一期	第二期	第三期	第四期	第五期
營業收入淨額					
營業成本					
營業毛利					
營業費用					
推銷費用					
管理費用					
研發費用					
營業利益					
營業外收入					
營業外支出					
稅前純益					
所得稅					
稅後純益					
綜合損益					
每股稅後盈餘					
每股綜合盈餘					

其中需要關注兩重點，首先在於營收的組成，因為營收是由產品售價與銷量之乘積，所以營收結構也稱為產品價量模型，而企業營運的競爭力關鍵即在此展現。雖然對於新創公司而言，產品價量的組成相對單純很多，甚至只有一項產品，創業家仍應養成正確財務分析概念，同時盡可能培養更多產品線，消極而言，不僅分散風險，積極來說，也可能因此強化競爭力，並獲得後期資金的青睞。

其次是成本／毛利和費用的內容如何，以及相對於同業是否合理。這邊已經先突顯一個分析的重要事實，就是與同業比較，是財務分析很重要的核心之一。

在此，營收（top line）較提早能展現企業的市場競爭力，淨利（bottom line，無論稅前或稅後）則是遲滯性展現經營的財務結果。但值得一提的是，若有較大資本支出的企業，還需關注另一個重點：息稅折舊前淨利（EBITDA），即關注企業的現金流量，此部分將連動到後面會提及的現金流量表，也是本節重點之一。

(二) 資產負債表

資產負債表（balance sheet），是呈現企業在營業區間（通常是季度或年度）內的資產與負債累積結果（表 8-2）。其中，我們已經知道，資產＝負債＋股東權益，也就是自己準備的資金（籌資），加上向外借的錢（融資），等於公司總資產。同樣的，僅看主要項目，資產部分包括：現金、應收帳款／票據、存貨、預付款、長期投資、不動產廠房與設備、無形資產與商譽等；負債部分包括：短期借款、應付帳款／票據、預收款、公司債、長期借款等；股東權益部分（即股本）則主要看普通股股本、基本工資、保留盈餘即可。

資產負債表需要關注的重點，主要在資產與負債的相對性，通常會注重負債償還的信用風險，但那會是到新創中後期，已經開始申請銀行貸款時比較重要的，新創前期的重點仍會在現金水準、收現速度，與財務槓桿等，與營運現金關係較大的項目，即現金、應收帳款、存貨、預付，以及負債部分相對的短期借款、應付帳款、預收帳款等。

表 8-2 資產負債表（僅列重點項目）

	第一期	第二期	第三期		第一期	第二期	第三期
流動資產				流動負債			
現金／約當現金				短期借款			

	第一期	第二期	第三期		第一期	第二期	第三期
短期投資				應付帳款 / 票據			
應收帳款 / 票據				預收款項			
存貨				一年內到期長債			
預付款項				非流動負債			
其他流動資產				應付公司債			
非流動資產				長期借款			
長期投資				負債總計			
不動產、廠房及設備				普通股股本			
無形資產及商譽				資本公積			
				保留盈餘			
資產總計				權益總計			

　　損益表與資產負債表的關係，主要如成本與存貨、應付帳款或預付款的關係，營收與存貨變化、應收帳款（或預收款）的關係，非流動資產與折舊成本的關係，股東會留意的則是稅後淨利與保留盈餘的關係等，這些都比較顯而易見，也都是財務管理學科中的重點之一。

　　但特別值得一提的是，對新創企業而言，初期由於負債不高（甚至沒有）、沒有非流動資產，都是自己的籌款來應付日常營運，因此新創初期在資產負債表的重點即在於營運天數，與損益表有關聯的即為營收、成本、費用等項目，此階段更重視損益表的營收結構表現（即客戶、產品價量、行銷或研發費用等等）。到了創業的中後期，開始需要申請銀行貸款（以美化資本結構及更有效運用財務槓桿）時，就需要更廣泛地注意一般性的資產負債情形。

(三) 現金流量表

至於現金流量表（cashflow statement）就是將反映資產負債狀況與經營損益狀況的前面兩個財報，以現金基礎方式調整回來，看目前企業的現金水準（表 8-3）。由於是前面兩個表的現金基礎調整，所以與前兩者關係十分密切。不過在此僅提示以下重點。

表 8-3　現金流量表（僅列重點項目 / IFRS）

	第一期	第二期	第三期	第四期	第五期
稅前純益					
營業活動現金流量					
折舊 & 攤銷					
處分資產或投資損益					
應收帳款 / 票據增減					
存貨增減					
預付款項 / 費用增減					
應付帳款 / 票據增減					
預收款項增減					
其他增減					
投資活動現金流量					
取得或處分金融資產					
取得或處分權益法之投資					
預付投資款增減					
取得或處分不動產廠房設備					
取得或處分無形資產					
應收款項增減					
預付款項增減					
籌資活動現金流量					
短期借款增減					
應付票券增減					
發行或償還公司債					

	第一期	第二期	第三期	第四期	第五期
舉借或償還長期借款					
應付款項增減					
發放現金股利					
現金增減資					
員工執行認股權					
庫藏股票買回或處分					
本期現金增減					
期初現金餘額					
期末現金餘額					
自由現金流量					

1. 營業活動現金流量的調整，即為資產負債表中流動項目期初期末的差額，折舊亦然。對於較高資本支出的新創企業，焦點在於折舊項目，會有現金流入。即前面已經提示過的 EBIDTA 的重點來源（稅前淨利＋折舊＋利息支出）。

2. 投資活動現金流量的調整，以及長短投資項目的期初期末差額。同樣的，若有較大資本支出者，其中的重點即在於長期設備投資。這邊的長期設備投資或相關的資本支出，會在後面章節資本預算說明，但未來產生的經濟效益，預期會發生在營收與成本項目，而其中的成本又多為前項的折舊。

3. 融資活動即向銀行的貸款進出，以及股利收發為主。新創企業這部分較少，尤其是前期，幾乎沒有融資活動。

4. 現金流量表中的自由現金流量，算是本表的隱藏版重點。自由現金流量為營業活動的現金，減去資本支出，表達了營業活動後的現金能否支應資本支出。由於資本支出通常是未來營運的關鍵，因此可以看出企業的經營是否游刃有餘，甚至可評斷企業價值或長期是否具競爭力。若有剩餘，還可用於發放股利、償還貸款，顯示企業不僅正常營運，未來可能更佳；若反而小於零，代表仍需貸款或增資支應，經營仍顯困頓，或競爭激烈。

從表 8-3 中可以看出，現金流量的開始即為損益表的結束（bottom line），再用三種活動項目去調整：(1) 營業活動——資產負債表中的流動項目——這部分通常被視為日常營運資金；(2) 投資活動——相對流動項目較為長期的企業未來投資，尤其是資本支出，此與營運策略息息相關；(3) 融資活動——銀行貸款與股利政策的活動結果。而現金流量表的最終結果，又將回到資產負債表的現金項目。

了解財務三表與彼此之間的重點關係後，下一步，就可以進入財務分析的重點內容了。

財務分析工具：靜態分析與動態分析

由於財務管理書籍對此已有相當多的解析與說明，在此將不會針對基本概念與公式做解說，僅針對使用方式做重點提示，尤其針對新創企業的環境。

財務分析的面向可以區分成靜態分析法與動態分析法，皆有通常使用的分析工具。此外，也會將兩種分析法合併使用。

(一) 靜態分析法：比率分析

即在一定的時間內，用財務比率方式呈現經營成果。習慣上，通常看過去一年的成績。眾所周知，比率分析包含幾個重點方向，各自有幾個財務比率指標可供觀察，以及其指標的意義，內容整理如表 8-4。

表 8-4　比率分析重點

面向	比率指標	公式	指標意義
獲利能力	毛利率	（銷售收入－銷售成本）/銷售收入	觀察產品議價能力高低與成本控管的重要指標
	營業淨利率	營業利益／銷售收入	最基本的獲利能力指標
	稅後淨利率	稅後損益／銷售收入	
	資產報酬率	〔稅後損益＋利息費用×（1－稅率）〕／平均資產總額	營運高層會關心的，即資產投入能獲得多少報酬
	股東權益報酬率	稅後損益／平均股東權益淨額	股東較為關心，即股東投資能獲得多少報酬

面向	比率指標	公式	指標意義
獲利能力	每股盈餘	（稅後淨利 − 特別股股利）／ 加權平均已發行股數	即 EPS，是股價的重要參考指標
經營能力	應收（付）款項週轉率	銷貨淨額／各期平均應收款項餘額	財務性指標，期間內應收帳款的收回次數
	應收（付）款項收現日數	365／應收款項週轉率	經營性指標，即應收帳款兌現天期
	存貨週轉率	銷貨成本／平均存貨額	財務性指標，期間內商品平均銷售次數
	平均售貨日數	365／存貨週轉率	經營性指標，即存貨銷售所需天期
	固定資產週轉率	銷貨淨額／固定資產淨額	固定資產利用效率
	總資產週轉率	銷貨淨額／資產總額	投資 1 元資產，能產生多少的銷貨收入
財務結構	負債比率	負債總額／資產總額	總資產中有多少比例的負債
	長期資金占固定資產比率	（股東權益淨額 ＋ 長期負債）／固定資產淨額	固定資產有多少比例是以長期資金支付
現金流量	現金流量比率	營業活動淨現金流量／流動負債	以現金來償還流動負債之能力
	現金流量允當比率	最近五年度營業活動淨現金流量／最近五年度（資本支出＋存貨增加額＋現金股利）	營業產生之現金是否足夠作為支應資本支出、存貨採購與發放股利
	現金再投資比率	（營業活動淨現金流量 − 現金股利）／（固定資產毛額 ＋ 長期投資 ＋ 其他資產 ＋ 營運資金）	公司為支應資產重置及經營成長之需要而將營業現金再投資於資產之比率
償債能力	流動比率	流動資產／流動負債	流動負債能支持多少比例的流動資產活動
	速動比率	（流動資產 − 存貨 − 預付費用）／流動負債	流動負債能支持多少比例的速動資產活動
	利息保障倍數	稅前息前純益／本期利息支出	稅前息前獲利可支付利息費用幾倍
成長性比較	營業收入年增率	（當年營收 − 去年營收）÷ 去年營收 ×100%	各指標的成長性

（接下頁）

（承上頁）

面向	比率指標	公式	指標意義
成長性比較	營業毛利年增率	（當年毛利 － 去年毛利）÷ 去年毛利 ×100%	各指標的成長性
	營業利益年增率	（當年營業利益 － 去年營業利益）÷ 去年營業利益 ×100%	
	稅後純益年增率	（當年稅後純益 － 去年稅後純益）÷ 去年稅後純益 ×100%	
	每股盈餘年增率	（當年每股盈餘 － 去年每股盈餘）÷ 去年每股盈餘 ×100%	

　　值得一提的是，對於新創企業而言，尤其是新創前期，損益表是最重要的，若能成功「撐過」頭二、三年，才會接著開始重視資產負債表（的資產項目），因此在表 8-4 中，創業家應該要最重視獲利能力面向，其次是經營能力，然後是財務結構。財務結構、現金流量與償債能力，則應該由財務長或負責財務規劃的人負責關注，新創企業在中後期才會遇到這些重點。

　　另外，在表 8-4 的最後，也列出了成長性比較，則是屬於動態分析法的內容。

(二) 動態分析法：趨勢比較

　　動態分析法其實就是依照不同時間的經營成果做比較。一般來說，都要先設定所謂比較基期，將基期時間當成 100% 的基礎去做基期之後至今的時間性比較，來看企業經營的趨勢。而比較的指標則如表 8-4 的最末一大列。

　　雖然如此，有兩個重點仍需提示。首先是基期時點的決定。對於新創企業本身而言，要觀察自己過去營運的結果該怎麼觀察？基期的選擇應該要從開始有營收當年或當季才有比較的意義。創立到有營收則應該壓在一年以內的時間爲宜。而新創企業開始有獲利的時間，則依照營運模式的不同，會有比較大的差異性，未獲利的公司不一定會倒閉，甚至不一定是沒有價值的，我們在前面現金流量略有提到，也會在第三節特別說明現金流量的重要。

　　其次是要看多長的比較期間？因爲對於新創企業而言，除非是財務長

或是負責財務的同事，否則創業家想要看動態比較，應該都是準備募資或籌資的時候。然而，事實上，應該至少是能每年藉由財報全面檢討業務，理想上，若能每季進行檢視會更能讓創業團隊面對財務數字的現實。

以上說明的都是藉由各項財務比率指標來觀察自己本身的經營結果，若僅是單純如此的比較，對於新創企業來說顯然是相當不夠的，畢竟新創企業營運時間不長，有時營收獲利情形也不穩定，很難發揮動態趨勢分析的優勢。即使是靜態比較的比率分析，也常因財務報表的不完整而難發揮優勢。此時務必要加入併用同業比較法。

(三) 結合運用：同業比較

同業比較，是在動態法與靜態法中皆可使用的比較方式，尤其對於新創企業而言更是需要。因為不僅營運獲利情形尚不穩定，或者基期低、影響變化大，而且資產負債表可能很不完整，有些比率指標參考性很低。

同業比較就是與自己相似的競爭同業，針對其財務報表進行比較分析的方法。此處應注意的重點有三：跟誰比較、留意比率偏差、基期的變化性。說明如下。

在做同業比較時，務必慎選比較對象，因為一旦比較錯誤，不僅自己在市場中看不清楚，策略發展也可能出現錯誤。對於新創公司而言，比較對象（bench mark）的選擇，通常有幾個方式：選擇同業的龍頭、選擇與自己產品／服務或營運模式最接近者、選擇與自己同受矚目的新創業者、選擇自己想要成為的對象。因此，首先務必清楚自己在市場中的定位，才能在此階段做出適當合宜的選擇。

由於比率分析原是設計提供大型企業進行分析的工具，因此對新創企業而言，比率指標可能會由於財報的不完整而出現偏差情形，甚至比較對象也可能如此。此時應該將此偏差指標暫時忽略，而以其他類似指標代替。不過，指標的偏差卻仍值得進一步探討原因，尤其僅有自己或比較對象其中一方出現時，應探索其原因，了解內容事實是否合理。

在做同業比較時，可以更靈活運用，常見的如比較基期有可能出現變化，此情形尤其出現在比較對象已經發展成熟，在進行比較時，應該將對方的比較基期挪移至與自己本身發展階段相近的期間，例如：前述的營收開始

期，或是首度轉虧爲盈時等，或者想要特別比較對方在某階段的營運情形，也可做適當的基期設定。

同樣的，所有的比較工具都應該要適當的靈活運用，應該要思考比較指標的意義，以及進行分析的目的與適當性，而不該被工具本身（尤其公式）綁死——當然，比較的工具必須維持一致。

最後要強調的是，財務分析的結果，可以延伸用於自己競爭地位的了解、策略運用的好壞、企業價值的判斷，甚至可對於未來競爭環境進行認識，尤其新創業者本身對未來發展已有基本的了解，再做出一些基本可能性的假設後，便足以對於未來發展有幾種預測，再延伸到比較對象（尤其是眞正的競爭者）進行比較，此類工具將更能發揮其優勢。

二、資本預算決策

資本預算決策就是在計算資本投資如何回收，是新創公司在做財務規劃時，最重要的一個步驟。

從前面的案例可以知道，新創公司總是會遇到業務擴充的時候，無論是否以軟體或知識管理營運模式，早晚都會遇到資本支出的時候，創業家務必提早有此準備與相關判斷能力。

其實，無論是 Fab.com 或是 Zappos，對於未來的擴充或資本支出，創業家在當下都是模糊不清的，但很大的不同是，Fab.com 相對 Zappos 較容易得到資金挹注，尚未經過深思熟慮就直接擴充事業版圖，而 Zappos 則是因爲創辦人謝家華即將第一桶金燒盡而面臨破產邊緣，並非獲得外部資金，因此對於想要進行的事業版圖是否要如此擴充十分掙扎，才決定投入。雖然這樣的掙扎很不合理，但卻因爲經過深思熟慮，就會對於投入後的結果錙銖必較，因而會追求較大的報酬率。

所以從案例可知，沒有基本準備或規劃，就容易淪於盲目擴充，尤其沒經過財務管理洗禮的創業家，容易忽略資本預算的財務重點在於報酬回收，最終導致回收不如預期，甚至失敗而退出；或者太過小心謹慎，不敢做出投資決策而導致來不及擴充，失去先機。

因此，要如何做出較佳的資本預算決策呢？

　　無論是單一創業家，或是兩人以上的創業團隊，在面臨資本擴充時的基本思維至少有以下兩部分：

1. 市場策略：因應外部市場變化，以及內部競爭策略，在合理範圍內運用創新手法之下，同時考量市場與營運風險後，做出的資本投資策略。

2. 回收計算：根據上述資本投資決策，具體化為可能的行動方案，在多個行動方案之中，分別計算可能的回收情形，充分了解各種可能性後，做出資本預算決策。

　　這裡，不同於一般財務管理學科，我們要強調的是，市場策略的重要性必然優先於回收計算的方式。

　　市場策略，以 Zappos 為例說明，由於原先物流外包策略面臨營運瓶頸，如果不改善，那麼 Zappos 的營運將毫無特色，也可能就此平凡的苟延殘喘，甚至更差的，就逐漸在後來的泡沫中消失。因此，為了持續創造營運差異、維繫核心價值（消費者滿意：WOW），可能的策略就是買斷貨源並自建物流倉儲。這雖然是個龐大的投資，但若此模式真能成功，所建立起的競爭門檻也非常高，甚至可以達到獨霸市場、無競爭對手的獨占優勢。

　　因此，如果沒有對於市場的競爭策略，就不會有投資的資本預算決策項目。再次強調，尤其對於新創企業而言，創辦人仍應先發揮的是市場的創新能力，該如何用創新手法開創市場價值，取得客戶認同，過程中往往需要多次的擴充或轉型，才會有資本預算決策，在此前的市場策略務必先清楚明確。話雖如此，Fab.com 的擴充其實也算深思熟慮，只是在執行的過程中擴充過快，且轉型後喪失了原先企業的核心價值了。

　　對於 Zappos 的謝家華而言，由於已經跟團隊討論，要讓消費者滿意，這是唯一策略，當時似乎只有要不要做的選項，理論上來說，他不應該只去爬山、在過程中體驗生命後決定孤注一擲，當然後來的成功變成傳奇故事，否則也只是失敗的笑柄；而是應該要再跟團隊進行投資方案的模擬，即回收計算。

　　回收計算，即投資報酬的計算，不過我們在此並不強調理論、計算方式與公式等內容，僅列出一般計算報酬的幾種方式：回收期間法、淨現值法、內部報酬率法、獲利指數法，如表 8-5。我們仍將重點放在這幾種報酬計算的概念，以及強調適用於新創企業的思維。

表 8-5 資本預算報酬計算方法

計算方法	公式	關鍵因子
回收期間法	$$\sum_{t=0}^{T} CF_t = 0$$	最快回收年數
淨現值法	$$NPV = CF_0 + \left\{ \frac{CF_1}{(1+k)} + \frac{CF_2}{(1+k)^2} + \cdots + \frac{CF_n}{(1+k)^n} \right\}$$	市場報酬率 k
內部報酬率法	$$NPV = CF_0 + \left\{ \frac{CF_1}{(1+k^*)} + \frac{CF_2}{(1+k^*)^2} + \cdots + \frac{CF_n}{(1+k^*)^n} \right\} = 0$$	IRR = 最低要求報酬率 k^*
獲利指數法	$$PI = \frac{\sum_{t=1}^{n} \frac{CF_t}{(1+k)^t}}{CF_0}$$	PI = 未來各年現金流入總現值 / 原始投資現值

　　其實上述幾種計算方式，都是使用同樣的淨現值的概念去做計算，雖然在財務理論上會有差異導致使用上的優劣，但大致上，其差異只在於對報酬率的設定。然而對於新創企業來說，其實可能只希望企業能繼續生存下去，也就是讓未來的現金流入能夠足以支應企業的現金流出（此時通常會低於而非等於損益平衡點，想想 Zappos 的例子），此時對於報酬率或折現率的要求可以說等於 0，也因此，通常會以回收期間法去計算較為適合，同時也較為簡單易懂。

　　新創企業往往在第一次遇到較為大型的資本預算時，就應該開始思考跳脫向親朋好友籌資，或用自己的信用借款的方式，轉而開始朝向較為大筆而長期的專業投資人的資金了。

　　然而，無論是任何階段的創投，甚至是銀行借款，從他們的角度來評估是否投資或是否借款時，關於資本預算的決策都不會是回收期間法。因此，在進一步籌資或融資時，針對資本預算的報酬回收計算，就務必要改回較為複雜，或要求報酬率較高的計算方法。至於籌資的管道與融資的工具，將在下一章進行說明。

　　無論資本預算使用哪種方法計算，創業家的重點恐怕都不在計算如何回收，而應該著眼於資金的規劃與準備，此時的財務策略如何搭配競爭策略才是重點。而競爭策略要能成功，基本的概念就是現金流量要足夠。

😯 三、現金流量的重要

　　一般我們都會聽到這樣的說法，就是「企業中的現金流，就等於人的血液一樣」，實際上也確實如此，任何企業要存活，都必須要有現金流動（流入與流出），並且最好是流入量要大於流出量，才能越來越壯大；流入等於流出則屬於勉強存活，而若是流入小於流出，則恐怕存活不久。

　　雖然前面講述應計基礎的會計利潤合理性，但在還沒有確實營收或是尚不穩定期間，尤其是對於新創企業的初期階段，務必要先有現金流量的觀念。

　　以新創最初期來說，由於企業剛成立，訂單尚未產生而沒有收入，此時企業的現金流量只有支出，創辦人應要有的認知是，最初的自有資金至少應包含開辦費（設立企業所有手續費用、裝潢、基本辦公設備等）、每天營運的房租水電費用、人員薪資費用，一般最少會以 6-12 個月來做準備。這些應與前述的資本預算分開認定，尤其是若尚未經產品市場需求之認定（Product Market Fit, PMF），比起市場熟稔之產品需要更長一段時間，而產品的生產若又需要資本支出的支應，則自籌款則需更高。雖然這些都可作為最初期的實收資本額，但非資本支出的金額，恐怕都將以沉沒成本視之。

　　當開始有初期訂單進來，卻尚未達獲利時，創業家或團隊雖要開始逐漸轉換應計基礎的觀點，但對現金流量的現實仍需擺在首位，才能對於資金的時機需求保有敏感度。此階段的焦點之一是損益平衡點（break-even point），概念上來說，營收要達到一定的程度，所賺得的錢（毛利）才能用以彌補營運所需的費用（營業費用），這個營收水準就是損益平衡點，也就是營業規模的相同概念。另外就是要一邊留意現金流量與存量，一邊又需照顧到客戶需求、產品或企業的核心價值、營運模式的創新性……等，等於雙核心運作，應該會是創業期壓力最大的一段時間。

　　等到企業逐漸轉虧為盈，進入中期階段，亦即產品已經經過 PMF 階段，營收應該進入快速成長時，可能也需要特別注意現金流量的週轉，以避免營收快速成長、企業忙於盡快交付產品或服務，卻因應收期過長、原物料存貨過多，或應付期較短而導致現金週轉困難，甚至出現前述的黑字倒閉窘境。關於現金流量的指標已在前面章節說明，也可回頭參考表 8-4 中的現金

流量部分。而財務分析上則會使用現金週轉天數來觀察：

現金週轉天數 = 存貨週轉天數 + 應收帳款收款天數 – 應付帳款付款天數

現金週轉天數當然是越短越好，代表企業營運時對於現金的基本需求，至少應該要準備幾天的現金存量。

此外，關注好現金營運的週轉後，對於現金流量或許不再那麼迫切，但在營收快速成長時，也會遇到前面章節提到的，或開頭案例中類似的擴張階段，由於面臨較關鍵的資本預算決策，因此對現金流量的認知又必須要導入自由現金流量的概念，可以看出企業的經營是否游刃有餘，甚至可評斷企業價值或長期是否具競爭力，此部分已如前述：

自由現金流量 = 營業活動現金 – 資本支出

若自由現金流量無法完全支應資本支出，則可能需要融資借款，或是犧牲短期股利發放，甚至需要再增資。此時對於股東而言，由於已經損害到投資的目的，通常會降低此類的企業投資價值評價。相反的，企業如何在長期未來累積現金水準，也成為提高企業投資評價的關鍵之一。最佳的例子是Amazon，雖然 Amazon 每年的獲利並不高（尤其 2000-2016 年間），甚至偶爾小幅虧損，但幾乎每年都能持續累積一定水準的現金，使其評價也水漲船高。類似的例子還有 Paypal。

其中的關鍵即在於適當的資本預算決策，以現在所賺得的部分現金，持續投入可以拉高競爭力關鍵設備或項目（想想 Zappos 的大投資）。所以最好的營運成果，就是既能照顧到短期股利發放水準，又能照顧到長期資本預算的投入水準——兼顧未來企業的競爭力，此部分當然也與企業雙歧管理的發展有關（第五章、第十一章）。

四、如何規劃未來

我們已經說明了幾個重要概念：財務分析——利用財務指標了解自己與同業的營運狀況，進而了解競爭情形與趨勢。資本預算——針對關鍵設備的資本投資決策。現金流量——在創業的每個階段都關注不同的現金流量焦點，讓企業存活更能累積價值。

透過簡單的回顧，也已經大致能了解，其實將上述三個重點串接起來，就是財務規劃了。

明確的說，財務規劃有哪些步驟呢？

首先是財務分析，這是很重要的基本起手式。對新創企業而言，在財務分析的關鍵步驟中，與其說藉由財務指標觀察自己的表現，更重要的是，應該藉由類似的同業比較來了解競爭市場，一方面找到適合自己的市場定位，一方面了解類似的競爭者（或非競爭者）。如前面章節所述，透過營收成長性、毛利率等獲利能力指標，可以找出同業議價能力，再結合自己對於市場的資訊，可以推敲出同業的商業模式，進而達到知己知彼的目的。

當然在此步驟中，透過各種指標而對本身財務表現掌握的必要性，自不在話下。尤其是在損益平衡點的認知是否有所差異、現金流量的掌握度與比較。在對於本身的競爭實力與業務拓展有了一定掌握之後，才會對於未來前景有可能比較清楚，而有了預測能力後，才會對於較大的競爭格局有所展望，才會開始思考不一樣的策略，才會進入到資本預算階段。

有時，由於商業模式或行業性質使然，一開始便需要較大筆資金以支應基本的資本支出，這樣的新創企業更須留意現金流量的特殊性——有較高的折舊。因為折舊較高，會出現雙重損益平衡點：一般損益平衡，與現金損益平衡（現金流入與流出相等，即 EBITDA = 0），其中，在達到一般損益平衡時，因為折舊成本屬於現金流入，因此現金仍為淨流入。這時有兩種競爭策略思維，一是如果要進行殺價或補貼行為的市場競爭，則仍有空間讓價格再降低；或者，另一方面，在損益平衡點時，仍可以累積現金，持續增加企業價值。並無對錯，就看怎樣的策略適合自己的商業模式與核心價值了。

關於資本預算的重要內容已經在前面章節中說明，包括對於現金流量的概念。在確定資本預算決策後，也還要再進一步做出整體企業在資本支出後

的未來規劃，而這時候的規劃，就必須針對最佳情形、最糟情形與最可能情形，推敲出不同的情境分析（scenario analysis）。

一般來說，此時做財務規劃的目的，就是要對專業投資人募資，或者對銀行融資，因此也必須做出較為完整的營運計畫書（business plan），內容將在第十二章說明。這裡要說的是，除了已經做成的資本預算決策之外，仍應對於其他的次要決策做出模擬情境分析，以應付多變的外在競爭環境。

若已經完成了二、三次成功的籌資活動，且市場競爭與營運情形也仍在掌握之中，則接下來就是要開始考慮是否要進入資本市場，這部分將在下一章說明。

最後，營運順利都需要持續擴張，以順勢搶占更大的市場，但同時，務必要了解自己的核心價值，無論如何擴張、轉型，都不應偏離或丟棄核心價值，相反的，所有的資本活動都應以符合或充實核心價值為前提來進行。

在以上的步驟中，特別要提示的是，由於市場競爭是動態性的，因此在做任何的分析、規劃時，都要保持動態思維，因此，分析的假設基礎才是最重要的元素。其中，價量如何設定、營業費用如何設定、營運週期如何設定都很關鍵，裡面的假設基礎都是各公司的營業機密，也是競爭的成功關鍵。

另外，在情境分析中亦然，外在市場環境會如何變化，都會影響產品銷售或業務推展，都應該針對可能的因素進行推敲。影響因素當然不可能窮舉，但要如何聚焦、如何思考影響性、如何假設自己的競爭力，都是非常值得創業經營團隊深思熟慮的。

我們針對新創企業在不同階段，所應該要進行的財務規劃重點，整理成表 8-6，以了解在各階段的財務規劃議題。

表 8-6　創業各階段

新創階段	籌備期	創業前期 （種子期）	創業中期 （創建期）	創業後期 （擴充期）	資本市場 （成熟期）
營運狀況	創業概念具體成形	尚未有實際營收	營收穩定並成長	快速擴充 / 轉型	逐漸穩定
資金來源	自籌	自籌 育成中心 / 孵化器 加速器 政府貸款	創投 策略夥伴 銀行	創投 / 私募 基金 銀行	資本市場 銀行
財務規劃 重點	相關市場訊息 市場競爭定位	PMF 營運資金預估	損益平衡點 新產品研發	財務結構	企業價值
現金流量 認知	資金來源 開辦費	燒錢階段 日常的現金 流出	現金週轉天數 EBITDA 資本預算	中長期資金 現金運用 允當	資金成本 財務管理

五、關於併購

　　新創事業如果具有好的創意、好的技術，或是有好的商業模式（第十一章），就容易會被迫要面對提出併購的想法，對此，新創團隊（尤其是第一次創業者）該怎麼進行思考呢？

　　新創企業常見的併購也不外乎這兩種情況：被併購，以及主動發動併購。

被併購的價值

　　也許隨著案例 8-1 中 Zappos，你應該也聽過這樣的說法，新創企業應該要創造「被併購的價值」，尤其是部分連續創業家，以其滿滿的創意，尤其若能架構在先進技術（如 AI）之上，動用其寬廣的人脈，再憑藉滿腔熱情與口才，便有機會將好不容易組織好的新創團隊兜售出去，繼續下一個新創事業。

　　你覺得如何？

事實上，新創事業多半是處於被併購的一方，而被併購者最難以抗拒的誘惑，就是被市場認定的成就感，以及所跟隨而來的金錢。這就是被併購的價值，就像案例 8-1 中 Zappos 被 Amazon 併購一般。

財務上的收益是被併購的新創企業最直接的價值體現，也是本章在最後想說明的重點之一。新創企業若能藉由併購獲得大量資金注入，則不僅不須為企業存活煩惱，在資金面不僅可清償債務、降低資金成本，還能更有餘裕的投入研發（包括設備或團隊），更因此提升了企業的市值與知名度，增加股東的回報。甚至有機會站在巨人肩膀上前進，或者至少產生綜效。

然而，似乎沒有這麼單純。併購固然可以成為新創企業（家）的重要策略之一，畢竟被併購的價值往往超乎財務收益，我們認為，對於被併購方來說，也應同時考量非財務面的因素，包括技術、資源、文化和市場策略的適配性。

同時你也一定會想，如果不參與併購，而由自行獨立運作下去，會怎麼樣呢？會比較好嗎？該怎麼比較兩者？可以試著從併購方思考。

併購是最快速的成長

其實新創企業仍有機會站在併購的發動方，主動去併購別人——通常是更新、更小、更有綜效的一方。新創企業以小併大非常罕見，也可能更容易失敗[1]。然而，在 VUCA 環境中，企業發展速度成為其市場競爭力的隱性基因，而毫無疑問的，併購確實能迅速擴大規模、占有先機，不失為快速成長的策略——尤其對於大型企業而言。

從積極方面來說，若是屬於具某種程度替代性的類似市場（見第十章），相比於內部增長，這種併購能夠在短時間內將兩家企業類似的資源、技術和市場份額整合在一起，從而實現規模經濟，除了可降低成本，更能實質擴大市占率。若是屬於互補性市場，則屬於垂直整合，或是併購先進技術，則能獲得技術優勢和市場資源，進而提升技術，也能降低成本、擴大

---

[1] Ahuja, G., & Katila, R. (2001). Technological acquisitions and the innovation performance of acquiring firms: A longitudinal study. *Strategic Management Journal*, 22(3), 197-220; Graebner, M. E. (2004). Momentum and serendipity: How acquired leaders create value in the integration of technology firms. *Strategic Management Journal*, 25(8-9), 751-777.

市占。

此外，若屬於不同市場，則屬於水平整合，則企業能擴大範疇經濟，幫助企業進入新市場、取得新資源，增加銷售額和利潤。

從消極方面來說，特別是針對替代性高、市場競爭激烈的企業，進行併購只是為了降低競爭性，而藉由併購消除競爭對手。

然而，若回到財務觀點，併購方如何考量併購的價值，成為被併購價值的對價。如同前述，由於併購後價值將會提升，尤其在積極方面，因此通常會進行溢價併購。因此，併購方式也成為關鍵議題之一。

併購策略的思考

整體而言，針對併購，可能面對幾個不同的思考主題。由於併購雙方的競爭性、資源態勢、發展強度、併購籌碼都不同，很難有一定的答案，因此我們針對以下關鍵主題，提供基本的思考問題與方向。

1. 併購方式方面：

    (1) 是以現金收購、股票抵換、還是借錢舉債收購？或者是混合使用？

    (2) 你認為哪種方式比較好？從不同利害關係人的角度如何評估？

2. 價值評估[2]方面：

    (1) 併購時，是溢價還是折價？為什麼？

    (2) 併購雙方有價值認知上的差距嗎？該怎麼協調？

    (3) 你認為被併購方應該如何評估自身的價值？除了財務收益，還有哪些因素應該考慮？如何對價？

    (4) 在考慮併購提議時，新創企業應該如何兼顧短期財務收益與長期發展潛力？兩者的價值有所不同嗎？

3. 技術與資源適配性[3]：

    (1) 對於技術的未來發展能夠彼此認同嗎？

---

[2] Seth, A. (1990). Value creation in acquisitions: A re-examination of performance issues. *Strategic Management Journal*, 11(2), 99-115.

[3] King, D. R., Dalton, D. R., Daily, C. M., & Covin, J. G. (2004). Meta-analyses of post-acquisition performance: Indications of unidentified moderators. *Strategic Management Journal*, 25(2), 187-200.

(2) 併購後，技術與資源能保留或獨立運作嗎？如何保留或運作？

(3) 在併購過程中，如何確保技術和資源的整合能夠順利進行？併購效益如何才能維持最大化？

(4) 你認爲技術和資源的整合對於被併購企業的長期發展有多大影響？有沒有同業的成功或失敗案例可以參考？

4. 文化與管理適配性：

(1) 在併購後的管理整合中，應該如何處理兩家企業的管理風格和營運模式的差異？

(2) 你認爲企業文化的差異會對併購後的整合過程產生哪些影響？如何應對這些挑戰？

5. 發展策略適配性：

(1) 併購雙方屬於哪種合併？有沒有在策略光譜上的其他合作方式？

(2) 併購對於雙方在市占率的提升有多大幫助？有哪些因素會影響併購過程的成功與否？

(3) 併購雙方是否應該利用對方的市場資源來快速建立市場地位？還是內部資源整合但外部發展維持獨立即可？應該如何進行最好？爲什麼？

(4) 併購之後的發展策略上，可能會衍生出哪些潛在的風險和挑戰？應該如何評估？

　　總之，新創企業若能遇到併購提議，不僅能爲本身企業帶來多方面的價值，更是一種發展的肯定。然而，即便是一個難得而重要的機會，可望將在競爭激烈的市場中取得更多資源、脫穎而出，卻仍應冷靜面對、仔細評估，從未來可能的發展價值、技術與資源的價值，如何落實在財務報表中，同時也應考量各種角度的適配度，包括利害關係人、資源與執行能力的整合綜效……等，才不至於將自己的新創企業賤價賣出了。

think-about & take-away

1. 你覺得在實務上，新創企業在正式獲利之前，須著重應計基礎還是現金基礎？為什麼？

2. 新創企業常見損益表大幅虧損，為什麼不會倒閉？從財報觀點，財報要呈現出什麼才是倒閉？

3. 你覺得新創事業能被併購是有價值的嗎？你認同本書的看法嗎？

4. 若能選擇，身為新創事業的創業家，你會選擇被別人併，還是併購別人？為什麼？

5. 你認為併購是否是所有企業快速成長的最佳策略？還有哪些其他策略可以考慮？

個案介紹

案例 8-2 ／ 晶翎美學診所：開啟下世代醫美

精靈仙境

Pays des Fées，法文原文意為「仙境」，與其中文「晶翎」諧音意義相近，一眼看出這家醫美診所企圖有所不同，加上位處臺北市中心，晶翎美學診所的市場定位已然相當鮮明。

診所由謝綺瀅院長和楊宏仁醫師於 2023 年共同創辦，定位於頂級美學市場，其特色在於其結合 AI 技術與大健康理念，提供個性化的服務，強調從內到外的全方位美學體驗。正如兩位創辦人所說的，「每個人都是上天打造獨一無二最好的自己，希望維持自己美好的最佳狀態……聆聽顧客的聲音，每個人對美的需求不同，規劃客製化方案。」不但讓美麗、健康的人更容光煥發，同時也陪伴客戶優雅變老。

因此，晶翎美學診所與臺灣如雨後春筍成長的一般醫美診所有三個主要差異：

1. 身心舒適：從內部高雅設計、舒適環境開始，致力於結合醫術與藝術，提供全方位美學服務，讓顧客一走入診所就如仙境，享受美學服務也同時尋到內心的平靜。

2. 客製化：晶翎的特色在於其提供個性化的服務，基於從內到外的全方位美學體驗，重視個別差異、聆聽顧客需求、專注客製方案，強調設計最適合的療程（而沒有最好或最貴的療程）。

3. 自然力：與其他頂級醫美相比，晶翎獨特之處在於其全面的健康理念和先進的技術應用。不僅關注外觀改善，更注重整體健康的維持，因為「強化健康就散發美麗」，「順其自然最美，逆自然反而做作」。

而在網路上，消費者體驗後的評價也十分正面。多有類似這樣的回饋：「……讓我感受到前所未有的尊重和關懷」、「每次療程都像是一場心靈的洗滌」、「這裡環境優雅，醫師專業，讓我在追求美麗的同時，也能享受放鬆的時光」……等。

晶翎美學診所成立後，僅用不到一年的時間已經達到市場定位的體現，接下

來則要陸續面對內部管理、財務表現、競爭策略決策等現實層面。

診所的財務結構大不同

由於臺灣的醫療診所（與其他大多國家的規定一樣）並不是營利事業機構，因此不僅相關法規有很大的不同，連財務結構與一般公司行號都有相當的差異。主要是損益結構與資產負債上的不同。

損益結構來說，一般公司行號的收入來源與成本項目都較為多樣化，收入可能包括產品銷售、服務費用等，而診所的收入主要即為醫療服務（向健保局申請健保點數與經費申請，另有非健保的自費項目），和其他相關產品（門診費、自費項目、其他商品如牙刷、自費藥、醫材等），相對單純得多。當然其中醫師的勞務為最主要的參與，健保給付部分也多支付醫師勞務（須扣個人稅務），此外，其他成本與費用也相對單純，僅剩醫療材料（消耗品）和設備折舊，以及護理師與助理薪資、其他營運費用。

資產負債上，由於診所最重要的是依靠儀器設備做醫療檢查或治療，這些醫療設備便是主要的資本支出，但診所剛創立尚未營運，若非有金主支持，一般開業前要向銀行以信用或抵押貸款舉債的話，需考量資金成本與報酬率，因此通常自籌款與銀行借款約在 2：1 左右，而總金額則依據所需設備多寡與等級而定，通常會在千萬水準。

醫美診所又有差異

醫美診所與一般診所之不同又主要有兩個部分，設備較貴，與專業分散。（醫生專業性、規範性與高薪水，又為其特色）

醫美診所常見的設備如雷射設備、脈衝光、緊膚儀……等，每台設備都不低於其他科別設備，何況醫美診所往往動輒三、五台以上，使得初期資本支出較其他診所更高。而晶翱所使用的設備則更為昂貴（可能是比較新成立的公司，採購較新技術），例如：皮秒雷射、精靈電波，甚至更高檔的線雕、熱磁減脂等設備，都墊高了醫美（尤其晶翱採購較新、較高檔設備）的初期資本門檻。

其次，醫師專業其實很分散。嚴格來說，並沒有醫美專科醫師，過去都由皮膚科醫師來處理面部皮膚相關療程，進而到近 10 年則轉由整形外科較為熱門搶手。其他如骨科、家醫科也都多少能處理（甚至開業）醫美相關療程。這也使得

醫美診所林立，但專長卻略有不同。

　　晶翎的醫師固然主要為整形外科，但因理念是從身心健康出發，重視的是再生醫學，因此其專業團隊中不僅囊括了家醫科、皮膚科……等，也精挑細選對再生醫學發展方面有所著墨的專業醫師——這部分已無形中建立了發展道路與門檻。

　　因此，從財務管理角度來看，醫美診所相較於一般診所應該有更高比重的自費項目、相對帶來較高的利潤率，但折舊占成本比重也相對較高。也就是說，回收期可能較長，但因資本支出較高，也使得長期獲利槓桿可能較大，同時，設備使用率成為營運關鍵（一般診所則為醫生看診時間）。

晶翎的財務策略

　　晶翎在成立的第一階段，固然以其特殊的市場定位打響了第一炮，由於其主打「專業＋美感」雙核心，客製化療程也使其價格較高，但從口碑來看確實也堅持住了其經營理念，成功區隔出差異市場。

　　第二階段恐怕準備進入較為困難的競爭策略混沌期。一方面有財務獲利的現實，一方面也要看市場競爭的反應。表現在財務面上，如何在維持差異定位之下，讓營運持續向上成長並觸及損益平衡點。前面提及，由於資本支出較高，每個設備的利用率必須衝高，因此，長期的療程、每次體驗的高黏著度，並藉由各種管道經營同溫層的口碑，都提供單點經營模式嘗試創新的材料與基礎。

　　長期而言，在其經營理念的框架之下，順利嘗試出單點的營運模式相當重要，即便多花點時間（也許需要 3-5 年以上），找到正確模式恐怕才是重點，如此才能對未來夢想——連鎖經營有所助益。

　　因此，在財務策略上，損益平衡點之前應該要採取較高槓桿，投入口碑行銷的加乘效果，以間接支持設備利用率的提升；或與設備代理商協商出不同的合作模式，以降低財務壓力。在損益平衡點之後，應朝降低資金成本方面著手，以盡可能拉高報酬，才能在下一步的財務策略（如設備更新、連鎖經營等）提早布局。

思考

1. 醫美診所的財務表現還有哪些不同的觀察重點？

2. 如果競爭環境改變，區隔市場的競爭者越來越多，在其他條件不變之下，晶翎該殺價競爭嗎？回收期會拉長還是縮短？晶翎要創造什麼其他條件？

3. 高資本支出，為什麼要衝高營收規模或設備使用率？損益平衡點有什麼特別的意義？

Chapter

9

創業的募資與籌資

個 案 介 紹
案例 9-1 ／沛星赴日掛牌與募資之路

Appier 赴日掛牌：為何是日本市場？

2021 年 3 月 30 日臺灣新創企業沛星互動科技（Appier，股票代號 4180.JP）在日本東京證交所的 Mothers 板正式掛牌交易，不僅遠赴東洋成功掛牌，為日本 2021 年最大 IPO 案，轟動日本資本市場，掛牌首日市值更達 14.6 億美元，一舉催生臺灣第一家獨角獸！讓臺灣新創界無不與有榮焉。

沛星是一家提供 AI 人工智慧的軟體服務公司（SaaS），主要應用領域為數位行銷（即所謂的 MarTech），客戶產業別以電商、遊戲、消費品、金融、社群、娛樂為主，地區分布日本、韓國占營收三分之二；大中華（含臺灣）占兩成以上。除亞洲外，歐美亦設有辦公據點。

也因為**主要市場在日本**，成為選擇在日本掛牌的主要理由。

而且日本**對於 AI 服務與相關商業模式很熟悉**，未來市場成長性也足夠，投資人接受度很高。在其掛牌的說明書中也是這樣描述：為了相關人才與市場而決定在日本掛牌。

第三是籌資能力強。沛星 2021 年在日本掛牌的籌資金額就接近 2020 年臺灣 IPO 掛牌的籌資總額；而且從遞件、核准，到掛牌上市的時程，僅花了 1 個月又 4 天，足見東京證交所效率之高、籌資能力之強。

還有就是**國際化程度深**。此次沛星的 IPO，其實只有 25% 的日本投資人（專業機構 12%，個人 13%），另外吸引了國際投資人竟占了 75%。

而日本東京證交所 Mothers 板，也可說是專門針對具成長潛力的新創企業籌資上市提供服務，據了解，有日本最強獨角獸之稱的二手拍賣平台 Mercari，也於 2018 年在 Mothers 板掛牌。

在 Mothers 登板掛牌的條件須符合：總市值達 10 億日圓（或 1,000 萬美元）、股東 200 人、流通股 25% 且市值 5 億日圓、持續經營 1 年以上，且之後可改登市場一部或二部。據東京證交所統計，Mothers 已有 30 年歷史，個人投資者占總交易量一半以上，2019 年 IPO 上市案件超過三分之二在 Mothers 板上市，從流動性來看，已為全球前十大的交易市場。

　　事實上，沛星赴日掛牌並非偶然興起的念頭，也並非什麼巧合，即便 2016 年之前東京證交所負責人也已力邀沛星赴日掛牌，但其實沛星一直是計畫性的朝日本掛牌的方向準備。

股東背景

　　雖然成功掛牌，但事實上，目前沛星仍處於虧錢的狀態。虧錢如何在資本市場預估股價？有人會用市值營收比（市值是營收的幾倍），也似乎在 Mothers 板並不陌生，一些當地的獨角獸（如 Karte）即是以市值營收比來計算的。這對臺灣投資人可能難以想像，似乎 AI 正在重演 20 年前網路 .com 公司的老路？虧越多市值越高？但其實不然，面向消費者營運的業者，對於所擁有的客戶數有其價值，客戶黏著度可保值；而面向企業營運的業者，則需深究其商業模式的完整度來觀察客戶黏著度。而針對 SaaS 的營運評估則會使用 NRR（Net Dollar Retention Rate，淨收入留存率）來看其營運好壞，沛星此指標達到約 120% 的水準，表示未來營收可望持續放大，獲利亦可期。

　　也因此，吸引了不少創投相繼投入，包括紅杉資本（印度）（Sequoia Capital India）、軟銀集團等，也都成為主要股東之一。如果看沛星掛牌時的主要股東結構（表 9-1），可以看出雖然主要是以創投為主，但五家主要創投總共持股僅有 38.65%，而其本身主要持股仍有 27.15%。所有持股人多達 200 多人，相當分散，因而使得經營者仍有主要持股，不至於有經營權外流或稀釋的風險。

表 9-1　沛星掛牌時主要股東持股結構 [1]

名稱	持股比重	營業項目
Plaxie	18.54%	沛星的控股公司
紅杉資本（印度）	16.67%	創投
Global Premier Group	6.90%	金融業（非創投）
TA Strategic PTE	5.88%	創投
蘇家永	4.75%	沛星技術長暨共同創辦人

（接下頁）

---

[1] 資料來源：網站 https://startup-db.com/，及其「有価証券報告書」。

（承上頁）

名稱	持股比重	營業項目
軟體銀行集團	4.74%	創投
Hippo Technology Investment	7.57%	創投
GSEN Appier Client Asset Account	3.86%	沛星的資產公司
大華銀行創投	3.79%	創投

各階段與募資後用途／發展

沛星的籌資過程又是如何走過來的呢？將各媒體的報導資訊整理如下：

2012 年創立 Appier 之前，三位創辦人其實剛經歷創業失敗，上一間共同創辦的公司剛解散，公司即名為 Plaxie（中文一樣是沛星互動），目標是做出 AI 驅動的遊戲引擎，但並不成功。解散後同樣一批人將 AI 轉應用於廣告行銷（MarTech）領域，主打跨螢幕廣告解決方案、AI 資料平台。

再次的創業仍是辛苦的，Appier 成立的前兩年也並不成熟，PMF 與商業模式仍在摸索時期，直到轉向 B2B 後，才算找到自己的方向，也才在 2014 年 A 輪募資時，順利取得紅衫資本資金。有了資金後的沛星，持續訂出公司營運成長兩大方針：內部創新有機成長，與系統性外部併購，再加上紅杉資本全球知名的名氣，使得後面幾輪的籌資也都沒有失敗 —— 當然，每輪的籌資都有其特定目的，但也都不偏其成長的目標與方向：持續創新與持續併購，使產品／服務更全面，市場開拓也更全面。

Appier 幾輪募資的過程整理成表 9-2。

表 9-2 Appier 募資過程

輪次	年次	募資金額	投資者	重要里程碑
自籌	2012		創業團隊	首個產品 CrossX、新加坡
A 輪	2014	600 萬美元	紅杉資本（印度）	赴越、日、澳、菲、印、印尼、港設據點

輪次	年次	募資金額	投資者	重要里程碑
B 輪	2015	2,300 萬美元	紅杉資本（印度）、大華銀行創投、集富亞洲、聯發科創投、源科資本、宏誠創投、TransLink Capital（US）	南韓據點 持續研發新產品
B+ 輪	2016	1,950 萬美元	蘭亭投資（淡馬錫）、中經合集團、FirstFloor Capital（MA）、Qualgro（AU）	泰、大阪據點 新產品 AIXON
C 輪	2017	3,300 萬美元	軟銀集團、LINE、NAVER、尚乘集團、新加坡官方資金	強化產品能力 併購（AIQUA、AiDeal）
D 輪	2019	8,000 萬美元	閎鼎資本、HOPU-Arm 創新基金、蘭亭投資、Insigna、集富亞洲、宏誠創投	進軍歐美市場
IPO	2021		國際投資機構 75%、日本投資機構 12%、日本個人投資 13%	併購 BotBonnie 持續投資研發、人才

　　臺灣第一家獨角獸的風光背後，其實可能背負著更多的辛苦與責任。尤其在創業之初，同時要面臨許多業務或技術上的難題有待解決，以及經常被資金與時間追趕的強大壓力。創辦人游直翰也在媒體專訪中多次承認，在早期的資金非常有限，往往就已經看到盡頭；而既然資金有限，不能在未來半年內消耗殆盡，但又不能因此過於保守而不將資金投入看到的機會之中。因此，每次的資金投入都要一再確認風險與計畫，平衡產品開發、據點擴張與現金水位，以保有適當的現金流循環。

既然現金就是血液，新創事業該如何獲得源源不絕的血脈？除了本業盡速轉虧爲盈，再不然就是取得投資與融資的款項了。本章針對後者，從財務管理的觀點切入，並提供實務上募資與融資的思考模式，最後再從家族事業與新創的關係進行觀察與思考，協助新創事業籌資。

一、財務槓桿運用

前一章我們的設定是新創企業的前期到中期，多半運用的是自有資金。到了中後期，尤其需要較爲大筆而長期的資本支出時，就不得不使用槓桿，也或者透過進入資本市場，也是另一個無槓桿的籌資管道。我們先了解財務槓桿運用的概念。

什麼是財務槓桿

槓桿就是借錢，也就是負債融資，對於新創企業而言，通常情況都是在遇到較大型的資本支出時，才需要運用財務槓桿。

從資產負債表的角度來說，起初的自籌款之後會變成股本或股東權益（equity），由於不是債務，因此不需償還，而提供股權資金的投資者（無論是否爲創辦團隊本人與親朋好友），最終是想要以時間換取資本利得（股價上漲），這部分並不是槓桿。負債部分就是運用了財務槓桿，屬於債務，因此需在約定的時間內連本帶利償還。

在新創的情況下，自籌款通常是因應半年到一年的前期日常營運使用，對於一年後以及較大型或專用型的資本支出，通常會需要向銀行借款，或是另外的專門投資機構募資。而企業借款從事投資活動，即稱爲財務槓桿。所以，在概念上，財務槓桿也可以用負債比率來表示（負債／資產）。

爲何要（不）使用財務槓桿

既然稱爲槓桿，就是要發揮以小博大的槓桿效果。也就是說，不需太多自籌款（股本），即可進行較大筆的投資（資本支出）。

然而，這樣一來，企業的日常營運就必須多負擔一筆利息支出費用，且約定時間到期時，更必須負擔一筆較大金額債務的償還，如果投資未能立即

取得較佳的報酬，或者仍需一段時間的營運才能顯現投資效果，那麼，企業在短期內將肩負利息重擔，甚至面臨還款壓力。

事實上，對於需要一段時間才能顯現投資效果，或是營運規模效果的商業模式競爭策略而言，新創初期若能以自籌款（股本）因應資本支出，會是比較輕鬆自在的。但也就是因為自籌款不易，有時則是因為將會對股權造成稀釋，而恐怕因此失去經營權，所以必須要使用財務槓桿。

由此可知，財務槓桿的使用其實與企業經營所面臨的機會與風險息息相關，因此，問題不是為何要使用財務槓桿，而是要怎麼使用。也就是說，真正想要問的問題是，怎樣的財務槓桿結構才恰當？

怎樣的槓桿結構才恰當

這裡引用財務管理學中三個部分來進行觀察、判斷與討論：(1) 槓桿程度指標；(2) 風險管理及觀念；(3) 資本結構理論。

前面簡單用負債比率來表示財務槓桿的概念，但在財務理論中，也會進一步使用「槓桿程度」的指標來將企業使用槓桿的情形具體數量化。常見的公式為：

$$總槓桿程度 = 營運槓桿程度 \times 財務槓桿程度$$
$$= \frac{PQ - VQ}{PQ - VQ - F - 1} = \frac{EBIT + F}{EBIT - I}$$

由上可知，總槓桿程度指標是結合了「營業槓桿程度」與「財務槓桿程度」兩個財務學中的指標而成的，其中「營業槓桿程度」用以衡量企業在固定成本的使用程度高低，以了解企業在使用資本支出（於固定成本）後，對於獲利的敏感度（或風險程度）；「財務槓桿程度」則是用以衡量企業使用負債工具後，經由企業的獲利程度對於利息支付有多大的負擔（或風險程度）。

在財務理論上，總槓桿程度也通常用來衡量整體企業的營業成本與財務成本費用，對企業獲利（通常是每股稅後盈餘，即 EPS）的影響程度。

總槓桿程度計算出來是獲利的倍數，也會結合其他償債能力（如利息保障倍數）一起觀察。雖然沒有一定的數量作為絕對的判斷標準，但概念上槓

桿程度不宜過高，也是一個同業比較的觀點。

然而，對於新創企業來說，如果在負債後已經呈現獲利者，應該還算適用，並且已經可以開始衡量或計算獲利敏感度，但通常在第一次融資後的階段，企業還不一定有獲利，使得這樣的指標不一定適用。

況且，對於創辦人而言，比起獲利程度或敏感度計算，更關心的恐怕是經營權的問題。因此，與其了解或計算財務指標，對於新創企業而言，應該要更深入了解財務槓桿背後所隱含的機會與風險觀念和管理，以及資本結構的允當性。

二、風險觀念與管理

企業經營有哪些風險？

財務槓桿的運用，實務上都會考量風險——無論是企業端、投資人端或是銀行端，畢竟，企業經營原本就是彼此競爭，誰會勝出真說不準。因此在經營面向就有所謂營運風險。前面提及的營運槓桿程度，是用財務指標來觀看固定資本支出的使用對於獲利的敏感度，這是一種特定情形的營運風險，事實上，還有其他因素的營運風險。

另外，還有所謂財務風險。在財務槓桿程度角度，是衡量企業還款的負擔，所以可知是從銀行的角度來衡量。也有從企業經營的角度來看財務風險，除了前章已經提及的幾個財務比率之外，還有其他的因素可供參考。

所以大致上，我們是從營運風險與財務風險兩方面，來提供觀察與思考，並且也簡要整理財務上的一些風險管理工具（及避險財務工具），提供比較參考。

營運風險與管理

營運風險即指企業可能會遇到對於在本業營運方面產生不利的負面因素或情形，可能因此影響產品／服務的價格、銷量，或增加相關費用，進而影響獲利。而風險可能來自於外在環境，或是內部管理。

若來自於內部因素，此部分風險可藉由管理技術加以改善，屬於較易控

制的風險。較常見的如生產線去瓶頸工程、增加人力素質的訓練，或是改變組織結構或行銷策略等等，企圖提升營運效率。

若來自於外部環境的變化，則相對較不易控制，因此企業應更多關注外在環境。例如：市場需求、競爭技術、供應商出現整合……等的變化，企業如何適當的應對、擬定正確營運或競爭策略，來改善市場議價能力。

若能掌握風險，則等於掌握機會。

結合這些市場變化與內部管理的訊息，對於新創企業，尤其是在資本支出階段來說，前面所提及的營業槓桿程度便在觀察企業營運上，如何有效應用槓桿在固定成本方面。此時的重點在於資本支出所產生的固定成本，對於相關損益兩平點如何規劃運用。

概念上，若固定成本較高，則企業獲利對於銷售量的敏感度較高，因此若可以取得較大的市場、較多的銷量，或較高的價格，則在超過損益兩平點之後，獲利將會有較快速的提升；但相反的，若無法取得規模經濟，將背負較高的虧損（因為需負擔固定成本），甚至可能流血經營（現金流出，即虧損程度高於折舊現金流入）。這是營業槓桿程度所衡量的營運風險。

如果固定成本的情形是可以進一步拆分的話，則採用漸進性的方式，逐步建立所需要的資本支出，可以更好的管理營運風險。

財務風險與管理

企業面臨的財務風險有許多因素，但在這裡特別指的就是舉債時的利息，而影響利息的主要因素則是利率。舉債後每年需要固定償還利息，這利息費用屬於損益表中的減項，因此會侵蝕營業利潤，進而損害股東權益，故視之為風險。

前面提及的「財務槓桿程度」，即是利用此概念計算的指標。用營業利益加上固定成本（現金流入的概念），與繳付利息後的獲利水準的比較，看舉債用以資本支出後的槓桿程度多高。如果利息高，表示資本支出大，固定成本應該也相對高，使得槓桿程度會有放大的效果。

此外，關於利率帶來的風險，還有兩個重要的概念須加以留意。首先，最重要的是資金成本的概念，其中，除了借款的期間與利率所組成真實利率資金成本的計算之外，還有借款與籌資之間的機會成本考量，這部分與

資本結構有關。其次，就是借款時浮動利率的變動風險——尤其近年低利率已經到了接近零利率水準，沒有更低的空間時，是否只剩提高利率的可能性？

財務風險（指利率）的機會主要在於稅盾效果，因為舉債後的稅前淨利必須有部分要用以繳交利息，之後再繳所得稅時會降低稅費，甚至有機會享受較低稅率，此外也有一些財務工具可供管理或避險。利率方面主要是利率交換，其他工具還有期貨、選擇權等，適用於以下其他財務風險。

其他較常見的財務風險還包括匯率風險——如果選擇國外的金融市場或資本市場，就會面臨匯率風險；以及經濟成長與通膨風險（總體環境風險）、信用風險、流動性風險等等。

三、資本結構理論

在了解營運風險與財務風險所組成的槓桿結構後，進而來探討資本結構。先簡單說明資本結構相關理論，之後來看最適資本結構的決定因子。最後，再進入實際上要如何籌資與借款。

前面說過，在面臨資本預算決策的執行時，創業團隊通常需另行募資籌款，而此較大金額且長期、專用的款項通常不容易募集，即使容易募集也會形成每股獲利稀釋，甚至股權稀釋的狀況，且資金成本通常相對較高。但如果可以成功募集，也有好處：不需償付利息、資金運用相對較不受限制。

舉債則可使用槓桿，對於原始股東較為輕鬆，除了不需另外籌資、不擔心經營權變化，若能達到經濟規模時，獲利僅需扣除固定的利息費用，每股獲利不被稀釋，資金成本也相對較低，還有稅盾效果。惟在營運初期風險較高時，需要負擔較大的風險。

資本結構理論基礎，基本上都會從 1958 年由 Modigliani 和 Miller 所發表的 MM 資本結構理論出發，加上後繼許多學者的不斷努力完善而成。這裡僅簡化來說，從資本結構之構成要素（即負債與股權）資金成本最小化的角度出發，同時結合企業價值最大化的概念，利用平均資金成本公式，發展出一個理論概念，提供創業團隊在募資、融資及未來目標資本結構的參考依據。由於：

**平均資金成本＝負債比 × 負債資金成本 × (1 － 稅) ＋ 股權比 × 股權
資金成本**

　　其中，由於負債比與股權比彼此相關，在各單項資金成本（利率與報酬
率）皆已知的情形下，只剩一個未知數，因此形成一個簡單方程式，只需假
設不同的負債比，即可以得出不同的平均資金成本。再透過公式可以計算出
企業價值：

企業價值＝營業利益 ∕（平均資金成本 － 成長率）

　　理論上，僅須列出，即可找出對企業價值最大的最適資本結構。在理論
的假設上，已經有綜合考量了舉債的正面與負面效果（權衡理論，trade-off
theory），包括稅盾效果與代理成本（正面效果）、破產風險的直接成本與
間接成本等（負面效果）。

　　然而，實務上會遇到不少計算的問題。除了理論的基本假設限制如無交
易成本、訊息對稱、利率相同……等，最大的實務上問題是目前的資金成本
太低，而成長率不會接近 0，將使得此公式可能不成立（企業價值 ＜ 0）。

　　雖然如此，理論已經提供我們思考的正確方向：建構目標資本結構，一
方面要懂得利用槓桿，使資金成本最低，一方面也同時兼顧股權與經營權，
使公司價值最大化。事實上，在新創企業的演化階段中，初期都是需要創投
的長期股權資金挹注，才有可能度過初期到中期的幾次難關，才有可能真正
獲得銀行融資的青睞！

　　銀行貸款是賺取固定的利息收入，對價關係相當明確，也無所謂介入經
營的代理問題。但創投的股權資金往往會遇到經營的介入，而可能使得經營
理念的衝突，甚至造成市場的失焦，因此，籌資的管道與投資對象選擇也十
分重要！

😤 四、籌資：從創投到 IPO

IPO 與資本市場

這個問題似乎有點莫名其妙，但卻相當重要：你有想過，你爲何要 IPO（就是股票上市櫃）？

當然，IPO（initial public offering）已經不只是在資本市場籌資管道的角色而已，由於 IPO 公司具備一定程度的獲利能力，營運風險雖不一定降低許多，但已經在創業前期競爭勝出，取得一定市場地位，同時，企業價值也被市場認同，股票開始流通並有市場價格參考，後續要進一步籌資或發行債券，甚至併購等其他行爲，有關的價格也都較爲公開透明，加上被要求一定水準的公司治理程度，形象較佳，除能提升價值鏈上的議價能力，也相對較能吸引人才。

但也具備有其要付出的成本。包括財務相關的成本（如上市掛牌的輔導與承銷費用、上市股價低於公司眞正價值、每年規費……等），資訊對稱與公開透明（獲利結構公開可能增加競爭難度、降低議價能力、股東與員工制度……等），代理成本（經營權釋出、增加管理成本等），以及其他心理層面的壓力（如市場對於獲利成長性的要求、個人隱私……等）。

進入資本市場有其好壞，但若單純從財務管理角度出發，進入資本市場 IPO 不僅是增加財務槓桿與籌資的好方法，更是滿足各階段投資方的期待——應該更是創業團隊很重要的一個里程碑。

既然進入資本市場 IPO 是一個新創公司重要的里程碑，在達到這個里程碑之前，又會是怎樣的情形呢？正如同我們在上一章表 8-6 中所示，創業大致上可分爲幾個不同階段，以及其相應的資金來源與財務規劃重點。

創業各階段籌資管道

依照臺灣創投公會的區分方式，創業的各個不同階段大致上可以分爲：創業籌備期、種子期、創建期、擴充期，之後成熟期才準備進入資本市場 IPO，可以展現如圖 9-1。其中，與各階段中新創企業通常較可能的營收表現做結合，也將資金可能來源一起加註。

圖 9-1　創業各階段與營收表現[2]

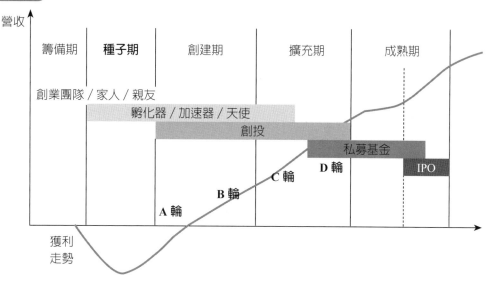

無論在哪一階段，新創企業其實都需要資金，只是隨著不同階段發展的風險與資金大小，能夠提供資金的投資人不同。不僅如此，機構投資人其實還能帶來更多的附加價值，簡要說明如下：

(一) 籌備到種子期：育成中心／孵化器、加速器、種子基金

新創企業從籌備到種子期間沒有營收，又須將創業構想付諸實踐，是最需要營運資金的階段，而此時又因風險最大，機構投資人往往卻步，因此多會尋求育成中心的協助。育成中心與國外孵化器相當，顧名思義就是要將新創企業成功誕生出來，因此會提供一定程度可行的軟硬體支援，包括相關辦公空間與設備、產品或新創事業輔導等。所謂輔導，多半是有業師團隊針對問題提供解決方向，但國內育成中心多為學校附屬，且偏向硬體提供，輔導能力較弱。此階段也可以申請政府創業補助計畫或貸款計畫。

當新創企業產品或服務已經經過 PMF，準備要邁向量化或是正式產品化階段，就可以選擇進入加速器協助，以提供短期快速的產品問世計畫服務，其中也包括推薦給適當的投資人，引入下一階段的天使或創投資金。

2　資料來源：改編自「行政院國家發展基金創業天使計畫」及 AnHour Consulting 網站資訊。

也有部分加速器會自行投資，但額度並不大，例如：有名的 Y Combinator、500 Startups，可能用 10-15 萬美元取得 5-10% 小規模的股份（百萬臺幣等級）。此時加速器的選擇便會以行銷能力的強弱，與投資機構網絡規模等標準加以判斷。其他知名的加速器還包括美國的 TechStars、AngelPad；亞洲 SparkLabs、Chinaccelerator；歐洲 Startupbootcamp、Seedcamp……等。

(二) 種子期到創建期：天使基金

雖然經過產品問世，營收也開始累積，甚至有了一些核心客戶，但尚未達到損益兩平點，因為營運風險仍高，仍難吸引專業投資機構的資金，但在加速器或孵化器的引介之下，會吸引一些天使基金。此時的資金規模來到百萬美金等級（千萬臺幣等級）。

天使基金通常是成功的創業家或企業家個人所成立的創業基金，如果有加速器的協助，天使也會看加速器的程度，不然會以創新構想、PMF 程度，以及創業團隊的感覺而定。而若是企業家的天使基金，其附加價值較大，不僅可提供公司資金，由於網絡關係深遠，有時還會為創業家帶來不同的人脈資源，可以說是早期新創企業的重要資源。

(三) 創建期到擴充期：創投基金（venture capital）

新創企業取得天使基金後，仍不保證營運可以順利，不過應該可以撐過一定的營運週期，產品／服務也日益成熟，逐漸形成完整的商業模式，甚至在該產業中也建立起一定的口碑。這時若仍有資金需求，就可以轉由尋求更專業與更大資金的創投，就會進入所謂的 A 輪融資。

一般而言，創投基金是屬於較為長期資金，大約要求 5-10 年不等的回收年限，所謂的回收是指在資本市場 IPO 時出售。因此，創投會預估新創企業在未來幾年的營運，是否有機會朝更大規模發展，進而掛牌上市，或者有併購的可能性等等，才會進行投資。

由於創投就是對新創企業進行風險性投資，因而具備專業的投資團隊，且除了提供資金外，也同時提供在產業趨勢、技術發展、財務管理，甚至法務等多方面建議的專業團隊。因此，創投的引入至關重要，對於未來一定期間內各種資源（有形、無形、人才）或業務發展（價值鏈、新市場），都會有所影響。包括創投知名度也可能增添新創企業的某些形象，例如：全

球最頂尖創投紅杉資本（Sequoia）的投資對象，可能在 B 輪之後吸引各方創投競逐，企業價值也水漲船高，如開頭案例 Appier。因此通常在引入創投資金後，也會提供董事席次，以合理的運用其豐沛的資源，以達相輔相成的效果。

　　至於 B 輪、C 輪，甚至到 D、E、F 等眾多輪，仍皆為不同創投或是相同創投加碼投資。而為使這些創投的加入顯得合理化，都會在一定的時間區隔後，提供適合的市場發展理由（當然也多為企業發展之實際需要），例如：搶市占、新產品、國際化等等。

(四) 擴充期到成熟期（IPO 之前）：私募基金

　　在新創企業到資本市場掛牌上市前，已具一定的市場地位以及較為穩定的獲利水準後，有時還需要一筆資金充實資本、擴充市場規模，或發展新型態業務，也好讓自己裝扮上市，此時就會引入私募基金（Private Equity Fund, PE Fund），也通常是在此階段達到新創獨角獸的終極目標。私募基金的目的只有盡可能在 3 年內，將資金投入已經接近或進入成熟期的新創公司，推波助瀾進入資本市場掛牌上市後，賺取資本利得，因此除非是特定目的〔如併購或管理層收購（MBO）等〕，一般來說，PE Fund 對於公司的營運則相對沒有太大影響，比較純粹是資金面的幫助。

表 9-3 　各階段資金來源 [3]

創業階段	籌備期	種子期	創建期		擴充期	成熟期
企業發展	創意成形	PMF	產品量產上市		經濟規模	財務運作
資金來源	自籌／親友	育成中心／孵化器	加速器	天使基金	創投	私募基金
出資等級	十萬臺幣	十萬臺幣	百萬臺幣	百萬臺幣	千萬臺幣	億元臺幣
價值	最早期資金	硬體設備	加速上市	量產資金資金網絡	企業經營管理技術	橋接 IPO

---

[3] 改編自 AnHour Consulting 網站資訊。

(五) 掛牌上市 IPO：資本市場交易

新創企業進入資本市場後，算是已經進入企業經營階段而脫離新創了，而 IPO 的過程也相對公開透明制度化，不在此著墨太多。在臺灣就是洽詢證券公司進入輔導、承銷的準備階段，此階段就會提及相關的財務成本，承銷方式是包銷或代銷的擬定，掛牌價格的協商等等。在海外市場的過程也相當，委託投資銀行辦理掛牌事宜。這種傳統資本市場 IPO 路徑，重點會放在投資銀行或承銷券商（團）的選擇，一般會看主辦承銷商（投行）的名譽形象、經營規模、承銷經驗、專業度、後續承諾、財務成本等。

至於資本市場的選擇，通常會以主要客戶所在市場來進行 IPO，如前面案例中的 Appier，即選擇日本市場掛牌。新創公司通常喜歡在美國 IPO，除了因為美國資金充沛，掛牌進度較快、投資新創意識濃厚、經驗豐富也很重要，但相對的，財務成本也較其他市場高（NASDAQ 比 NYSE 稍低）。近年有不少中國新創公司赴美掛牌，撇開兩國政治議題不談，若主要市場不在美國的，通常也不容易受到青睞，因此營運的市場恐怕才是重點。

傳統進入資本市場都是以發行新股方式來 IPO，但近幾年也開始有非傳統方式進入資本市場，稱為直接上市（direct listing），但此方式目前臺灣尚未引入，也只有在美國市場才有成功案例（Spotify、Slack）——事實上，也只有這種眾所矚目的新創才有可能直接上市。由於跳過承銷步驟，上市過程相對簡單，也沒有所謂詢價圈購、競價拍賣或公開申購等訂價模式，甚至沒有發行新股，而是股東以老股來市場交易。投資銀行僅作為財顧角色協助投資雙方引介、說明，並提供交易所公開資訊——雖沒公告，但少了承銷的收入，財務成本應該不會低。

此外，借殼上市也是多年以來進入資本市場的老手法，但前些年突然掀起名為 SPAC（special purpose acquisition company）的借殼上市管道，在2019 年起的美國市場興起軒然大波。

至於進入數位時代後，也開始有「去中介化」的募資方式，即跳過承銷階段直接向大眾募資（或稱眾籌），需要透過數位募資平台「掛牌」。比較有名的平台如 Flying V、嘖嘖、Kickstarter、Indiegogo 等。不過這類群眾募資方式幾乎都是已經有成熟產品，藉由產品來進行募資。

👥 五、融資工具

除了募資的管道，融資工具又有哪些呢？銀行會怎麼評估是否給予借貸呢？簡單說明如下。

依照還款期間的長短，大致上可分為長期融資與短期融資，在財務上是以一年為分界標準。再依照是否具有擔保品，又可分為抵押貸款（即法律所稱擔保授信）與信用貸款。

長期融資：抵押、資本支出、聯貸

長期融資由於還款期超過一年，在風險考量之下，銀行會給予相同條件之下的短期融資較高的利率。因此，較為常見的長期貸款多會具有擔保品，對企業而言可以壓低利率，對銀行而言可以降低風險。

由於是長期融資，抵押品也必須是相對屬於長期擔保品才能被銀行接受。而屬於長期的擔保品如不動產、債券等，同時也會衡量其交易流動性。汽車貸款通常被銀行歸類在消費性貸款，除非是名貴車種，二手市場具一定的價值與下手性，否則通常不會被企業長期融資接受。

事實上，長期融資通常都有特定的目的性，主要是針對資本支出的用途，亦即本章所強調的財務槓桿，當然，如籌資管道一樣，也必須有合理的資金用途說明來申請，銀行審核方式後面會加以說明。不過，在實務上，所規劃的資本支出通常無法如此單純的以一次長期融資而獲得 100% 的銀行額度（即使有擔保品），銀行為避免風險過度集中，給予單一企業融資有其內部的額度控管限制。此時做法通常有兩種。

第一是將融資申請拆分成幾種類別。除了特定用途的資本支出長期融資申請，再搭配短期融資額度，並以擔保品互相交錯來搭建最適融資架構（包括利率考量）。而這樣的融資服務對於新創企業來說並不容易，因此也通常是長期往來已經建立起信用的銀行──因此與銀行的信用往來應該在前期就要逐漸開始建立。

如果金額真的過高，一家銀行的架構實在無法承擔風險，就得進入第二種方式，即以多家銀行共同承擔風險的聯合貸款（syndicated loan）方式進行。由於申貸金額過高，不僅超過銀行內部授信政策，甚至也超越法定單

一銀行授信額度，因而須由二個以上的銀行組成銀行團共同借貸。好處在於可以籌足巨額資金、減少申貸的時間、擔保品不需拆分，對銀行也可分散風險、增加合作機會。有時，主辦銀行或者新創企業較具知名度者，該案件甚至能獲得錦上添花的效果。不過聯貸的手續費通常較高。

長期融資用途若是營運資金，實務上較為少見，即便有也必定是擔保貸款。畢竟以營運天數計算的話，應該都不可能超過一年，因此營運資金用途應該是屬於一年以內的短期融資。

短期融資：信用、抵押、應收帳款融資

短期融資常見的就是營運資金融資，其中包括一般營運週轉金融資、墊付票款融資、透支，以及信用狀融資等，也有進出口的外銷信用貸款，或者貨幣市場貸款。由於短期風險低，企業需求廣大，銀行也往往會衍生出多樣性的短期融資商品，以增加利息與手續費的收入。短期營運資金融資由於不涉及擔保品，因此多為信用融資，新創企業應多加以比較，但也應適當往來以建立信用額度。

抵押貸款除了前述的不動產、債券等長期擔保品也可用於短期融資之外，短期擔保品還包括股票、商業本票、存單……等證券，還有信用狀、倉單、提單，以及應收帳款等具擔保性質的融資。

其中，股票、支票與短期票券（商業本票、存單、匯票……等）是相對具有比較明確的價格與交易量，銀行的接受度較高，利率也會相對較低。

倉單、提單貸款是屬於存貨抵押的概念，由於並不屬於金融商品，沒有標準化交易過程，也有其他因素考量（如倉儲管理、保險費……等），因此申貸額度較低、成本較高。而訂單融資甚至有些銀行並不視為抵押貸款，需視訂單的合約強度而定，申貸成本幾乎與信用貸款相當。

應收帳款融資（factoring）的抵押性也不一定，也屬於非標準金融交易，通常需視應收帳款買賣方與銀行之間對於帳款求償權的合約而定。通常情形是議價能力較低的賣方企業（新創企業）應收帳款來不及收現，而將應收帳款權質押給銀行先換取現金，因應下一筆訂單的原物料應付帳款需求。銀行取得應收帳款後，依據是否具有（倒帳時的）帳款追索權作為風險區分，若銀行具有（向賣方）追索權，則視為賣方承擔風險，對銀行風險較

低；若銀行不具追索權（通常是賣方拒絕承擔），則由銀行獨自承擔風險，利率會較高，接近信用貸款。雖然如此，由於議價能力的差異與流通速度的需要，應收帳款融資業務也廣被銀行接受。

當抵押品具確定的市場價格時（如不動產、債券、票券），銀行僅考慮核貸額度與利率。但若價格是變動的（如股票），或是非標準、不具流通性的抵押品（倉單、應收帳款），則銀行會針對價格打折再核貸。例如：股票因變動性高，通常會以市價打六折認定；應收帳款因需承擔風險，通常會以70-90%的折扣（視追索權與買賣方信用而定）。

銀行評估方式：5P分析

從銀行審核貸款案件的角度來看，銀行在每個案件申請到核准時，還有一定的信用審核流程，其中最關鍵的即徵信調查，是指對申貸企業之信用分析，針對其營運的相關資料加以蒐集、整理後，進一步做成分析報告，以作為企業申請信用授信之參考。

實務上，銀行常會將徵信報告以5P原則方式呈現，所謂5P是指：

1. 借款人因素（people）：針對借款戶過去和金融機構往來的紀錄分析其信用程度，若往來頻繁但還款正常，通常會正面評價。有欠款或逾期則會偏負面。同時也會針對經營者、大股東的信用紀錄，以及其經營態度、責任感、誠信度等分析。

2. 資金用途因素（purpose）：針對貸款動機與還款計畫的合理性分析，確認營運上確實有與申貸內容相符的資金需求。

3. 還款財源因素（payment）：針對還款來源的評估，企業營運資金需求自然須以營運項目償還，因此會對企業營運的正常收入或投資收益進行評估。此部分通常涉及企業在該行業中的競爭力。

4. 債權保障因素（protection）：此部分是設定當最差狀況發生時，銀行債權是否有其他減輕損失方式，例如：放款契約條款，或保證人的資產與信譽等。

5. 授信展望因素（perspective）：針對借款戶所處行業的未來性是否具有發展前景，以提供穩健發展的良性競爭基礎。

另外，也有銀行是採用所謂5C原則：品格（character）、能力

（capacity）、資本（capital）、擔保品（collateral）、整體經濟情況（conditions）。雖然字面上與前述 5P 不盡相同，但其內容與精神是一樣的，便不加以贅述。

一旦徵信調查通過後，審查即算完成，最後僅剩下銀行內部的授信政策，而針對申貸內容的額度與利率給予加減調整。

發行公司債

運用財務槓桿，除了向銀行申請貸款額度（亦有其必要性）之外，對於準備進入資本市場的新創企業，也可以發行公司債，向特定人或非特定人舉債。

無論 IPO 前後，在資本市場發行公司債的好處在於，相對於發行股票（IPO 或現金增資 SPO），發行公司債可避免股權稀釋或股本膨脹過快；相對於銀行融資而言，普通公司債因利率固定，既可使資金來源與費用穩定，也較容易評估營運風險，且可轉債票面利率更低甚至無利率，資金成本較銀行融資低，更不需看銀行臉色。因此，可以說，公司債兼具了資本市場與融資的雙重優點——當然也兼具雙重缺點，所以公司債怎麼建構，也是財務長的重要職責。

簡要來說，公司債大約可分成以下幾種：

1. 依擔保情形分：擔保公司債（銀行保證、實物擔保）、無擔保公司債。
2. 依付息方式分：固定利率、浮動利率、到期一次付息。
3. 按還本方式：到期一次還本、分次還本。
4. 按股權關聯性分：可轉換公司債、不可轉換公司債、可交換公司債。
5. 其他：是否具提前贖回權、海外公司債……等。

另外，發行公司債也須搭配資金需要，留意發行期間的長短；還有就是公司的信用評等也會影響公司債的流通性與定價。

因此，可以說，公司債價格除了利率因素的影響之外，也受到債券到期期限長短（與發行期間有關），與企業信用評等的影響。

本章針對新創企業在擴張期之後的籌資與融資管道及其中的注意事項說明，最後我們將資本市場中幾種主要資金來源簡單整理如表 9-4。

表 9-4 資本市場融資與籌資主要方式比較 [4]

	短期融資	聯合貸款	IPO/SPO	普通公司債	可轉換公司債
層級	經營層	經營層	股東會	董事會	董事會
性質	間接融資	間接融資	直接融資	直接融資	直接融資
流通性	無	無	高	低	中
利率	短期浮動	長期浮動	折價發行	長期固定	低或無票面利率
核准後資金到位	約兩週	一個月內	約一個月	約兩週	約一個月
股權稀釋	無	無	高	無	中
負債比率	提高	提高	降低	提高	提高
利息費用	中	高	無	低	極低

六、家族企業與創新創業

有一種常見的創業情況是家族事業的擴張，無論是水平擴張或垂直擴張，對新創事業而言，算是有富爸爸支撐的新創企業——雖然有時資金不一定那麼充足，但卻有很強的正當性與制高點。

然而，家族企業所衍生的新創企業，往往不是那麼單純，除了背負家族擴張的擔子，更有其他方面的包袱。我們藉由這個章節篇幅，簡單討論幾個理論上與實務上的家族企業與新創事業之間的議題。

家族企業與新創之間的矛盾

家族企業（family firms）的獨特性在於具有長期的發展視野，這與短期利益驅動的新創企業形成鮮明對比，甚至是衝突。家族企業希望傳承到下一代，因此財務策略往往比較穩健，注重風險管理；然而，這樣的保守態度有時也會阻礙創新發展，尤其是在競爭激烈的市場中。

家族企業在全球經濟中扮演著舉足輕重的角色，由於所有權和管理權多

---

4 參考改編自：丘智謀（2011）。企業如何善用公司債籌資以強化財務結構。證券暨期貨月刊，29(4)，5-23。證券暨期貨管理雜誌社。

由家族成員掌握，形成了一種內外部資源高度集中的經營模式，除了具長期導向的決策方式，也展現出穩定性和對家族價值觀的重視。這種結構讓家族企業在應對外部經濟環境的波動時，擁有較強的應變能力，特別是在創新投資領域具有潛在優勢。例如：家族企業在數位產品創新上擁有較高的創新意圖，會主動投入長期發展的創新計畫，並以家族資本支持這些計畫的發展[5]。

然而，家族企業也面臨著其他經營面的衝突與風險，特別是在權力和資源分配的問題上。例如：家族成員之間的矛盾可能導致企業決策的延遲或保守，甚至衝突或對立，從而影響其在競爭激烈的新創市場中的表現[6]，對新創事業的發展將產生負面影響。在財務面上更為突顯，例如：在創新決策中可能面臨保守的財務風險管理而抑制創新潛力，特別是在技術變革快速的產業中。

財務面的挑戰：外部及內部衝突與平衡

新創事業的財務結構不同於傳統企業，高風險性和不確定性使其在資本市場上往往面臨籌資挑戰，特別是在早期階段，更依賴外部資本的注入，而非內部現金流的積累。這樣的財務結構使新創事業在快速成長的同時，也面臨高額資金需求的壓力。

此時，新創事業如果屬於家族企業的一部分，在早期階段通常具有較強的自籌能力，則可以依賴於家族資本進行內部融資，使其能夠較少依賴外部資本。這類內部資本具有穩定性，但也可能受到家族成員的風險偏好和控制意願的限制[7]。從財務的角度看，這是家族企業與新創事業主要內部衝突根源。

5 Capolupo, A., Ardito, L., Petruzzelli, A. M., Kammerlander, N., & De Massis, A. (2024). Digital product innovation within family firms: A construal level perspective. *Entrepreneurship Theory and Practice*.

6 Baltazar, A., Fernandes, C. I., Ramadani, V., & Hughes, M. (2023). Family business succession and innovation: A systematic literature review. *Review of Managerial Science*, 17(8), 2897-2920.

7 Heider, A., Hülsbeck, M., & von Schlenk-Barnsdorf, L. (2022). The role of family firm specific resources in innovation: An integrative literature review and framework. *Management Review Quarterly*, 72(2), 483-530.

至於外部衝突更為明顯，因為當企業需要大規模擴展時便要尋求外部投資，然而家族企業（尤其上一代掌權者）往往會優先考慮企業的穩定性和家族利益，與外部投資人追求高風險高回報形成衝突[8]。

當然，一些家族企業在進行財務決策時會考量家族成員的利益，使決策過於情感化，例如：安插家族成員在企業中的位置，卻未必具備相關專業能力，如此將損害企業的長期競爭力和創新能力，但卻屢見不鮮。

雖然如此，並不表示家族企業無法適應新創事業的需求。從資源基礎理論的角度來看，家族企業只要能夠有效運用其固有的資源，例如：長期累積的社會資本和家族內部的信任關係等，這些獨特的資源使家族企業在進行創新時，能夠擁有長遠的發展視角和較高的成功率，仍可在創新上取得長足進步甚至競爭優勢[9]。

因此，對於家族企業而言，如何在保護企業控制權與外部籌資需求及資本擴張之間取得平衡，是其發展新創事業時的關鍵挑戰。家族企業通常對外部資本持保留態度，因為外部投資者可能會影響企業的經營自主權。然而，隨著新創事業的資本需求不斷增加，家族企業若過度依賴內部資金，則可能面臨資金不足以支持創新的困境。

隨著市場環境的不斷變化，許多家族企業開始考慮進軍新創事業。這樣的轉型過程往往伴隨著巨大的風險，但同時也帶來了許多機會。例如：一些自戀型領導者有時會過於強調個人意見，忽視了企業的長期利益，這可能導致創新策略的失敗；然而，在某些情況下，自戀型 CEO 的高度自信和決策果斷，反而能夠推動企業在激烈的市場競爭中迅速脫穎而出[10]。

新創事業本質上是高風險、高回報的活動，這與家族企業的風險管理策略形成了對比。然而，當家族企業能夠靈活調整其策略，並充分利用內部的

[8] Gómez-Mejía, L. R., Sanchez-Bueno, M. J., Miroshnychenko, I., Wiseman, R. M., Muñoz-Bullón, F., & De Massis, A. (2023). Family control, political risk and employment security: A cross-national study. *Journal of Management Studies*, 60(1), 1-30.

[9] De Massis, A., Frattini, F., & Lichtenthaler, U. (2013). Research on technological innovation in family firms: Present debates and future directions. *Family Business Review*, 26(1), 10-31.

[10] Rovelli, P., De Massis, A., & Gomez-Mejia, L. R. (2023). Are narcissistic CEOs good or bad for family firm innovation? *Human Relations*, 76(5), 776-806.

資源和專業知識時，便有可能在新創事業中取得成功。例如：一些家族企業開始投資創業加速器或孵化器，這不僅幫助他們參與新興市場，還能夠透過這些平台找到未來的業務接班人。

傳承與創新：二代接班議題

家族企業在創新發展中的另一個重要的議題與挑戰是二代接班，或稱世代傳承。接班過程往往伴隨著財務和管理上的挑戰。由於上一代領導人通常傾向於保守的財務策略，而新一代家族成員則較願意冒險，投入資金於高風險的新創事業，於是，當新一代家族成員準備接班時，其對於創新意識和風險偏好與前一代有顯著差異，這種世代之間的觀點差異，可能會導致企業在創新投資上產生內部分歧，進而影響企業的財務穩定性和新創計畫的推進。

甚至，進一步衍生出「繼承陰影」（shadow of the prince）現象[11]，突顯了家族企業與新創事業的一個挑戰。即在接班傳承過程中，上一代強勢干預繼承人的決策，或對接班世代進行許多財務控制，包括限制資本投入或對創新專案進行過度監管，導致接班人受到上一代家族領導者的約束與掣肘，即便想要推動創新，卻無法自由實施創新策略，進而壓抑了新創事業的發展，不僅抑制創新，對企業的長期競爭力也將有所有損害[12]。

「解釋水平理論」（construal level theory）有助於理解為何家族企業在世代之間，對企業創新的態度可能存在差異。因為家族成員對企業未來的觀點與理解層次不同所致，年輕接班人傾向於接受創新和風險，而年長的成員則較為注重穩定和傳承。

另一大挑戰，則是在世代傳承的過程中如何能保持創新能力。接班世代不僅需要具備足夠的商業知識，還需要能夠適應市場變化，並推動企業的創新。也就是說，家族企業新創事業如何平衡家族企業的保守性和創新中的冒險性。例如：在許多家族企業中，接班人往往面臨來自上一代的要求，要維持家族企業的穩定性，而非進行大刀闊斧的改革。這種保守態度雖然在短

---

[11] Huang, Y., Chen, W., Xu, F., Lu, Y., & Tam, K. C. (2020). Shadow of the prince: Parent-incumbents' coercive control over child-successors in family organizations. *Administrative Science Quarterly*, 65(3), 710-750.

[12] 同 11。

期內有助於企業穩定發展，但從長期來看，可能導致錯失市場機會。因此，接班人如何在繼承家族企業的同時推動創新，也是家族新創企業發展的一大挑戰。

　　總的來說，家族企業與新創事業之間的關係有加分有扣分，從財務觀點的正面與負面的影響性，我們整理如表 9-5。家族的新創企業如何取得保守與創新、內部與外部的平衡，甚至世代之間、現在與未來的平衡，都是現代市場環境中必須面對的議題。透過靈活調整財務策略、引進外部專業知識，並平衡內部家族成員的利益，家族企業有潛力在未來的競爭中保持領先地位。

表 9-5　家族企業對新創事業財務面的影響性與關鍵議題

項目	正向影響	負向影響
財務面	1. 家族企業擁有穩定的內部資源，降低外部資本依賴，保持新創事業的控制權與自主權。 2. 長期經營觀點讓家族企業在資本管理上更謹慎，降低短期風險。 3. 家族企業的穩定財務基礎，讓新創事業在早期階段有充足資源。	1. 當新創事業需要大額投資時，內部資源不足可能限制企業發展。 2. 外部投資者介入可能造成家族對企業控制權的削弱。 3. 家族成員可能過度干預財務決策，導致資源分配不均，甚至出現情感決策。
非財務面	1. 家族企業內部的高信任感和社會資本可加速決策過程，幫助新創事業迅速進行業務調整和創新；或在外部市場上建立聲譽，促進業務合作與擴展。 2. 家族成員之間的長期合作與信任關係，有助於減少內部衝突，提升經營效率。	1. 家族世代傳承問題可能阻礙新創事業的創新發展，尤其是年輕接班人試圖引進新技術時可能遭上一代領導者抵制。 2. 自戀型領導者可能忽視長期利益，過於強調個人意見，導致創新失敗。 3. 家族內部利益分配問題可能導致企業決策利益衝突，影響創新決策的效果和效率。

（接下頁）

（承上頁）

項目	正向影響	負向影響
其他重要理論與議題	1. 代理理論（agency theory）：家族企業的所有權結構因較少外部股東，能降低代理成本，有利於新創企業的成長。因為家族成員直接參與管理與決策，降低利益衝突與代理問題。 2. 資源基礎理論（resource-based view）：新創企業可利用家族企業的資源，包括資金、網絡與市場知識，提升其競爭力並降低市場進入風險。但仍需平衡內外部利益，保持創新驅動力。 3. 動態能力理論（dynamic capabilities theory）：企業在快速變動的環境中需進行資源整合與創新，家族企業對新創事業的穩定支持能提升其適應市場變化的能力。 4. 解釋水平理論（construal level theory）：提供世代之間對於企業創新的不同解釋和態度。 5. 社會情感財富理論（socioemotional wealth, SEW）：家族企業重視社會情感財富、傾向支持長期價值與社會影響的新創事業，進而促進內部凝聚力與創新力，影響企業的適應性和決策。 6. 家族企業的世代傳承可能造成保守的經營策略，對企業的長期創新發展不利。例如：繼承陰影現象顯示強勢的家族領導人可能限制接班人的創新。	

think-about & take-away

1. 若將前一章的表 8-6 與本章的表 9-3 合在一起，你會得到怎樣的啟發或想法？

2. 你的新創公司若是投資公司，你會優先考慮參與哪一階段的新創企業？為什麼？

3. 你身為創業者，比較偏好募資還是融資？為什麼？

4. 你會怎麼評價去中介化的募資管道？

5. 你覺得臺灣的「借殼上市」與歐美的「SPAC」，有哪些異同？

6. 針對家族企業與新創事業之間的議題，你最感興趣的是哪幾個？感覺比較經常見到的又是哪幾個？

個 案 介 紹

案例 9-2 ／ 關於眾籌

眾籌是所謂「群眾募資」（crowd funding）的簡稱，也另有簡稱做「群募」，顧名思義，就是以不特定的廣大群眾為對象，來籌募所需要的資金。乍聽之下，是否感覺有點像詐騙？

何謂眾籌

據說，第一次的群募發生在 1715 年的英國詩人 Alexander Pope，當時欲翻譯歷史巨著「伊利亞德」時，承諾提供每位預先訂閱者一本英文版翻譯，而成功籌集所需之經費；中文的維基百科則說是 1997 年的英國樂團 Marillion，為了完成美國巡迴演出，而進行的眾籌，至少可以算是非具體產品的代表之一。而公益內容則可能以 1885 年美國的自由女神像為最早的代表。

然而以上都是以直接產品的形式，或公益形式的眾籌，實際上可以視之為「預購」並事先全額付費，或者對公益事件的「捐款」，都不是股權或債權形式（但有不合法的股權買賣）。真正要能稱為合法的股權形式眾籌，還是要看 2012 年歐巴馬總統簽署的 JOBS Act（Jumpstart Our Business Startups Act）中，有關於「群眾募資法」的部分，讓已經在美國合格註冊的實體或虛擬券商（籌資平台），於 100 萬美元之內、個別投資人認購金額在限制條件以下的資金募集，可不須申報而直接進行。

從此，帶動全球的眾籌風潮！尤其以新創企業、小微企業受惠最豐。

實際操作上，由於屬於小額籌資，且可針對非特定人，又有額度限制，因此為降低籌資成本，多以網路平台方式進行——反倒是有專為眾籌而成立的平台企業，如雨後春筍般出現。

眾籌的角色，大致可分成發起人、投資者、平台。這不難理解。至於眾籌的類型，如前述包括產品預購（或稱回饋式，最常見）、公益捐款、債權性質、股權性質。實際上，仍要以平台的模式來做分別，目前以產品預定的平台最常見，因其適法性及其他爭議較為單純。公益性質的捐款平台則存在較久，需了解其口碑與真實性。

債權眾籌即所謂 P2P 借貸，在歐美屬於非監管事業，臺灣金管會也聲明非

屬金融特許行業，乃民間借貸而不在其管轄範圍內 [13]，惟仍須符合銀行法的規定，即不得從事存放款、代收付等行為。

　　至於股權眾籌，臺灣從 2011 年成立第一個群眾募資平台以來，多以產品預購（回饋式）為主，而金管會於 2014 年在櫃買中心正式推出「創櫃板」[14]（有小興櫃之稱），提供非公開發行的新創微型企業籌資機制及股權籌資平台（但不具交易功能）。2015 年又開放券商得經營群眾募資業務，使股權募資平台業者得以正式合法化經營。但目前股權募資平台並不多，且仍以既有券商為主。

　　另還有虛擬貨幣（initial coin offering, ICO）形式的眾籌，不在討論範圍內。

　　針對股權眾籌，新創企業透過眾籌平台募資，與傳統方式（面對專業機構投資者，如創投）有何不同呢？大致上有以下優缺點：

眾籌模式的優點

1. 成本低廉、流程簡單、進入障礙不高。透過網路非面對面說明，不需多次簡報，簡單容易，但因此較適合不複雜的單項商品或專案計畫。

2. 多樣性高、更為開放。各行各業皆可適用，參與者更多元開放，尤其適合與大眾接觸性質的產品設計或軟體應用平台等新創事業營業內容。

3. 降低最初期的創業風險。由於進入障礙不高，一旦融資成功，且實際研發與生產過程順利，相當於在很大程度上降低了創業成本與風險。

4. 直接進行市場實驗或需求調查。投資者對計畫的認可與評價就是市場實驗或調查，能在一定程度上反映出產品或營運在將來大範圍投放市場的結果。

5. 獲得宣傳效果。參與投資者多半支持新創企業的計畫或產品，除了實質的參與了前述的市場需求調查或實驗，也會以口耳相傳的方式進行口碑行銷。

6. 培養潛在支持者。如果新創企業有幾輪的眾籌，表示業務量逐漸成長，在宣傳效果下，除了擁有穩定的支持者，同時也逐漸培養長期的潛在支持者。

眾籌模式的缺點

1. 計畫執行壓力。通常眾籌的潛規則是，如果籌資成功，就要在公布計畫的時

---

[13] https://www2.deloitte.com/tw/tc/pages/legal/articles/crowdfunding-legal-issues.html

[14] 參見櫃買中心之介紹：https://www.tpex.org.tw/web/regular_emerging/creative_emerging/Creative_emerging.php?l=zh-tw

間內完成進度，以實現對投資者的承諾，形成了計畫執行的壓力。

2. 缺乏專業指導。在眾籌平台上很難有雙向、深度溝通，更別說參與投資的多半是缺乏投資經驗者，不太可能給予經驗。而創投難能可貴之處即在於其接觸領域既廣且深，常能給予專業的指導，提供不同的視野與觀點。

3. 投資人不夠專一。即便有數輪的眾籌融資，眾籌的投資者一方面資金有限、一方面也會有分散風險的想法，很難保證資金能持續。傳統的創投若出現多輪次融資，反而會繼續投資，或至少會協助尋找資金來源。

4. 法律風險。包括非法集資與抄襲。平台融資的法律規定必須清楚，否則容易陷入非法集資或類似的法律訴訟等問題。或者因需要公開商品或商業模式設計等營運相關資訊，也難免遭有心人士抄襲或盜用。

5. 時間不確定性。畢竟群眾是有盲從性質的，容易跟隨市場潮流，使眾籌所需時間不確定。在風頭上可能很快完成募資，然而熱潮一過就很難掌握了。

執行眾籌之要點

那麼，針對股權眾籌平台，與專業機構投資人的籌資或募資相比，有何不同？簡要敘述約略如下：

1. 需事先預設股權眾籌方式。由於股權眾籌無法進行事後調整或談判，在網路上的確定即等於簽署合約，因此在將計畫書內容放上平台時，包括額度限制、股權分配……等，都必須事先確定。這是與專業機構投資人會面簡報後再當面進行談判，之後還可以再調整的方式最大不同之處。

2. 需要清楚說明此輪籌資額度及相關權益。如前述，這可能是股權眾籌最主要的議題。必須讓參與投資者了解此輪的籌資目標額、是否容許超過目標、又該如何處置、未達目標時該如何、怎樣算籌資失敗……等權益，都要清楚界定並說明。

3. 其他特定權益或專屬福利。雖非必要項目，但若能設計相關特定權益或專屬福利（如試用、專屬會員等），則更需被突顯，藉以引起投資人興趣。可考慮與行銷策略或活動，共同設計一些適合線上虛擬的相關事件與內容。

4. 對投資人的限制與要求。特別是不同地區的相關法規，可能對於每輪次的領投人或跟投人，或總投資人數有所限制，或總額度的限制，必須要先了解，再配合本身對於籌資目標的設定決定該如何調整。另外，是否對投資人有什

麼特殊資格或義務的要求，都應事先註明清楚。

5. 計畫內容偏向淺顯易懂。除了股權方面相關權益差別較大之外，在內容方面也需要些許調整，因為眾籌平台所接觸的投資人多半是個人，所陳述的內容建議要更為淺顯易懂，讓一般投資人也能容易了解新創企業的特殊之處，進而投資。尤其是面向一般消費大眾的產品或設計，可能更需要如此。

6. 是否要具有公開說明書的功能？若有則是最好，但若沒有應該也無所謂。畢竟公開說明書的目的就是要盡可能將營運的資訊向大眾揭露，而既然眾籌是向非特定人籌資，兼具公開說明書功能的要求也理所當然。然而創業商業計畫書（BP）既非公開說明書，且公開說明書撰寫方向並不同於 BP，應無特別需要如此。但公開說明書相關架構，特別是揭露規範，仍具參考性。

以上是特別需要調整的內容說明，至於一些相同的基本概念如前面章節的基本架構、新創團隊與企業的介紹、產品或商業模式的優勢、經營現況與目標等等，都仍是必須清楚說明的內容。

思考

1. 你參與過眾籌嗎？若有朋友要參與，你會怎麼建議？有什麼需要留意之處？

2. 你會將自己的產品放上眾籌網站嗎？會有哪些考量？

3. 同上，你會將企業股權在網站眾籌嗎？為什麼？

Chapter

10

創業策略思維

個案介紹

案例 10-1 / Gogoro 的競爭策略

Gogoro 在臺灣，幾乎已經成為電動機車的代名詞！速度感、科技感、環保、前衛的代步工具，已經深植於年輕世代的心目中。成立於 2011 年的 Gogoro，在 2015 年推出第一款車，如何切入已如此飽和的臺灣機車市場？又是怎麼攻城掠地至今？我們從整體競爭策略的觀點，整理三個值得觀察的部分。

進入市場策略

(一) 夢想一開始就碰壁，只好自己建立電動機車產業

可能還有人不知道，其實 Gogoro（在臺灣正式名稱為睿能創意）創辦人陸學森在最開始公司設立時，只是想做電網生意，就是現在的換電站。在辭去 HTC 創意長的職位後，為了宣揚綠色能源的趨勢、智慧電網的好處、臺灣電動機車市場規模，與自己的理念，陸續拜訪了幾家主要機車品牌廠，卻四處碰壁，無奈之下，為實現自己的夢想，只能自己從頭做起——意外建立起臺灣電動機車產業。

(二) 瞄準臺灣機車市場？

看 Gogoro 網站、品牌宣言與公司高層對外的許多發言可知，其實 Gogoro 真正想做的，從來就不是機車，或是代步工具。Gogoro 從一開始想做的就是綠色能源服務，要塑造的真正價值就是環保，而使用的產品則是電動機車，配合所具備的設計能力，不僅產品外型必然前衛，更訴求運用科技而達到高質感——包括速度、安全、有趣等元素。代步，竟成了附加價值。

因此，Gogoro 是瞄準臺灣機車市場而切入的嗎？恐怕不是。然而也因為一連串（意外所造成）的創新，竟在臺灣成熟到不行的機車產業掀起了巨大波浪！

(三) 如何利用有限資源建立優勢資源？

首先，當然是 Gogoro 產品的耳目一新。電動機車並非新產品，只是 2015 年 Gogoro 首款產品問世之前，臺灣的電動機車對比的是 50cc 的車種。而 Gogoro 的推出不僅在性能上對比白牌重機，更將傳統電動機車的刻板印象完全顛覆。加上酷炫的造型，以及與行動科技結合的樂趣，產品本身的設計已經讓人驚豔。

其次，訴求環保的價值。由於金融海嘯之後，永續經營的理念已經快速成為全球趨勢與普世價值，尤其在年輕世代更是如此，其中環保議題更是日漸炎上。而 Gogoro 主打環保的價值訴求，正符合此趨勢──尤其是正面迎擊機車對空氣汙染的既有事實與形象。

第三，獲利模式。過去的機車產業結構，是以硬體交易為品牌獲利來源，通路僅能以維修服務來獲利，其中還有盤商的逐層剝削等利益結構。但 Gogoro 由於產銷合一，不僅打破利益結構、獲利透明增高，且加入電池租用的訂閱服務，融入最為新創企業接納的獲利模式。

第四，電池採換電模式。其實電網建置一直是 Gogoro 最想做的，即便目前國際產業或環保趨勢對此尚不明確，但 Gogoro 已經成功建置都市換電站、搭建電網，未來可望朝其他城市複製。當電網越普及，競爭門檻也越高，城市備用電網的可用性也越高。

第五，高檔價格。與 Tesla 一樣，Gogoro 也是從高價產品推出，一方面宣告品牌價值與主張，一方面也是反映產品定位與供應鏈價值。然而，在政策補助之下，卻能以一般 125-150cc 燃油機車價位購得！

因此，可以找出 Gogoro 在成立初期募得資金後，將有形的資金換得什麼具競爭優勢的資源呢？至少包括下列幾項：(1) 設計能力：由於陸學森原本專長即為設計，一方面擴大設計團隊、增強執行力，一方面實踐對產品與生產線整體設計要求的供應鏈；(2) 品牌與形象：行銷團隊針對企業願景與目標，塑造出 Gogoro 的品牌形象，不僅清楚表彰、也很聚焦，更符合了未來趨勢潮流；(3) 企業文化（樂趣＋效率）：由於創業團隊訴求清楚，至今已經發展出了清楚的職能部門，因此推測團隊在溝通方面沒什麼問題，藉由清楚一致的工作態度，建立起講究效率、重視樂趣的企業文化（對於未來變革具有不錯的抵禦力）；(4) 電網基礎：這跟水管、電線、油管等基礎建設一樣，是很高門檻的資源，並且除了金錢堆砌起來的網絡之外，更有相關的大數據分析，越早建置完成、競爭優勢越大。除了這些之外，你覺得還有哪些呢？

互補性資源建立：電動車生態圈

(一) 機車市場產業現況簡析

從 Porter 五力分析的角度看臺灣機車產業，首先看整體市場與直接競爭者，依據交通部統計資料，截至 2020 年臺灣機車登記數達 1,410.4 萬輛，平均每 1.6 人就擁有一台機車，機車密度全球第一（沒錯，若能在這裡改變機車生態，就能撼動全球）。

而臺灣機車為明顯的寡占市場，以 2018-2020 年，3 年的累積登記數計算，前三大品牌光陽（37.6%）、山葉（29.0%）、三陽（25.6%）就占據了 92.2% 的機車登記數。主要原因是整車進口關稅高（20%），與環保排氣規範嚴格所致。因此，品牌廠在消費者與供應商的議價能力頗高。

值得一提的是，機車產業還有經銷體系與維修體系，有時也互相綁在一起，加上盤根錯節、層層剝削的利益結構，形成多年的傳統窠臼（議價能力不對稱），以及零件有逐年漲價趨勢（迫使產品漲價，但通路卻無利潤）。

在這樣的競爭架構之下，差異化不易、產品品質難提升、價格逐漸墊高、利潤集中在品牌大廠，新品牌進入障礙高。

這樣來看，只是訴求環保新價值，也很難撼動機車產業吧！

(二) 如何破壞既有平衡？新產業鏈

必須要有其他要素，特別是能顛覆或創新產業價值鏈的新因素──電動。

原本要拜託傳統品牌廠商建造電動機車，卻遭無情拒絕後，創業團隊決定自己建立整體產業鏈──該說是幸運嗎？臺灣在機車零件與電子零件的供應鏈技術十分進步，且配合度高，在努力奔走之下，竟真的推出自有品牌電動機車 Gogoro！

這簡直是橫空出世的替代品，傳統機車絕對想像不到。也因此，其實比產品本身設計製造更困難的，可能是其他互補資源的建立，包括維修、二手市場、經銷通路……等，其中，換電站的建置最為重要，也是必須在正式銷售前要先完成的第一步（已如前述）。而要將換電站的電網使用率拉高，才更有價值，也才能將整套體系鑲嵌在綠能與智慧城市的規劃中，於是，Gogoro 在 2018 年決定不收取權利金，開放使用權，此舉也讓 Gogoro 換電體系正式打開了開放式創新的大

門！此舉除了引進現有的品牌如山葉、宏佳騰、PGO 的合作外，更推出商用車款（含政府標案），甚至也加入城市共享機車的行列 GoShare。

(三) 價值策略互異，但消費者價值才是核心

　　若從核心價值看，傳統汽油機車提供的是移動服務工具，而 Gogoro 所提供的服務則是能源服務工具，機車是其載具應用之一（電池與換電站是核心），因此 Gogoro 在許多訴求與傳統機車業不同 —— 因為是不同產業的策略思維啊！只是剛好在機車產品商有了交集。

　　事實上，Gogoro 問世至今毀譽參半，然而其銷售成績並不差，2020 年遭遇政策丕變而影響銷量，Gogoro 卻也趁勢重新聚焦消費者價值上，做了幾件事情企圖在產品使用、換電服務、維修體系上有所優化、改善體驗，包括成立 Go 360 服務中心與客服小 Go，改善後勤維修服務；調整資費制度，一方面多元化開出更多種選擇，一方面將原用里程計費改為電池使用計費，使用戶感覺更公平。

與其他直接競爭對手之間

(一) 與傳統車廠（光陽）的競爭互動

　　不過，市場的競爭並非靜態不變，尤其在競爭對手感受威脅，即便 Gogoro 創立之初傳統機車業者並不採納其建議，卻非不認同其看法，只是大廠往往都想要自己做，只是創新速度無法那麼快。如今，Gogoro 既已侵門踏戶，大廠研發也累積出成果，必然會有所動作，以市場龍頭光陽機車動作最大。

　　首先是門市與維修通路策略。由於 Gogoro 打破傳統盤商利潤結構，組織扁平化後，將多數利潤回歸銷售門市，使得 2019 年以來經銷通路快速增加，其中加盟店更以倍數成長，且絕大多數是從傳統車行轉換過來，等於挖到牆腳，因而引來傳統品牌廠的威脅抵制，門市與維修被要求選邊站，只能掛一個牌。

　　其次是換電系統政府規格遭到抗議。雖然 Gogoro 上市前就已經有電動機車，且以充電式為主，但由於 Gogoro 上市後銷售暴增，2017 年政府甚至擬定政府標準規格，引發四大業者聯合抗議，並冠以壟斷之名，迫使政府規格仍維持充電換電兼並的政策，而隨後光陽也推出充電換電兼並的新規格車款與智慧管理系統。直至今日，臺灣政策仍維持雙軌，規格之爭難有定論。

還有商用車款的彼此競爭、對抗，雙方陣營積極搶進商務用車（如快遞業），以及政府標案（如警用機車、郵務機車），並對單一車種表達抗議。甚至連記者會都具有針對性。可以說 2017 年之後，燃油車與電動車之間的競爭逐漸白熱化。

不過，雙方在海外發展策略則相當不同，可以看出端倪。光陽秉持舊思維移動服務策略，朝中國、東南亞拓展，與當地物流業者合作；而 Gogoro 則往西歐國家主要城市拓展，結合智慧城市、電網系統、共享經濟合作，堅持綠能服務模式。

既有大廠頻頻出招，且紛紛推出相關類似產品，即便競爭地圖不同，消費者卻一時也難分辨，在競爭格局已有所不同之際，大廠的動作似乎讓 Gogoro 也遇到了意料之外的逆風。

(二) 政策髮夾彎，怎麼辦？

政策風向逆轉！

原本政府允諾的綠能政策，禁不住傳統大廠油電平權的抗議，而在 2019 年底宣布要逐步調降對電動車的補助，更令人訝異的是，竟增加對於傳統燃油機車的補助（汰換環保七期車款）。這對先前具備理念、潮流與價格三重優勢的 Gogoro，無疑將失去最重要的優勢。

雖然在產業變動快速的今日，這樣的競爭格局丕變的情況並不少見，然而卻也是難以預料。既然難以預料，怎能以過去的成功經驗來判斷呢？曾以為是競爭優勢的資源或能力，也可能在一夕之間成為普通的基本功夫──這正印驗了新創企業所流行的「紅皇后效應」[1]！

從上面 Gogoro 的經驗，當我們取得了市場驗證、初步資金、準備真正進入市場時，我們要怎麼觀察分析市場？要如何擬定競爭策略？又要怎麼了解自己的優勢並加以運用？了解自己的劣勢盡速補強？並且，該如何應付快速變化的市場？如何預測競爭對手的舉動？每個真槍實彈的短中長期競爭階段，該如何發展不同的競爭思維？是本章的重點。

---

1 《愛麗絲夢遊仙境》中的紅皇后說：「……你得快跑，才能保持在原地；若你想前進，就得跑得更快……」，一如在新創企業的處境，故稱之。

回到新創事業的重心，我們提供幾個市場競爭的策略思維，以觀察競爭格局。記住，競爭態勢並非靜態不變的，關鍵在於從中分析出在市場競爭的優劣勢，並找到策略方法持續改進。

一、創業環境重要嗎？

　　創業策略思維該從何處著眼？需要在意所處的產業環境嗎？整體產業環境是否會影響創業的成敗呢？

　　你覺得呢？

　　如果把「創業策略」簡單定義為：決定並實現創辦企業適合的短中長期目標，所應採取的各種行動方針和資源分配[2]。你會從何處著手開始布局？

　　從經濟、產業的角度（所謂的「上而下」"top-down" 觀點）來看，答案當然是肯定的。無論你所處的是屬於什麼產業，總是要了解產業進入策略。這牽涉到上下游的議價能力，尤其若是已經發展成熟的產業，可能對產業價值鏈的掌握度、競爭程度，甚至法令規範等，了解的要更深更廣──更何況，總體經濟的變化一定會影響個體，正所謂「覆巢之下無完卵」啊！

　　若從企業本身的角度（所謂的「下而上」"bottom-up" 觀點）出發，答案卻又似乎不那麼肯定。畢竟新創的事業如果是中小資本額，只需要了解所接觸到的消費者、滿足消費缺口即可，尤其本身具有足夠的特殊專屬技能、瞄準客戶的特定偏好，有可能形成片面獨占，不一定會遇到競爭者的問題，更何況是議價能力？

　　尤其近年的新創公司，所擁有的能力可能多半屬於尚未成熟、變化仍大、技術還在發展的產業，對於產業的了解是否真需要如此深入或廣泛嗎？

　　究竟是外部產業重要，還是內部企業競爭資源重要？要如何針對所屬產業進行競爭分析？又要如何針對自己本身的競爭力進行分析？如何分析才更為全面？其實在學術上提供了一些理論工具可以作為決策參考。

　　事實上，學術理論也為這些問題，在不同年代的不同理論中有精彩的爭

2　Chandler, A. D. (1962). *Strategy and structure: Chapters in the history of the industrial empire*. MIT Press.

辯，藉由實證研究結果，來證實影響企業經營績效的因素，究竟是外部的產業因素比較顯著，還是企業本身的因素比較顯著，如表 10-1 所示。

表 10-1　影響企業總資產報酬率（ROA）的因素，產業或者企業，何者重要？[3]

研究學者	資料年代	產業	企業	其他
Schmalensee [4]	1985	19.6%	0.6%	79.9%
Rumelt [5]	1991	4.0%	44.2%	44.8%
Roquebert et al. [6]	1996	10.2%	55.0%	32.0%
McGahan & Porter [7]	1997	18.7%	31.7%	48.4%
Hawawini et al. [8]	2003	8.1%	35.8%	52.0%
Misangyi et al. [9]	2006	7.6%	43.8%	n/a

從第三章所介紹過，現已眾所周知的 SWOT 分析[10] 出發，也可以簡單的區分匡列出外部的機會與威脅項目，以及內部的優勢與劣勢項目。也可以算是一種兼顧外部與內部的思維工具——至少可以作為一個初步的觀察與

---

[3]　Grant, R. M. (2016). *Contemporary strategy analysis: Text and cases edition*. John Wiley & Sons.

[4]　Schmalensee, R. (1985). Do markets differ much? *American Economic Review*, 75(3), 341-351.

[5]　Rumelt, R. P. (1991). How much does industry matter? *Strategic Management Journal*, 12(3), 167-185.

[6]　Roquebert, J. A., Phillips, R. L., & Westfall, P. A. (1996). Markets vs. management: What 'drives' profitability? *Strategic Management Journal*, 17(8), 653-664.

[7]　McGahan, A. M., & Porter, M. E. (1997). How much does industry matter, really? *Strategic Management Journal*, 18(S1), 15-30.

[8]　Hawawini, G., Subramanian, V., & Verdin, P. (2003). Is performance driven by industry-or firm-specific factors? A new look at the evidence. *Strategic Management Journal*, 24(1), 1-16.

[9]　Misangyi, V. F., Elms, H., Greckhamer, T., & Lepine, J. A. (2006). A new perspective on a fundamental debate: A multilevel approach to industry, corporate, and business unit effects. *Strategic Management Journal*, 27(6), 571-590.

[10]　Weihrich, H. (1982). The TOWS matrix: A tool for situational analysis. *Long Range Planning*, 15(2), 54-66.

了解。

　但無論其結果如何，在現在的環境中，尤其針對創業家，在第一章也提過的，創業家需要處理許多訊息，而能夠掌握越多正確資訊，越能做出正確決策。因此，如何整理產業相關訊息、如何觀察本身的優劣勢訊息，也就相形重要了。

　本章中，我們將針對創新創業所需的分析方法，分別介紹幾個重要而經典的策略理論與相關案例，提供創業團隊在創業的任何一個階段，隨時能用以觀察、思考的工具。

二、產業環境競爭分析：五力分析

　歷經了 1950-1970 年代，一些策略管理名家學者的努力研究，例如：有「策略管理之父」之稱的 Ansoff 藉由眾多案例分析的研究，提出 Ansoff 策略矩陣思維；Chandler 與 Williamson 先後將 Coase 的理論加以驗證擴充，形成交易成本理論。學者們藉由尋找並確立管理的最佳實踐，也盡可能加以類推至所有企業，不僅確立了策略管理思維的重要，並且導致追求持續性競爭優勢的想法與目標。我們已在第三章有過簡略的分析介紹。

　然而，1980 年代隨著 Michael Porter 從更符合科學的方法，使用較大規模的統計方法與實證研究，基於大型數據庫和計量經濟學，試圖得出與策略管理相關（如競爭優劣勢與經營績效等）的普遍性結論，承繼了以 Bain 與 Mason 為首的產業組織經濟學（industrial organization economics，IO 經濟學）思維（結構—行為—績效，即 S-C-P 模型），但反轉其反壟斷的理念，而主張壟斷利潤，將策略管理的重點，從企業內部的優劣勢，轉向了外部競爭環境決定的機會和威脅。

　Michael Porter 所提出的，即著名的五力分析（5 forces analysis）（圖 10-1）。Porter 的想法是，對客戶不利的事情對公司有利。因此主張，企業獲得的壟斷力越高，對競爭對手議價能力的依賴就越小，也就越能獲得較長久的競爭優勢，亦即主張要朝取得**壟斷租**（monopoly rents，又稱李嘉圖租，Ricarian rents）發展。

　Porter 又將五力模型的使用稱為競爭分析，為企業實現和維持競爭優勢

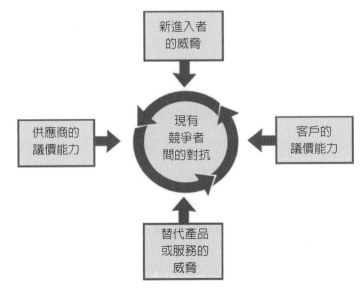

圖 10-1 五力分析概念圖 [11]

而擬定競爭策略，提供了一種工具。在模型中，企業本身除了來自產業競爭中心的競爭者對抗之外，左右橫向的還有供應商和客戶的議價能力，而在縱向的是其他新進入者的威脅和替代品或服務的威脅。

在使用此工具思考時，首先，從這五個因素出發，以企業本身要取得壟斷或較高議價能力的角度去評估相關的依賴程度，例如：潛在供應商／客戶越少，依賴程度就越高，則供應商／客戶的議價能力就越大；現有競爭者的對抗，通常會以產業集中度來表示；新進入者的威脅要觀察的是，該產業或各企業所建立的進入門檻；而替代品則探討替代程度與範疇，這部分則與市場定位有關。五個因素若要更深入的探討，這其中又衍生出不少其他理論，在此便不列述。而分析出五項因素與企業本身的依賴程度或潛在壟斷租水準後，此時會得出企業本身在各面向的競爭能力高低，了解之後，就可以發展競爭策略。

整體而言，Porter 認為企業的主要策略方向有三類：(1) 藉由規模經濟或範疇經濟所具有的**成本領導策略**（cost leadership），也就是所謂的殺價競

---

11 Porter, M. E. (2008). The five competitive forces that shape strategy. *Harvard Business Review*, 86(1), 78-93.

爭；(2) 藉由提供不同產品／服務而來的**差異化策略**（differentiation），概念上要使本身提供的產品／服務需求彈性更小，可以不受價格影響；(3) **聚焦策略**（focus），或稱利基策略，亦即聚焦在對於較大競爭者不太有吸引力的小眾市場或利基市場。

這三種基本策略中，不難想像，成本領導策略主要是用於已處於主導地位的大公司（至少在某種程度，或某些市場），並且除了規模經濟和範疇經濟外，也包括網絡外部性的主導者如 FB、Google、Amazon 這類廠商。因此多數資本額不高的新創企業，在進入市場的策略上，較適用於後面兩者，其中，差異化策略的想法是建立新品牌、新產品或新市場，如前面提及的 Gogoro 品牌價值，以對價格敏感較低、需求未得到滿足的客戶，提供獨特的價值（或至少有明顯的附加價值），使客戶願意為新產品／服務支付額外的價格。至於第三種的聚焦策略，側重於小眾市場，由於主要競爭者難以提供需求，且企業本身具有符合該需求的特殊且專精的技能，出發點也是因替代品威脅較小、需求未得滿足，且競爭並不激烈的小市場。

附帶一提，這三類策略當然也有策略失敗的風險。例如：成本領導策略須留意產品定位錯誤造成規模不經濟，差異化策略須留意價格過高引起消費者流失，而利基策略也須留意目標市場的定位精準度及其客戶偏好的變化。這些也再次突顯在第六章中關於行銷策略的重要性。

此外，Porter 也強調，策略的選擇不可能同時腳踏兩條船，又以成本領導的殺價策略，又要做差異化的競爭，否則就容易卡在中間、陷入困境。建議應加以權衡，藉由五力分析對自身競爭能力的了解後，搭配三類策略所擁有的基礎與條件，做出清楚的決策。不過，我們認為，只要當企業擁有足夠的創新資源與認知能力時，仍有可能做好創新雙歧管理，而同時朝向不同的發展。這部分將於下面的章節說明，並可參考前面第五章的內容。

Porter 所提出的策略工具，在 1980 年代無論是在實務上或是理論研究上都非常成功，紅極一時。後來還衍生出另一種分析思維工具：策略群分析。不過，如同表 10-1 所顯示的一樣，外部的產業因素對於企業獲利的解釋能力實在有限，讓學者仍繼續的朝向企業內部探索。雖然如此，Porter 最大的貢獻在於將策略管理與數據分析聯繫在一起——雖然五力分析理論受到來自很現實的企業獲利數據分析的嚴重挑戰。

當學者回頭向企業內部搜尋競爭優勢的來源時，開始聚焦在企業內部的資源，以及相關的流程與慣例、核心能力……等。我們提出三個重要的理論。

👥 三、內在分析：企業資源基礎理論

如前所述，**企業資源基礎理論**（resource-based theory, RBT）的學者們，受到 Porter 的影響，也從壟斷租著手，但從產品／服務市場轉向為更上游的要素市場，即企業擁有稀少性、能創造價值的資源，才可以為企業帶來豐厚的利潤，並導致可持續的競爭優勢。

所謂的資源，就企業經營來說，有三個類型：有形資產、無形資產、人力資源。其中，有形資產最容易理解，也幾乎都表現在資產負債表的資產項目中。無形資產則除了會計上定義的無形資產（如專利、智財權、商譽、特許權、品牌價值……等）之外，甚至連技術實力、知識技巧（know-how）、客戶資料、人際網絡……等難以計算的也都在企業競爭資源範圍中。而人力資源則泛指組織資本，即在第四與第五章所說明的內容。

然而，這些資源多半是基本營運資源，是各個企業都普遍存在，甚至是不可或缺的資源，乍看似乎無法為企業帶來競爭優勢與超額利潤，更別說是壟斷利潤了。

然而，隨著 Wernerfelt（1984）[12] 以數學模型展示了稀少性資源確實可為企業帶來壟斷性利潤，以及 Barney（1986, 1991）[13] 更加完整的提出這樣的概念與理論，來進一步解釋優勢資源應該具有的所謂 VRIN 屬性，揭示了資源基礎理論的核心概念。企業 RBT 主張，可以讓企業取得競爭優勢的資源應該具有以下屬性：

1. **價值性**（valuable）：主要是能夠為客戶創造（新）價值。例如：電動

---

[12] Wernerfelt, B. (1984). A resource-based view of the firm. *Strategic Management Journal*, 5(2), 171-180.

[13] Barney, J. B. (1986). Strategic factor markets: Expectations, luck, and business strategy. *Management Science*, 32(10), 1231-1241; Barney, J. B. (1991). Firm resources and sustained competitive advantage. *Journal of Management*, 17(1), 99-120.

車的環保概念、台積電所提供良率高的先進製程技術等。資源必須首先具備價值性，才能稱為優勢資源，繼續探討後面的屬性也才具有意義。

2. 稀少性（rare）：不一定是唯一，但至少不能普遍性存在，或是容易取得，畢竟，不普遍或是不易取得的資源才能形成某種程度的壟斷。例如：埔里乾淨的水源、法國波爾多左岸的特殊氣候（後來加州勉強足以匹配），或是可口可樂的獨家配方、Airbnb 龐大的精準雙邊資料。

3. 不可模仿性（imperfect imitability）：無論是否具有稀少性資源，都應該建立隔離機制（isolating mechanism），避免模仿，或是故意混淆視聽，令對手難以捉摸、無法複製。通常來自於歷史獨特性、因果模糊性，與社會複雜性。例如：iPhone 並非光是硬體勝出，更具備 iTune 生態系統；WalMart 的資訊系統建置。

4. 不可替代性（non-substitutability）：競爭者都會盡可能找到替代的方法，挖掘替代性資源，因此，若具備不可替代性，則優勢資源將可持久。例如：品牌刮鬍刀的刀頭設計都不同；印表機的碳粉匣或墨水匣都不通用；Appier 的多重解決方案，一旦導入則不易被取代。

不過，其中的「不可替代性」，學者 Barney 後來有做了修正[14]，轉而從人力資源角度重新做了詮釋，認為「不可替代性」與「不可模仿性」有某種程度的重複，或甚至有相同的意義，而優勢資源也應該要加入人力資源的考量，因此修改為 VRIO 屬性，即將「不可替代性」改為「組織」因素，意思是將由組織設計來形成優勢人力資源，而人力資源才能將其他優勢資源做有效的運用與串連，甚至在其他資源條件相同之下，有較為優勢的人力資源，也可能形成較佳的營運績效。這也使得在資源基礎理論的意義上，加入了由人力資源的運用執行衍生出來的執行能力（capability），而得以更加完整。雖然如此，RBT 對於組織能力所形成的執行能力並沒有太多的著墨（請參閱下一節「動態能力理論」有更詳細說明）。

在這樣的思維架構下，RBT 提供了一個模型來判斷企業具有的資源是否為優勢資源，且在這樣的情形之下，企業的競爭能力如何，如表 10-2。

---

[14] Barney, J. B., & Wright, P. M. (1998). On becoming a strategic partner: The role of human resources in gaining competitive advantage. *Human Resource Management*, 37(1), 31-46.

值得注意的是，在進行優勢資源判定時，表 10-2 僅為單向資源／執行力的判定，而非多項共同判定，因此在進行評估時，針對不同資源需重複進行該表格的評估流程，工程浩大，因而在實務上，也會用表 10-3 相對較為簡易的方式，進行企業整體性的資源評估。雖然如此，事實上，這些分析都仍因為紮實而在進行時並不簡單，一般也都會特別舉行所謂的年度策略會議或營隊，分 2-3 天共同以腦力激盪的方式進行思考。

表 10-2　企業 VRIO 屬性判斷與競爭意涵（資源基礎理論）[15]

資源或執行能力……						
價值性	稀少性	難以模仿	組織能力	競爭意涵	經濟績效	優勢／劣勢
No			No	競爭劣勢	低於正常水準	劣勢
Yes	No		↑	競爭均勢	約當正常水準	優勢
Yes	Yes	No	↓	暫時性競爭優勢	高於正常水準	優勢且具獨到能耐
Yes	Yes	Yes	Yes	持續性競爭優勢	高於正常水準	獨特優勢且持續性能耐

表 10-3　企業 VRIO 整體判斷與對策分析表（資源基礎理論）

	V（價值性）	R（稀少性）	I（不易模仿性）	O（組織能力）	未來對策與行動方針建議
技術研發					
行銷活動					
生產管理					
物流管理					
組織文化					
人才培育					

　　RBT 既成為了近代重要的策略管理理論，其中自然也有許多細部的分支理論，例如：學者 Rumelt（1984）[16] 針對資源不可模仿性和不可替代性，

---

[15] 資料來源同 14。

[16] Rumelt, R. P. (1984). Towards a strategic theory of the firm. In R. Lamb (Ed.), *Competitive*

提出所需的隔離機制概念，已如前述，包括因果模糊、複雜度或歷史因素形成的路徑依賴（path dependence），但其中效果最好的是隱性知識，而若能連同保護知識資產的法律手段如專利、商標、版權等，創造所謂的專有權制度[17]（appropriability regime），則能達到更為持久有效的隔離機制，模仿成本高，而達到持久性的不可模仿性。

基於這個概念，更提出了知識基礎觀[18]（knowledge-based view），來發展為強調無形知識資產作為關鍵資源基礎的一個特例。學者將知識概分為兩類，其中可編纂的知識易於轉移、流傳但不易保護，另一種是難以編纂的隱性知識，不易轉移、複製、教導，但易於保護和獨享。對於知識性高的新創企業而言，應該更著重於交互的使用，亦即如何將可編纂的知識標準化甚至專利化來使用，其中夾雜部分隱性知識，或是將許多可編纂知識堆疊起來成為複雜性高的知識，都是形成「知識管理」的重要方法，如台積電在此方面的管理即相當卓越。相信隱性知識在未來以科技為基礎的新創企業當中，尤其以 AI、數據、軟體為技術發展基礎的產業，將會越來越重要。

由於 RBT 對企業內部的資源與執行能力進行分析，而找出可持續性競爭優勢所建立的理論，與前述以 Porter 為首的五力分析，了解外部競爭環境下本身的定位，兩者互相結合而能更加清楚、深入的分析內外部的情形，已超越舊式 SWOT 分析許多，雖然複雜、困難，但也更加務實、仔細，成為當前許多顧問公司的策略工具。

然而，無論是外部分析工具的五力模型，或是內部分析工具的 RBT 思維，在使用時的共同問題是，都是以靜態方式來觀察，甚至只是追溯性的思考，無法引導企業去關注動態變化（包括外在與內在）所帶來的影響。若僅

strategic management (pp. 556-570). Prentice-Hall.

[17] Teece, D. J. (1986). Profiting from technological innovation: Implications for integration, collaboration, licensing and public policy. *Research Policy*, 15(6), 295-305; Teece, D. J. (1998). Capturing value from knowledge assets: The new economy, markets for know-how, and intangible assets. *California Management Review*, 40(3), 55-79.

[18] Kogut, B., & Zander, U. (1992). Knowledge of the firm, combinative capabilities, and the replication of technology. *Organization Science*, 3(3), 383-397; Grant, R. M. (1996). Toward a knowledge-based theory of the firm. *Strategic Management Journal*, 17(S2), 109-122.

能以當下的情況去分析時，可能會錯失創新變化帶來的影響，例如：2007年（iPhone 推出當年）的 Nokia 當時多麼輝煌，並且蟬聯多年的全球手機市占第一，也高出其他競爭對手許多，然而環境的丕變使 Nokia 難以適應，之後更快速衰退，2013 年就竟從競爭舞台上消失不見，甚至在宣布同意微軟併購的記者會上，當時的 CEO 說：「我們並沒有做錯什麼，但不知道為什麼，我們輸了。」同樣的例子還有發明數位相機的柯達（Kodak）和寶麗來（Polaroid），都未能適應數位化帶來的破壞式創新。

由於靜態分析工具無法深入分析變革過程，也沒有將快速競爭變化所帶來的壓力列入思考範圍，因此，即便 RBT 藉由資源與執行能力的差異剖析，來了解企業的競爭優勢非常有用，但在試圖分析企業所面對的未來前景時卻顯得力不從心。學者們也發現還需要導入動態觀點，因而開啟了動態能力與動態競爭理論的領域。

四、內外在分析（I）：動態能力理論

以動態觀點同時觀察環境與企業本身變化，來探討競爭策略的理論有兩個，其中，動態能力理論（dynamic capability theory）主要是針對前面 RBT 的補充，以動態執行能力的觀點思維，補充靜態以資源為基礎的分析，而使企業在資源與執行能力所具有的競爭優勢得以在未來持續。因此首先在 RBT 之後接著說明。

「執行能力」由組織形成，分成基本能力與高階能力

根據前面 RBT 的說明，組織的支持也成為優勢資源的來源，亦即資源若能藉由組織能力發揮，將可增添其優勢，這種組織支持執行的營運能力即為執行能力（capability）。實務上，可以想成是由組織設計、相關知識，加上團隊默契、組織文化或氣氛而形成的一種組織運作常例（routine），這種常例使資源能更有效地發揮，而形成優勢資源。而這種常例可以被複製（到其他相關資源運用），也就是學者們提及的基本能力 [19]。

---

[19] 亦即 Nelson & Winter（1982）的一階常例。而動態能力即為能夠更改一階常例的高階

而動態能力（dynamic capability）是指調整或重組基本執行能力的變化性或適應性，學者則稱其爲高階能力。在組織面向上，一般有四種呈現方式：組織流程、組織結構、激勵制度、跨部門調適。而由於組織發展在不同階段逐漸朝多部門分工設計已爲必然，在此便不多加描述。

「動態能力」定義

由於 RBT 僅止於靜態分析，如前述，並未針對企業內部如何因應動態環境變化而適應。即便目前具有優勢資源，然而，一旦競爭環境產生改變，想要維持競爭優勢的來源恐怕將從資源的壟斷性，轉成執行能力的調適性，壟斷租將因爲環境改變而消失，利潤來源必須轉向**創業家租**（entrepreneur rent，也稱爲熊彼得租：Schumpeterian rent）。這是動態能力理論的基礎，主要是用以補充 RBT 在分析面向上之不足。

基本上，Teece 等人（1997）[20] 所提出的動態能力理論概念，是將之前 RBT 理論、演化理論及學習理論整合後所提出的較新理論。基於演化概念，當環境產生競爭變化時，企業將會進入演化程序，保留仍具優勢的慣例，並啟動創新變異（包括產品、流程、服務、商業模式等，是熊彼得租的來源），進而藉由市場測試與競爭進行篩選或調整，以達到令人滿意（而非優化）的方式解決問題。

在這概念之下，動態能力是「組織有目的地創建、擴展或修改其資源基礎的高階能力」[21]，是有目的性的使用，且創新創業思維爲其中非常重要的關鍵，因爲在競爭變化中產生的破壞式創新，使壟斷租被破壞，利潤將被迫轉爲熊彼得租。

常例。或如 Sidney Winter（2003）所稱營運型能力與高階能力。本書稱爲基本執行能力與高階能力。參考資料：Nelson, R. R., & Winter, S. G. (1982). *An evolutionary theory of economic change*. Belknap Press of Harvard University Press: Cambridge; Winter, S. G. (2003). Understanding dynamic capabilities. *Strategic Management Journal*, 24(10), 991-995.

[20] Teece, D. J., Pisano, G., & Shuen, A. (1997). Dynamic capabilities and strategic management. *Strategic Management Journal*, 18(7), 509-533.

[21] Helfat, C. E., Peteraf, M. A., & Barreto, I. (2007). Understanding dynamic capabilities: Progress along a developmental path. *Strategic Organization*, 7(1), 91-102.

因此，優勢資源的運用是靠基本執行能力，主要是複製現有資源基礎和知識的能力；而動態能力主要是改變現有資源基礎和能力，以便更好地應對競爭環境的變化（如客戶偏好、技術革新或法規）。當競爭環境沒有太大的變化時，企業可以使用基本能力或較簡單的動態能力，來追求最佳實踐（best practice）[22]；當競爭環境變化得越快，企業面臨的不確定性就越高，對動態能力的要求也就越高，目標只能放在以令人滿意的方式完成問題解決。同時，高階經理層的創新創業態度也相形越發重要[23]——如第一章的創業家動態能力所述說。

由於企業的動態能力（高階能力），包括了許多隱性知識、企業成長路徑、學習能力、企業文化……等，因此每個企業（尤其是新創企業）都不盡相同（而且通常難以描述），也可能形成不同的競爭優勢與熊彼得租，而共同組成多元化的競爭生態。

動態能力的內容：企業層面與高階管理層

既然動態能力有其複雜性，在實務上要如何判定或產生動態能力呢？依據 Teece 等人所提出的動態能力理論架構，在企業層次上有三大構面，分別為：

1. 組織流程（process）：是動態能力的核心關鍵，包含了三個項目：協調與整合（包括內部與外部整合協調，以及範圍、效率、彈性的考量）、組織學習（包括知識管理、問題的發現與解決能力、向外部的學習能力、學習制度）、重置與轉型（企業的彈性能力）[24]。這邊要強調的是，

---

[22] Eisenhardt, K. M., & Martin, J. A. (2000). Dynamic capabilities: What are they?. *Strategic Management Journal*, 21(10-11), 1105-1121.

[23] Teece, D. J. (2012). Dynamic capabilities: Routines versus entrepreneurial action. *Journal of Management Studies*, 49(8), 1395-1401; Teece, D. J. (2014). A dynamic capabilities-based entrepreneurial theory of the multinational enterprise. *Journal of International Business Studies*, 45, 8-37.

[24] Teece 等人（1997）在文章中提到可將重置與轉型視之為彈性，而過去有多位學者提及彈性能力，如 Ansoff（1965）；Ansoff & Brandenburg（1971）；Steer（1975）；Volberda（1996, 1998）等。參考資料：Ansoff, H. I. (1965). *Corporate strategy: An analytic approach to business policy for growth and expansion*. McGraw-Hill; Ansoff, H. I., & Brandenburg, R. G. (1971). A language for organization design: Part I. *Management Science*, 17(10), B557-B582; Steer, P. (1975). Approaches to organizational design. *Academy of*

三個項目不應該分開思考，而是需要環環相扣的；並且組織學習能力恐將成為重中之重，畢竟，流程的彈性與協調，關鍵仍在於執行人員的觀察與反應力、判斷力、吸收能力、問題解決能力，都受其學習能力影響。事實上，在 AI 時代，學習能力以及所衍生的各種能力，其重要性也都將更加突顯。

2. 資源位置（position）：是指企業所擁有的特殊資源與執行能力。其中包括技術資產、互補性資產、有形資產與商譽、結構資產、政策制度資產、市場資產（市場吸引性）、組織邊界（知道企業什麼該做與不該做）。

3. 路徑（path）：是指每次應對變革的策略決策之路徑。歷史決策路徑與環境的機會選擇，都會對下一次的決策形成影響，因此這部分的內容包括路徑依賴性（企業過去決策的獨特性）與技術機會（技術發展前瞻性）。

此外，高階經理階層在創新創業思維與態度，也大幅影響著企業動態能力的形成。除了在第一章已經提及的內容（協調整合能力、學習能力、轉型調適能力、資源運用能力、經驗與技術、機會感知與掌握等能力），根據 Teece（2007）[25] 的整理，大致上可分為三個方向：感知能力、掌握能力、轉型能力。

1. 感知能力（sensing）：是指對企業外部的機會與威脅的感知能力。除了第一章所述的認知基礎與訊息處理相關的能力之外，特別指對內部研發與新技術的選擇、對協力廠商的創新、外部技術發展、客戶需求的改變等方面的流程。由於與微弱信號的感知和識別有關，因此，越是動盪的商業環境，越是需要具備這種創業本能與直覺。

2. 掌握能力（seizing）：除了指企業外部機會的掌握能力（如機會識別、相關資源調動等）之外，更重要的是需要建立機制，針對技術或產品架

Management Journal, 18(1), 29-45; Volberda, H. W. (1996). Toward the flexible form: How to remain vital in hypercompetitive environments. *Organization Science*, 7(4), 359-374; Volberda, H. W. (1998). *Building the flexible firm: How to remain competitive*. Oxford University Press.

[25] Teece, D. J. (2007). Explicating dynamic capabilities: The nature and microfoundations of (sustainable) enterprise performance. *Strategic Management Journal*.

構、商業模式、客戶解決方案之選擇；專用資產與瓶頸資產的管理；忠誠度、組織承諾等企業文化的建立；避免認知錯誤導致決策錯誤。掌握能力與有效投資和建立新策略有關，有時企業甚至必須放棄對早期成功的路徑依賴，但因組織僵化導致變革阻力，往往使組織出現內部衝突。

3. 轉型能力（transforming）：是指專有優勢資產的持續調整和配置，還包括去中心化與開放式創新、共同專業化與策略適配、公司治理、學習與知識管理。轉型能力意味著能促進以必要的組織更新方式，改變現有資源基礎和基本營運能力的動態能力。

Teece（2012）[26] 同時也接續前面所提及智能手機環境變革的例子，給予動態能力理論觀點的回應。雖然 Nokia 直到 2007 年都是市場的領導企業，擁有非常具優勢的 VRIO 資源，但由於市場出現破壞式創新，形成較大的競爭環境的變化，而 Nokia 缺乏重要的動態能力，無法生成高效的營運系統以因應變化中的市場／客戶，也難很好的發現與解決相關問題如消費者需求、與不同 app 相關的複雜版權問題等，因此難獲快速崛起的新市場消費者青睞，沒幾年就輸給了競爭對手 iPhone，甚至遭到市場淘汰。而根據 Teece 的分析，Apple 在成功創造 iPod 時，就早已經完成了這些調整，此外，Apple 對客戶偏好的感知能力也扮演了重要角色。

五、內外在分析（II）：動態競爭理論

另一個同時觀察企業內外部因素，同時以動態觀點來探究企業競爭力的理論是動態競爭理論（competitive dynamics theory）。不同於動態能力理論，是針對外部環境變革而興起用以補充 RBT 的動態能力主張，動態競爭則是融合 Porter 的競爭分析、IO 經濟學與賽局理論，衍生出來針對競爭對手動態而發生的策略決策理論，也是企圖補充靜態且產業觀點的五力分析之不足。

---

26 Teece, D. J. (2012). Dynamic capabilities: Routines versus entrepreneurial action. *Journal of Management Studies*, 49(8), 1395-1401.

　　精確的說，陳明哲（1996）[27] 在形成該理論的過程皆對照五力分析，但比起 Porter 五力分析及標準 IO 經濟學，動態競爭理論內容其實更多引用賽局理論的思維，也更接近於和競爭環境中特定企業之間的直接競爭，同時在研究中也使用實際公司和環境的數據作為實證，而不僅只是抽象的理論建構或案例分析。

　　動態競爭理論的概念，是從單一企業的策略舉措出發，認為一個企業發起競爭行為就會觸發競爭對手彼此之間的行動—反應一系列連鎖效應，而新競爭格局將導致企業之間無情的競爭，因此企業必須強調靈活性、速度和創新以應對快速變化的環境。然而，企業該如何行動？如何決策？這是動態競爭理論分析的重點與核心內容。

　　可以分兩個層次來說明其分析的步驟與內容框架。在單一企業層次，動態競爭大致可分為四個步驟：

1. **競爭對手分析**：雙邊比較分析時，針對「市場共同性」與「資源相似性」進行量化分析，並得出四種競爭態勢的競爭圖像（圖 10-2）。此步驟強調的是由於競爭的不對稱，競爭雙方的策略舉措會有所不同。小公司也因此可能避開直接競爭，而開創其他三種可能性。

圖 10-2　動態競爭的競爭圖像

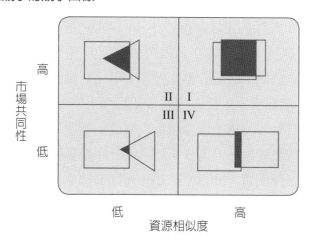

---

[27] Chen, M.-J. (1996). Competitor analysis and interfirm rivalry: Toward a theoretical integration. *Academy of Management Review*, 21(1), 100-134.

2. 競爭行為預測：更深入了解對手，當採取某類新競爭行動時，從對手的認知察覺（awareness）、競爭動機（motivation）、競爭能力（capability），即 AMC 三個向度去預測。

3. 彼此之間的行動－反應分析：此步驟即為動態呈現，對手會採取什麼行動與反應，我方又要如何應變。包括攻擊的可能性，以及其他反應的可能性。而這些行動－反應又將回到第一步驟再重複分析。

4. 競爭結果：將會以組織績效或市場變化（如市占）等數據來呈現，並且又再度回到第一步驟，決定下一次的競爭策略行動。

整體動態競爭分析步驟呈現如圖 10-3。

圖 10-3 動態競爭分析步驟 [28]

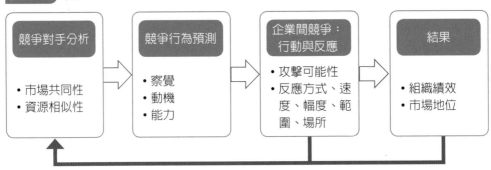

因此，在競爭圖像的不同象限產生不同的競爭態勢，圖 10-2 的第 I 象限即為傳統的直接競爭，但第 II 象限因資源相似度不高，可能僅為間接競爭，第 III 與第 IV 象限則皆屬於潛在競爭。更由於動態競爭的不對稱性（例如：A 看 B 為直接競爭，B 看 A 僅為間接競爭），加上競爭行為的正確預測時，有可能在行動－反應上做出積極攻擊或消極避戰，甚至競爭雙方也可能產生（某方面或某程度的）合作。而這部分才是動態競爭的核心精神。

事實上，之後陳明哲（2015）[29] 基於前述的基本模型之上，又提出一個更大的動態競爭分析框架，從競爭與合作的多變關係出發，加入了更多的分

---

28 同 27。

29 Chen, M.-J., & Miller, D. (2015). Reconceptualizing competitive dynamics: A multidimensional framework. *Strategic Management Journal*, 36(5), 758-775.

析維度，包括競爭目標、競爭模式、競爭角色、競爭工具、時間範圍的不同，加上資源相似度與市場共同性的差異（以及價值鏈上的角色），並且對於認知察覺、競爭動機、競爭能力的向度分析上，也加入了對手能力、文化、組織等不同層次去比較，形成一個複雜度相當高的分析框架。

總之，在動態競爭理論中，陳明哲教授綜合了兩個關鍵主題：競爭者分析和企業間競爭，引入了兩個企業專有的概念：市場共同性（來自多市場競爭）和資源相似性（來自資源基礎理論），針對兩家看似對抗關係的企業之間的競爭局勢，從企業主觀角度作為彼此的競爭對手會如何相互影響，進行了預測。分析方法則整合了 Porter 基於 IO 經濟學的方法和 RBT 方法，並利用賽局理論，來理解企業間競爭的成果。

由於動態競爭理論模型的分析側重於公司的對抗，因而強調二元分析、成對分析，為動態競爭的特色與重要概念。不僅充分補足五力分析的靜態、產業觀點，使之相輔相成，後續的大型框架也更進一步完善了動態競合的連續面。

think-about & take-away

1. 對新創企業而言，企業所處的環境，與企業自身的經營，哪個影響較大？請解釋你的看法。

2. 本章提了四個企業競爭策略理論，請嘗試以本書其他章節所提供的案例，針對企業競爭過程套用並解釋。

3. 動態能力與動態競爭理論皆出自於資源基礎理論，請說明兩個動態相關的理論有什麼異同。

4. 有人認為分析工具有其侷限性，有人則認為是使用工具不熟悉，你贊成哪一個？為什麼？

個 案 介 紹

案例 10-2 ／ Lalamove 在臺灣市場的競爭策略

　　Lalamove 於 2020 年底剛完成 E 輪募資 5.15 億美元，又於 2021 年初再獲後 E 輪 15 億美元；從天使輪開始，總共從創投獲得 24.75 億美元，無疑是個標準獨角獸。

　　2013 年成立於香港的 Lalamove 號稱是全亞洲最大即時快遞服務業者，2014 年進軍臺北後，打開了雙北即時快遞的競爭版圖，現為在地即時快遞領導品牌。

　　而在 2014 年進軍臺北時，在地電商物流早已推廣 6 小時到貨，兩大超商自有物流也提供個人服務，且餐飲外送需求尚末打開但平台已經超級競爭，身為外來的後進業者 Lalamove 如何切入雙北快遞物流？且又取得即時快遞龍頭地位？

Lalamove 臺灣

　　營收來源：企業、個人客戶各約 5 成

　　企業客戶數：2.5 萬家

　　註冊司機：4 萬人，貨車成長 70%

　　成績：2019 年成長 70%、2020 年成長 50%，app 下載突破 50 萬次

　　服務範圍：文件急件、美食、電商、門市調貨、央廚配送、搬家（自助／專業）

Lalamove 如何進入臺灣快遞產業──五力分析

　　藉由本章的內容，進入與競爭策略可以先用五力分析來分析產業情形，並找出關鍵成功因素（key success factor, KSF），然後藉由對自身資源與能力的判定，並與 KSF 比對後，可以找出競爭優勢資源，以及競爭弱勢，進而可以擬定進入策略。

　　若在 2014 年進入臺灣市場當時的快遞產業狀況，由五力分析來觀察，大致上可以看出競爭格局如下：

(一) 競爭版圖

　　計算產業集中度，要先定義競爭產業。Lalamove 切入的是快遞業，在臺灣

的主要經營者是中華郵政、新竹貨運、Kerry，還有以兩大便利商店為主的黑貓宅急便（正式名稱為統一速達）與宅配通，五大業者皆是對企業與個人同時提供服務。通常會以各家營收市占率來計算產業集中度。2014 年度，中華郵政之郵務收入 255.5 億元，新竹貨運 107.3 億元，Kerry 82.1 億元，統一速達 91.8 億元，宅配通 25.7 億元。若以交通部統計處的數據，2014 年快遞服務業產值 499 億元（不含郵務），而國產內銷運費 992 億元、加計進出口的總運費 1,434 億元。若以快遞服務業產值加上郵務收入為當年臺灣快遞業產值（754.5 億元），則五大業者的市占率依上列順序各為：33.9%、14.2%、10.9%、12.2%、3.4%，可以算得產業集中度 Cr4 = 71.2、Cr5 = 74.6，已經算得上是高度集中型的寡占市場。這邊並沒提及其他產值更小的便利商店自有物流、大型電商自有物流，以及倉儲業者的利基型物流。乍看之下，這個產業的競爭態勢大抵已成定局，再想切進此產業的競爭門檻不低。

(二) 替代業者

　　物流的替代性並不高，畢竟需要有實體的載體流動，且要一定的規模，更必須有車隊。然而共享經濟形成後，物流業也被此創新概念打開，使得臺灣的計程車隊，或共享汽車業者（如 Uber），也可能載人之餘順便載物。但實際上，2014 年臺灣當時除了上述主要業者之外，可說是沒有其他替代業者，電商、倉儲仍較為封閉性。Lalamove 是在這個部分發現需求尚未被滿足，而切出一個即時快遞的利基型替代市場。

(三) 潛在競爭者

　　由於國際跨境業者在臺灣在地的自行車隊（如 TNT）亦屬封閉性（且國際母公司經營狀況亦不穩定，2015 年 TNT 遭 FedEx 併購），但未來有可能成立內銷物流車隊，且競爭力可能不弱。另外就是餐飲外送平台如 Uber Eats，也可能擴充在餐飲業的加值服務，或複製成功模式而另外成立獨立貨運車隊，即成為潛在競爭者。Lalamove 則先看出了這個加值服務的需求，而提供多站式快遞，以及代買代收服務。

(四) 上游供應商議價能力

快遞業主要是收送物件，屬於媒合的業務，嚴格來說沒有上游供應商。互補性資源方面，直接關聯的是載運交通工具及其維修，這部分並無特殊性，沒有套牢問題；間接關聯性則與倉儲、集貨中心有關。傳統業者因以跨城市的長途運送出發，都必須有集貨中心，但 Lalamove 單純以城市內的即時快遞，則顛覆此思維，成為其創新模式。

(五) 下游客戶議價能力

物流快遞的客戶主要是送貨方，而由於市場集中度高，使得下游議價能力並不高，而運作模式已經多年使用載送重量（郵政快遞）或體積（黑貓、宅配通）計算，也已經成為行業標準，下游更無議價能力。這也成為新進業者殺價搶市的機會，而 Lalamove 則採用新的計價模式——以運送里程計價。從策略面來看，不僅跳脫業界標準，也可使利潤模糊。

經由上述的簡要分析後，臺灣的快遞物流競爭情形已經可以看出大概：(1) 產業集中、品牌信任度高、服務差異化低、商業模式固定，皆具自有車隊；(2) 自建車隊與網絡的進入門檻不低，且除非有較高的知名度如國際業者，否則企圖用低價競爭的正面衝突難度頗高；(3) 潛在競爭者模式並無不同，因此新進入者必須尋求差異化服務，找出需求缺口，而能以低成本運作模式解決問題；(4) 現有上下游議價能力已經頗低，獲利模式已達標準化程度，也成為新進業者的障礙，因此必然要以低成本模式出發。

綜合上述，在 2014 年當時要切進臺灣的快遞產業著實不易。而根據 Porter 競爭分析建議有三大策略方向：殺價競爭（以期取得規模經濟）、差異化服務、利基市場。同時，可以歸納出此產業的成功關鍵因素 KSF 主要為：自有車隊及其管理、調度能力，但需建立在品牌信任感與價格合理性之上。對小資本業者而言，必然是尋求差異化或利基市場，不過，這是既有產業商業模式下的 KSF，若新進業者並無此基礎，便不可能在既有競爭模式下生存。因此 Lalamove 要進入此產業，便不得不以自身的優勢，找出能搭配的新商業模式。

Lalamove 的競爭定位——優勢資源與執行能力

以科技能力自稱的新創公司，最大的優勢通常是低成本，卻也往往因此未能

顧及服務品質，終至失敗收場。因此，科技能力的優勢不應放在低成本，而要利用低成本的基礎創造高效率服務——需要找到應用場域。

據官網與公開資料可知，Lalamove 創辦人周勝馥在機緣之下，發現了香港與東南亞的快遞業者缺乏送貨效率的需求缺口，同時挪用 Uber 的營運模式到快遞物流上，2013 年建置一個媒合平台後從香港出發（因為香港快遞原本就是媒合式，各方接受度高），利用「一小時送到」的即時服務，打響口碑，並經歷新加坡與中國內地幾個城市後，導入臺灣。而當時臺灣 Lalamove 的創辦人則是擔任過 foodpanda 的業務總監，對於新快遞模式也相當熟悉。

因此，對於進入臺灣快遞產業的 Lalamove 而言，其優勢資源可以說是以科技打造的媒合平台（複製來臺而已，成本低），並藉由尚未滿足的需求缺口而建立新商業模式的思維——跳脫傳統窠臼，打造即時快遞模式。由於提供的是創新服務，一開始幾乎沒有競爭對手（傳統業者即便自建機車隊，以既有模式要做到一小時到貨，成本頗高）。

接下來就是在市場驗收需求了。在剛開始的平台優勢之上，接下來要建立的就是車隊調度的低成本，也是此模式的核心關鍵：收送貨雙方媒合度。根據 Lalamove 臺灣區當時的執行長（陳少勤）在媒體專訪自曝，媒合的關鍵在送貨員比送貨量稍微多一點最剛好，但這就必須依賴時間與經驗的累積了。所幸，供需差異的問題並沒有拖很久，結合 foodpanda 的與其他國家城市的調度經驗、平台彈性，以及當地送貨員的薪酬制度，很快地就將供需維持到不錯的水準，也因此累積了口碑與信任感，2021 年已經號稱 20 秒媒合，加上其較高的薪資制度、個人雙向的評等制度，以及平台大數據分析可提早調度等能力，更進一步拉高競爭優勢。

此外，在不同地區也跟不同互補資源網絡合作，例如：泰國與 Linemen 合作，在臺灣則與電商合作（如愛上新鮮、家樂福、IKEA，或花店等業者合作），成為虛實整合的橋梁，彼此互補、互利共生。

至此，可藉由 RBT 所定義的 VRIO 來判定臺灣 Lalamove 的優勢資源。首先將所認為的優勢資源一一列出（如媒合平台、媒合時間、車隊薪資、車隊凝聚力、價格制度、企業財務能力……等），分別套入表 10-2 來判定能否成為優勢資源（務必要考量組織能力與制度彈性能否搭配），判定後可一同列入表 10-3

中，可再進一步依序列出未來行動方針，以觀察趨勢動態、競爭對手行為，以及培養動態能力。

因此，整體而言，Lalamove 在臺灣快遞產業利用其優勢資源，包括媒合平台數據能力、媒合速度、機車車隊調度經驗、薪酬制度、策略合作……，成功提供了創新差異化的快遞服務，在既有快遞產業內，開闢出一塊新領域——也正築起競爭門檻。

未來發展與競爭——動態分析

你應該也有注意到了，這邊所提及的一些優勢資源，只有媒合平台勉強算是看得見的有形資源，並且可模仿性也許不低，但因為其利用範圍達東南亞與中國多個城市，此規模經濟成為其各城市低成本競爭優勢之一，若再加上已經累積的數據及其運算後的調度能力，實際上難以複製。其餘優勢資源幾乎為隱性知識、特殊制度，甚至領導者的經驗（所謂的發展路徑特殊性），都成為其競爭優勢。

既有業者由於各有其歷史包袱、固有思維與制度，因此難以複製（至今全球能突破既有框架而進入新領域競爭的大咖很少，WalMart、JPMorgan 尚稱得宜），尤其創新模式已經去除傳統快遞的集貨流程（某種意義的去中心化），充分利用臺灣機車密度高、整體低薪環境，且有空閒的機車族成為送貨員，提高送貨彈性，且讓每個快遞物件都有專件司機，且主動溝通，達到客製化專件快遞服務，是傳統快遞業者難以望其項背的最後一哩終極服務。

雖然如此，不過目前 Lalamove 在臺灣已經有競爭對手 GOGOX（2020 年 7 月改名之前稱 GoGoVan，兩者經營乍看雷同，但除了營運區域重疊處不多外，其中仍有些微差異，包括跨區送貨、送貨員薪資與保險、代購與多站服務等，甚至跨境運送，或是一對多的配送。除了可能跨入競爭對手營運範圍之外，也可能一腳踩進現有大咖的服務項目中。

短期內其營運區域內雖無競爭對手，但由於 Lalamove 仍將朝向中南部主要城市發展，在臺中、高雄、臺南等，將與 GOGOX 正面交鋒，加上電商平台與便利商店的龐大資源，都難免有更多的競爭行為。在看過前面 Gogoro 的例子後，確實應該留意未來動態競爭的各種可能。可利用動態競爭理論的三步驟嘗

試分析：(1) 以市場共同性與資源相似性構成的競爭圖像分析競爭對手；(2) 藉由 AMC 預測競爭對手可能行為；(3) 以自己的三種可能策略行為預判對手行為，以及後續可能發展。

同時，也應持續發展或累積動態能力，例如：複製極高媒合率（目前 95% 以上，且 30 秒內完成）的過程、拓展其他多站快遞、不同車隊與調度（擴充業務範疇）、平台數據運算能力（最適合的 AI 演算法）、彈性薪資制度……等。唯有持續嘗試更多創新方式，才能持續保持競爭優勢——畢竟，在動態競爭環境中，能保持優勢的唯一方式，就是像紅皇后一樣，跑得更快，並找到適合的變革方向。

思考

1. 本案例的各種分析還有什麼缺漏之處需要補充？

2. 分析之後，整體給予 Lalamove 的建議會是什麼？

3. 你會這樣使用分析工具在自己的企業嗎？為什麼？

4. 這些分析工具是否有侷限性？

Chapter

11

創業商業模式探討

個案介紹

案例 11-1 / Zara 的破壞式創新商業模式

ZARA 的成功，在近 10 年已成為學術界與產業界爭相傳頌的內容，不脛而走的故事也使這個案例在此顯得相對容易敘述。

從 1975 年創業之始，就已經重新定位、重新設計新商業模式——當時甚至沒有商業模式這個名詞！而橫空出世的 ZARA，一問世就直接用完全不同於同業的商業模式經營。

事實上，整個 20 世紀末的流行品牌服飾仍遵循傳統模式在經營：高階流行品牌服飾以少數精品引領時尚，每家精品都以首席設計師為主來設計服飾，設計團隊打樣、定版後，多半交由外包製造商生產，品牌有控管品質的標準程序，再經由合作的配銷系統送至經銷處，銷售點除了代表性專賣店，也在各百貨專櫃上架銷售。高階時尚精品服飾採取的策略為高單價、高利潤，因此屬於高端小眾市場，成本主要在上游設計（高薪聘請時尚設計師等），後段生產、配銷幾乎委外。

而中低階服飾則採取規模經濟，服飾設計為避免抄襲，所以當季服飾多半避免時尚設計元素，規模經濟的要求之下也會批量生產、少樣多量的方式，使得供應鏈上各段都有可能留有庫存——多半接近下游庫存較多。而供應鏈角色上，也多半採取專業分工合作——生產、配銷也以委外為主。在這個模式中，由於沒有時尚元素，或是已經過季的設計，品牌幾乎沒有價值，也較難獲市場青睞，也因此不得不以低價銷售的方式經營。

在這個成熟的流行品牌服飾業中，從前一章所述思考進入策略與競爭策略時，無論是外在環境五力分析找出差異化／低價／聚焦，或從內在企業資源基礎理論或動態能力理論的角度分析內在資源與能力，就一個要進入服飾業市場而資源有限的新創企業而言，可能選擇的策略並不多，要如何集中有限資源創新突破？

在 1980-1990 年代，品牌服飾業仍是生產導向的思維。也因此，一些願意支付高一點的價格購買略帶時尚感、個性化的中低階市場需求，其實一直並沒有被滿足——高階供應者多半不在乎，低階供應者則無法提供，中階供應商有其難以

經營的困難：設計師是最難突破的大關，中價品的量可能不夠大，難達規模經濟，而價格又不夠高，正是 Porter 所謂的「卡在中間」。

Zara 改變了什麼？

沒想到，ZARA 切入的市場正是具有流行元素、有設計感的中階品牌服裝市場，但定價卻偏中低價位。它將有限資源集中在哪？做了什麼不同的設計或改變？

首先，也是最重要的，它找到未被滿足的市場需求：中階產品，也成為 ZARA 的價值主張，因為市場上並沒有這樣的供給，等於是創造了新價值。

同時，主要改變之處，在於其與互補網絡之間的創新做法。ZARA 捨棄高階精品的經典名牌設計師帶隊做法，而首創使用普通設計團隊，並且目標就是類抄襲、改設計。據悉，數百人的設計師團隊幾乎參與各時尚精品發表會，無論是在米蘭或巴黎，除了第一時間參與現場外，也會立即在一週內將其時尚元素製作成 ZARA 的商品——除了一天設計完成，其他幾天進行打樣、修改，再用一週時間配銷至歐洲（後來是全球）各專賣店。

因此可知，在這環節中講求效率的配銷物流、生產製造都必須自行掌握。實際上還不只如此。ZARA 一改傳統品牌服務的做法，將資源放置在後段互補網絡上，選擇接近專賣店的地方設工廠或簽約代工廠，強化整體配銷速度，也因此自行投資配銷車隊，並且取消批發層級，幾乎是從工廠直接將成品配送至專賣店中。此外，因為主張個性化、貼近時尚，因此每樣商品並不多，也會要求專賣店經理留意銷售情形。

將原本著重在設計的資源改投注在後段生產與配銷，充分利用互補網絡來有效傳遞其品牌的價值主張：個性化的快時尚。

重新設計商業模式，重新定義價值主張，重新分配資源與價值，因此，是屬於商業模式的創新——而非單單是提供低價高品質的商品創新，或製造配銷的流程創新而已。

運用歐洲時尚引領全球的產業優勢，也將歐洲營運的成功模式複製到全球。

後來更重金導入資訊系統（至少數千萬美金建置），要求每半小時由店經理盤點回饋銷售情形，資訊數據同時回到配銷體系與總部，設計團隊也可以即時了

解全球各地消費者偏好，因為品項不多，也能及時予以修改設計。

別人能模仿嗎？

　　ZARA 起初的營運，恰好是高階精品不會著眼、低階品牌又有模仿障礙的市場定位，因此既有業者的回應動作並不大，使其得以逐漸累積更多獲利與資源。即便看到有利可圖，也躍躍欲試，但包括 H&M、UNIQLO、GAP 等，雖然商品定位相似，但在「快時尚」所需的整套商模本質上，卻是不同。

　　更值得一提的是，由於是商模創新，形成具持續性的競爭優勢。1980 年代的 H&M 第二代接班後，以及 UNIQLO 在 2000 年前後，都轉為低價優質自有品牌服飾，以 GAP 為標的，後來也都想要仿效 ZARA，但由於不是單純低價競爭，只需控制成本、賺管理財，也不是靠通路配銷速度、強調快速，還需搭配時尚感、個性化，而是一個整體價值網絡的配合與調適所形成的商業模式創新，因此超越單一的技術創新、產品創新，或流程創新，而建立更高的進入障礙，更具特殊價值的資源，更難以模仿。

　　對照 Christensen 的破壞式創新（見本章第二節），也不難發現 ZARA 也是破壞式創新的好例子。

　　起初的目標市場是追求時尚中的低階客群，提供較精品更為低價、類似精品時尚感的產品，並建立品牌形象，開創出新市場需求，並利用不同的價值網絡成功創造並傳遞出品牌價值主張，逐漸站穩基本市場後，開始慢慢掠奪高階客戶的認同度，使其產品反而成為一種主流，便對原先的主流精品造成了一定程度的破壞。

　　當然，也由於並沒有真正產生劇烈的破壞，高階精品品牌至今仍不認為是相同定位而無回應，其他同業又難以模仿複製，因而使得 ZARA 成功商業模式創新的故事仍在繼續……。

在了解整體競爭策略思維之後，進一步來探討如何改變市場的競爭格局──針對商業模式來探討。

👥 一、商業模式與價值鏈分析

何謂商業模式

你覺得什麼是商業模式？商業模式（下稱「商模」）跟策略、目標、行動方案或解決方案有何不同？

商模的定義雖簡單，但由於與競爭策略、行銷方案與客戶關係息息相關，因而經常被誤用或混淆不清，且在學術上缺乏理論基礎，相關研究也不多，直到網路興起後，許多舊有的企業規則被顛覆，甚至大公司瞬間失去競爭力，商模才在短時間內被重視。

正如學者 Osterwalder 等人[1]的研究結果，一般對於商模一詞的概念，大約有 55% 認為與價值或客戶這類的外部導向因素有關，而有 45% 認為與活動或功能這類的內部導向因素有關。在概念上莫衷一是、認知的不完整，容易使學術研究與企業發展皆受到阻礙。

根據該學者對於商模的長期研究，發展出一整套商模的思考與分析工具（將在下一節介紹），成為後來企業界甚至學術界都相繼引用的重要內容。他對商模的定義是「一組企業專屬業務邏輯，用以描述企業目標與外部對象、內部相關元素之間的關係。」乍看之下也許很抽象，但後續補充：「商業模式必須描述該企業對其各區隔市場客戶所提供的價值，以及與其合作夥伴網絡的架構，以創造、行銷和交付這種價值和關係資本，產生盈利和可持續的營收。」

Teece[2]則針對商模的本質予以補充，內容也差不多：「商業模式闡明了

---

[1] Osterwalder, A., Pigneur, Y., & Tucci, C. L. (2005). Clarifying business models: Origins, present, and future of the concept. *Communications of the Association for Information Systems*, 16(1), 1.

[2] Teece, D. J. (2010). Business models, business strategy and innovation. *Long Range Planning*, 43(2-3), 172-194.

業務邏輯，並提供數據和其他證據證明企業如何為客戶創造和交付價值，同時概述了提供該價值的相關收入、成本和利潤架構。」

雖然與財務面有關，但要強調的是，商模的重點應要放在對客戶與目標市場方面的價值提供，以及為提供該價值的價值鏈上各個利害關係人之間的價值傳遞，與每個階段的價值獲取（這個部分才與財務結構及表現有關）。

圖 11-1 商業模式價值三重點

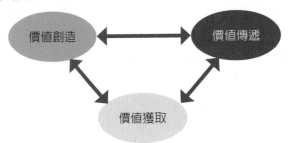

因此，商模的重點在使客戶感覺有價值而願意付費（超值），並且運作方式要能足以負擔價值鏈上的每個角色，使之有所獲利，才能成功。這樣看來，Zara 看似低價搶占市場並非完全的商模（只是看得到的一角），Zara 的產品或供應鏈創新，或者其特別的行銷活動也都不夠完整，這些描述與邏輯必須全部都到位，並有特定市場或對象，才能算是成功的商模。

商模設計與價值鏈重組

「當今企業間的競爭，不是產品之間的競爭，而是商業模式之間的競爭。」許多人都引用了管理大師 Peter Drucker [3] 的這句話，到現在也蔚為風潮、琅琅上口。

在商模的定義有了清楚的認知，同時隨著前一章的內容已經培養出競爭策略的概念（甚至也發展出目標或行動方針）後，接著就要進入商模發展的實戰階段。

既然競爭環境是動態的，商模當然也不可能是靜態的。靜態的商模不是

---

3 Drucker, P. F. (2004). *The Daily Drucker: 366 days of insight and motivation for getting the right things done*. Collins Business.

不存在，而是已經躺在過去的時光裡。過去由於供給需求雙方面要素發展受限、企業進步相對緩慢、競爭並不算激烈，即便時時有創新技術、產品，甚或流程，但商模幾乎是固定的：遵循著古典經濟學的模式，企業簡單地在成熟市場上出售產品來獲取價值，彼此以單純發展產品製造的規模經濟為目的來競爭以創造和獲取價值，價值鏈即其供應鏈，商模發展或創新完全是多餘的（也無效）。完全無須擔心對客戶的價值主張，或收入和成本的架構，或者獲取價值的機制。

但是，客戶想要的不僅僅是產品，又或許是網際網路促使這一切改變——資訊的取得變得便宜（甚至免費），導致某些供給要素在本質上發生改變，使競爭環境丕變。當有形產品無法滿足客戶需求，企業也逐漸克服無形產品／服務的障礙而推出創新價值時，過去因無法提供而不存在的市場逐一浮現出來，此時，商模開始成為創新本身，也開始成為競爭要素之一，企業家和管理者必須密切考慮商模的設計，甚至建立或調整組織來執行商模，以感知、掌握、調適來滿足市場上無法進行的交易——即需求缺口。

微軟（Microsoft）的改變，就是一個商模重新設計的最佳例子。

1980 年代起，乘著電腦普及化的浪潮一躍而站上世界高峰，微軟一直以來的商模，主要就是販售 Windows 作業系統與 Office 文書處理系統，即便隨著進入網路時代，甚至後來的行動裝置時代初期，雖然販售管道與產品遞送方式有所改變（從光碟到綑綁硬體，再到線上更新，也有行動版本等），但都仍維持同樣的模式——軟體販售（當然也有周邊硬體，但除了遊戲機，營收比重都不高。而遊戲機商模大同小異，之後也隨之改變）。

這樣的模式在近年開始發生重大改變，眾所周知，原本重要的軟體版本竟開放免費下載使用，只有進階功能與加值服務，以及 Office（改稱 M365，且包含 copilot AI）改採訂閱制，部分轉由廣告收入支持營收。當然同時也大力發展其他雲端運算（即 Azure）。微軟大幅改變了商模，Win10 也已不再更新，軟體使用門檻大幅降低的同時，一直以來難以杜絕（並危害利潤）的盜版問題，竟隨之而有所改善，加上各種裝置的版本，使產品更細分化，善用其產品黏著度，而提升普及率、增加競爭門檻。

由此可見，在科技進步使產業變動加速的當代環境中，商模本身也成為了重要的創新之一，無論是傳統產業（如 Zara）或科技產業（如微軟），

尤其是新創業者（如 Uber、Tesla），如何設計創新商模成為企業策略目標清楚後的下一個重要動作，尤其如何充分利用科技技術，創造或傳遞新價值。好的商模甚至可以成為競爭優勢——當然須符合前一章所說的 VRIO 性質。

從動態能力理論來看，設計新商模也需要創造力、洞察力，以及客戶、競爭者和供應商的大量訊息，有時，創業家可能憑敏銳的直覺感受到一個模式，就需要進行實驗、學習和調整，也可能因此被新技術或新組織能力的改進模式取代，幾乎在所有情況下，只有經過大量的反覆試驗，才能開創成功的商模。如我們在動態創業家能力所說，具備學習和調整的創業家，比較可能成功。

技術變革通常可以提供更新更好的方法，來滿足客戶需求，所以在設計商模時，需要先提煉出關於客戶評估及其需求、未來可能行為、滿足客戶需求的特定組織或制度，和技術解決方案的優點與變化，以及分析競爭對手的能力（即前章所述動態競爭理論第 2 步：AMC），與相關成本。

所以，商模的設計是關於整體價值鏈的重新觀察、思考與定義，是為企業選擇正確的業務架構和定價方式。不僅要了解可用的選擇，還需要蒐集驗證有關客戶、成本、競爭者、供應商和互補者等各利害關係人的相關行為數據或證據，再加上對客戶需求及支付意願，對競爭者定位和可能競爭反應的敏銳度。並隨著相關數據或證據的累積，也要適當地予以調整及學習（有時甚至要重來）。

因此在設計商模時，可以從現有商模的價值鏈拆解著手，然後針對每個價值元素進行評估，並提出改進或替換的想法。各元素之間必須相互參照，同時，也務必要參照企業與客戶所處環境，和產業相關技術發展軌跡，也就是說，必須要根據商業生態系的當前狀態，與其發展路徑與趨勢來評估，而進行設計。

這裡提供八個價值鏈相關問題[4]，作為設計商模時的思考依據，如下：

1. 產品／服務如何為消費者帶來效用？使用的機會高嗎？就創新所需提供

---

4 Teece, D. J. (2010). Business models, business strategy and innovation. *Long Range Planning*, 43(2-3), 172-194.

的互補品而言，消費者是否已經以想要的（或可能的）方便性和價格獲
得了呢？

2. 客戶真正重視的價值為何？廠商所提供服務／產品又如何滿足這些需
求？關於這些「深層真理」為何？客戶會為接受此價值「支付」什麼
費用？

3. 市場有多大？產品／服務是否經過磨練而能支持大眾市場？

4. 市場上是否已有替代品？所提供的產品／服務如何勝出？

5. 該行業的發展期到哪個階段？「主流設計」是否已經出現？（產業典範
之前和之後的策略要求可能有所不同）。

6. 需要哪些（合約）結構來結合所需的業務動作，才能為消費者提供價
值？（橫向、縱向整合和外包的議題都需考慮）。

7. 提供產品／服務的成本是多少？隨著數量和其他因素的變化，這些成本
又將如何表現？

8.（價值鏈中的）專有權制度性質是什麼？如何阻止模仿行為？價值又應
該如何傳遞、定價、分配？

在價值鏈上的觀察、思考、驗證與感知，要設計出好的商模簡直可說是
一門藝術。因此務必深入了解用戶需求與當前商業環境的適配，考慮多種替
代方案，澈底分析創新獲利架構元素，與價值傳遞的角色關係及相關成本效
益。如此，成功機率便可以提升。

除了價值鏈重組的概念，另外值得一提的還有，上述的思維不能是抽象
的評估，尤其商模通常有其適用範圍，而且往往是針對當下的商業環境，並
據此進行商模設計決策——選擇方案，或是創造環境。正如 iTune 的出現結
合了當下消費者對於音樂下載的需求、供應者對版權的要求，加上 Apple 本
身的品牌力，創造一個各方皆滿意的平台環境——卻限於 iPod 使用者（成
功後沿用到 iPhone 上）。

商模分析工具：商模畫布的原型

緊接著商模設計的相關思維後，當然要開始著手分析商模。雖然有許多
提供相關商模分析或設計的工具書，但實務上最常見的仍是稱為「商模九宮

格」或「商模畫布」的工具書[5]。

當然，內容與實作都不在本書範圍，也鼓勵應該去找該書來實作應用試試看。在此，僅以商模畫布為核心分析工具，針對使用的整體概念與邏輯簡要的說明。

從商模的定義出發，再次提醒商模思維必須包含整體價值鏈的設計與重組，因而可以將商模視為企業（尤其是新創企業）如何展開業務的建構計畫藍圖，是將策略議題（如競爭定位、目標等）轉化為明確運作方式的概念模型，以設計和實現公司營運的業務結構和系統。

Osterwalder 等人對於「九宮格」的設計原型思想為：從企業提供產品／服務「深層真理」的價值主張為核心出發，面對客戶端有三項客戶介面，即目標客戶、分布管道、客戶關係，形成價值創造網絡；而面對供應商／互補網絡端，也有三項基礎管理，即價值設定、核心能耐、夥伴網絡，形成價值傳遞與分配網絡；同時，在客戶介面會形成企業的營收模式，在基礎管理會形成企業的成本結構，這兩者不僅體現財務面的立即回饋，也能證明價值獲取的高低（表 11-1）。再搭配圖 11-1，便可以將「商模九宮格」的價值網絡意義一目了然。

表 11-1　商模九宮格的意義[6]

支柱	核心	說明
產品／服務	價值主張	企業所提供產品／服務方案的整體觀點與訴求
客戶介面	目標客戶	企業希望提供價值對象的客戶群描繪與區隔
	客戶關係	企業本身與其不同客戶群區隔之間所建立的聯繫類型
	分布管道	企業與其客戶進行接觸的各種方式
基礎管理	價值布局	業務動作和資源的安排
	核心能力	執行此商業模式所需具備的能力

[5] Osterwalder, A., & Pigneur, Y. (2010). *Business model generation: A handbook for visionaries, game changers, and challengers* (Vol. 1). John Wiley & Sons.

[6] Osterwalder, A., Pigneur, Y., & Tucci, C. L. (2005). Clarifying business models: Origins, present, and future of the concept. *Communications of the Association for Information Systems*, 16(1), 1.

支柱	核心	說明
基礎管理	夥伴網絡	與其他企業的合作協議網絡，以能有效地提供價值並商業化
財務面向	成本結構	商業模式所使用方法的財務總結
	營收模式	企業藉由各種營收流動而賺錢的方式

　　對於商模分析，我們想要強調的是，除了商模的設計與分析之外，也不應忽視了商模的實施或執行。因為一個好的商模，有可能因管理不善導致失敗，而不怎樣的商模也可能因為強大的管理和實施技能而成功。

　　必須要有的觀念是，商模的執行是動態性的、組織性的，需要整體企業的觀點，而非某些部門或團隊在運作。相反的，對新創企業而言，即便實施可能已經是整個創業團隊，卻又必須要將具體的商模結構元素切分、清楚價值流程。例如：業務結構（功能部門、人力資源）、業務流程（工作流、職責）、基礎建設和系統管理（硬體建物、資訊設備）等。當然不可少的，還有內部與外部資金（創投、自有現金流）。

　　如前所述，當商模被視為是建構計畫藍圖時，就會將企業策略、企業組織和基礎系統之間的這種關係稱為業務三角關係串連起來，並持續受到外部壓力（如競爭、政策變革、技術變革、客戶意見等）的影響，因此會不斷變化。

　　最後必須要了解的是，商模概念和分析工具也能幫助創業家捕捉、理解、交流、設計、分析和改變新創企業的業務邏輯。正如 Osterwalder 所說的五種功能：

1. **理解和分享**：現代商模趨於複雜，尤其是結合了強大資訊能力或電商成分的商模。在這種情況下，商模分析有助於識別和理解特定領域中的相關元素及之間的關係。而商模分析工具所提供的視覺化內容更能增強理解速度與深度，也強化了不同背景的人之間的對話，與彼此對業務邏輯的理解。

2. **分析**：商模概念可以改善對業務邏輯的觀察和比較，有助於分析商業邏輯。例如：使用資訊系統基礎的平衡計分卡方法，將對其財務、客戶、內部業務等方面的立即監控與回饋，提供相關策略指標可供遵循或比

對。更進一步，若將企業商模與不同行業的公司比較，可能產生新的洞察而促進商模創新。

3. 管理：商模概念有助於改善商模設計、規劃、變更和實施，使創業團隊更容易設計具競爭力、可持續性的商模，同時也可以對外部環境的變化更快做出反應，畢竟，在瞬息萬變的動態競爭格局中，調適成為必需，甚至也能因此改善策略、組織和技術的一致性。

4. 創新發展：商模概念藉由組合和模擬來促進創新，並展望未來。由於商模分析工具的視覺化與模組化，只要團隊內部具備一定的活力，商模的概念很容易成為創新場域，甚至形成競爭優勢。同時，因為模擬測試的低風險，商模的存量使創業團隊能為未來做準備，應對環境隨時的變化。

5. 專利：越來越多的電商為其業務流程，甚至其整個商模方面申請專利。商模分析工具將在此法律領域發揮重要作用。

二、破壞式創新與創造式破壞

當商模成為創新，新創企業可能橫空出世、一躍成為市場的破壞者，或是產業創造者。所以，無論是創造式破壞，或是破壞式創新，創新商模都扮演著重要的角色——尤其在這個動態競爭的環境中。了解商模的概念、設計與分析後，再來釐清這創造與破壞之間的異同，之後再進一步探討商模創新思維與管理。

什麼是創造式破壞？

第二章已經提過，創造式破壞（creative destruction）這個歷久彌新的老名詞，主要是與所提出的學者奧地利經濟學家熊彼得（Joseph Schumpeter）有關，在當時（1912 年）就認為，創新，終將造成資本主義的衰敗（破壞），然而，當創業精神本身成為企業的生產要素時，也可以發揮市場均衡的創造式破壞，使企業獲取超額利潤，使產業進入新的景氣循環。

也因此，這種藉由創新式企業獲得的利潤，便稱為熊彼得租（見第十章。而傳統經濟學中，稱利潤為租金，以土地要素取得利潤的原始概念）。

　　熊彼得在 100 年前就已經提出「創造式破壞」的「創新」理論來論述景氣循環，藉由創新的商品或技術，讓面臨景氣循環末段產業中的過多廠商，會加速退出市場，甚至讓舊有商品、商模毀滅，該產業反而進入新的景氣循環，重新復甦、繁榮，讓更多新廠商再次投入，直到更多創新出現。

　　簡單來說，在熊彼得的原始理論中，創新與毀滅是同源的，一個創新的產生即代表著將毀滅一個舊的商品（甚至產業），一段時間之後，另一個創新出現時，也會將當時的創新毀滅——這個新的創新未來也會如此。

　　在往後的百年中，雖然現實的產業循環並不完全如熊彼得所說的那麼簡單，尤其資訊流通的速度與頻繁程度皆尚未像現在如此發達的時候，各類產業內的各項創新速度與擴散也沒那麼快，加上資本的移動、產業保護與其他政策等等因素，各個產業也許不會、也無法全然被創新所取代，然而我們也確實看到不少產品或企業因為創新而被顛覆的例子。

　　最有名的是 1882 年從紐約開始，電燈快速取代了煤油燈——那是一整個產業的出現、替換與消失，然而後面也搭配了許多的行銷、公關，與基礎電網等等，以及不久之後直流電與交流電的競爭，前後幾乎完全印證熊彼得的創造式破壞理論，前一個登上世界舞台以創新取勝，後來也因更好的創新而謝幕。

　　在 1980-1990 年代電腦與網路等資訊相關產業興起後，可參考的創新更迭案例更多，比較有名的像是相機產業（如 Kodak）、手機產業（如 Nokia，以及共生互補的電信產業），也都是像前述電網一樣，屬於技術創新，並搭配創新擴散形成的產業革命（見第二章）。另外，在產品創新的案例如任天堂的遊戲機、光碟與儲存裝置等等；流程創新則如半導體的 IDM（integrated device manufacturer，垂直整合製造商）廠商轉換到專業代工等。

　　而如今，各類資訊隨晶片運算速度提升與網路媒介的普及與擴散，而呈現資訊爆炸性成長的現代，各產業進入動態競爭時代，也進入商模創新的競爭優勢年代——不得不提及破壞式創新。

什麼是破壞式創新？

　　破壞式創新（disruptive innovation）是哈佛大學商學院教授 Christensen 在 1997 年所出版《創新的兩難》（*The Innovator's Dilemma*）書中提出的商

業模式創新競爭。其核心概念是新創業者切入看似相同的市場，但以（技術創新導致的）低成本產品／服務滿足主流業者所提供主流產品／服務無法滿足的少數族群，以創新的商模逐漸擴大爲主流市場，進而顛覆原有產品／服務或主流業者，造成破壞。

也就是說，雖然新創業者資源較少、規模較小，卻藉由其特殊的商模達成破壞式創新，以挑戰市場上經營已久、基礎深厚的既有業者。而破壞效果的產生，主要是利用既有業者已逐漸聚焦於滿足較爲講究的中高階目標客群，成爲其主要利潤來源，而讓出被忽略的低階市場，使具破壞性創新的新創業者得以聚焦在提供簡單、低價的商品／服務，既有業者未積極回應的同時，新創業者進一步擴大產品／服務至主流客層，並保留原有獲得成功的優勢與客層。

Christensen 特別強調，在破壞式創新的理論中，新創業者有效運用了新商模，由「低階」與「新市場」兩個面向作爲市場進入策略。

低階是既有業者忽略的市場需求，因爲既有業者所提供的產品／服務乃針對中高階需求者，新創業者便可先以滿足低階客戶需求作爲市場進入策略，例如：電腦、記憶體產業的演變，或臺灣聯發科的手機晶片發展，以及中國智慧手機的品牌廠（華爲、VIVO）等。

新市場則是新需求，過去並不存在的產品／服務，尤其是指不存在的市場，以新的方法讓原本不是消費者的人轉成客戶，例如：電動機車、智慧手機、餐飲外送等。

而隨著進入現在 VUCA 時代，破壞式創新也往往具有複雜性（complex）、迅速變動性（fast-moving）、技術性（technical）、跨國性（transnational）等特性，因此，破壞式創新總是難以被某個國家或制度框架或監督。而對新創業者而言，則需仔細思考、觀察，並清楚自己的競爭策略與商模概念如何設計，並非僅依靠技術暫時領先、低價搶市，或產品的新穎即可以取得成功。

同時 Christensen 等人也特別強調破壞式創新理論中，幾個常被忽略或誤解的要點[7]：

---

[7] Christensen, C. M., Raynor, M. E., & McDonald, R. (2015). What is disruptive innovation. *Harvard Business Review*, 93(12), 44-53.

(一) 破壞式創新的品質需滿足主流客戶需求

由於既有主流業者的主流客戶需求屬於中高階，而破壞式創新提供的原先是低階，起初是不同的競爭市場，因此破壞式創新的品質必須要提高到足以滿足主流客戶需求，才能讓主流客戶轉而採用破壞式創新的產品／服務，並接受較低的價格，而達到破壞效果。

要注意的是，在破壞式創新理論中，將原有產品／服務變得更好並非破壞式創新的原意，因此將之稱為「維持性創新」（sustaining innovation）。因而認為 Uber 可能無法認定為破壞式創新之一（但其破壞力仍獲肯定）。

(二) 破壞是一段過程，並非一蹴可幾

每個創新都會以小規模試驗開始，不論是否具破壞性，新創業者的焦點應放在找到適合的商模，而不是只著眼在產品或技術本身。因為「昔日山寨成為明日主流」，一旦試驗成功、在非主流市場站穩後，會開始侵蝕主要業者的市占率，然後是他們的獲利。而這需要相當時日，尤其對既有業者侵門踏戶，根據動態競爭的策略分析，必然展開捍衛抵禦，強大資源之下也會有很多創意，而掀起的競爭時間可能很長久（如 Zara、Netflix）。

(三) 破壞者的商模與既有業者大不同

這是本章的重點，也是新創業者的機會，文章中一直不斷強調，新創業者一開始訴諸低階或未被滿足的消費者，然後才移往主流市場。這其中絕非複製已存在的商模，而是要以創新的商模進行破壞。iPhone 是一個好例子，以產品而言，原本是維持性創新而非破壞式創新，但其所引進的生態系統，卻成功的滿足行動寬頻需求，而在某種程度上對筆記型電腦與遊戲產業造成破壞。

(四) 破壞式創新也有不成功的業者

而且可能更多，因此並不一定採用破壞式創新商模就能成功，同樣的，成功的商模也不一定是破壞式創新商模，只是，破壞式創新商模，是資訊網路時代以來，Christensen 的實證研究所發現的理論模式，所歸納的內容目的在讓新創業者找到進入市場策略、避免一開始就與既有業者競爭，並提高競爭成功機率。例如：同時代的電商幾乎皆採用破壞式創新，但成功者僅

少數。

(五)「不破壞就失敗」的錯誤認知

對於既有業者而言，面對破壞發生時的回應不必過度，反而應投資在維持性創新上，持續強化與既有主流顧客的關係，同時也要開始投入在破壞式創新的成長機會。也就是說，在一段期間內，既有業者得同時管理兩種非常不同的營運作業。而對於資源不足的新創業者而言，可能也少不了在確定初期競爭已取得一定成果後，也同時要朝其他創新的可能性持續探索。即所謂的創新雙歧。

若融合動態競爭理論與破壞式創新理論，新創業者進入市場若採取與既有業者直接競爭，提供更好的產品或服務（維持性創新），則會引起既有業者的加速創新，以捍衛原本領域，甚至可能發動併購，這對新創業者相當不利。根據Christensen等人的研究，採取維持性創新的新創業者成功率僅6%。

因此，創造式破壞則是指產業受到創新產生破壞，如此更迭而形成景氣循環，而個別企業應利用創新形成超額利潤，要持續的創新才能取得較為長期的競爭優勢，同時，在動態競爭的時代中，商模創新成為競爭優勢的核心。

而破壞式創新則強調了商模創新的競爭策略選擇，從理論的角度，提供一個新創企業進入市場的競爭建議。由於某項技術或產品在本質上很少就屬於維持性創新或破壞式創新，因而建議應採用商模創新的方式展開市場競爭。其中，無論是新創業者或既有業者，都應著重在創新雙歧的思維。

三、商業模式創新思維：創新雙歧

何謂創新雙歧？

我們在第五章已經談過組織雙歧式管理，而對於新創企業而言，若該企業屬於以創新為基礎的企業，那麼該企業雙歧管理的核心就是在進行創新雙歧。

與第五章的雙歧是相同的概念，**創新雙歧**談的也是應用型創新與探索型創新。

1. 應用型創新：是指在已經出現的技術、產品、服務上，增加應用範圍的創新型態，所增加的可能是在功能面或使用面的範圍，例如：晶片運算速度更快或體積更小，或者功能更多但更輕薄的智能手機。應用型創新所追求的創新內容與現有的差距不大，因此算是在現有的應用之上再疊加或略顯變化的「**漸進式創新**」，或是前面提及的維持性創新。

2. 探索型創新：則是指與現有的技術、產品、服務的使用方法、應用範圍不相同的，幾乎被認定為新產品或新服務的創新內容，例如：行動電話、數位相機、體感遊戲機等，第一代問世時，幾乎都是劃時代性的、令人驚豔的、前所未有的創新。探索型創新所追求的內容則是與現存的差距頗大，因此算是「**激進式創新**」。但並不是破壞式創新的定義。

在商模本身即創新的現代，是否也有應用型與探索型的創新商模呢？雖然仍有待學者們的界定，但這答案應該是傾向於肯定的。並且也可適用於這裡所談的創新雙歧思維。

對於創新而言，應用型創新與探索型創新所需要的應該是兩種截然不同的創新策略。其中，探索型創新是關於專注探索新可能性的主動策略，有可能是要顛覆現有；而應用型創新則強調策略回應，提高執行力和效率，是強化現有。原本在 Porter 五力分析的策略中是不可能兩者兼顧，以避免「卡在中間」的策略禁地，如今在動態競爭環境、強調商模創新的現代，創新雙歧已經被視為一種特殊而新穎的策略思維，以解決可用資源的利用和新資源開發探索之間的矛盾。

而解決的方法一如前面第五章所述，包括結構雙歧、情境雙歧兩類策略方式。其中，**結構雙歧**是指空間或時間上的分離，分別從事兩種創新所需之工作，而**情境雙歧**則是指利用不同的工作情境，讓組織與成員自然地從事兩種創新。

最常見、最方便實施的方式，就是空間上的分離，也就是在企業中以不同的獨立部門分開運作，所以在企業中常見新產品事業部——雖不一定是正確的策略，全看企業對該新事業如何認知。例如：FinTech 在現有銀行的發展，幾乎皆成立新事業部，但部門績效卻與其他現有部門一樣或類似。

時間上的分離也有其可行與有效之處。對既有企業而言，較常見的方式

是以週或日為單位，在單位時間中切割不同時間從事兩種創新，有名的例子是 3M 鼓勵員工使用 20% 的上班時間從事自己有興趣的研究。對新創企業來說，由於時間與人力資源有限，時間切割的單位可能要以任務導向較為實際可行，同時也要權衡市場運作成果。

情境雙歧則是較難實施，並不是說從事創新研究的員工要做這兩種看似矛盾的方向很難，而是在情境雙歧的實施中，若要有效地設置雙歧的「情境」，讓組織成員可以自然地達成雙歧的一致性與調適性，需要具備雙歧能力的領導者，並針對參與雙歧的成員也要具備雙歧能力（需加以訓練）。在理論上是可行的，例如：在制度上的特殊硬性規則，或是強調願景、策略意圖、價值觀、參與度等軟性措施。

創新雙歧的效果

因此，新創企業想要形成創新雙歧、在研發方面達到類似左右開弓的雙倍效果，必須運用組織雙歧策略，如果空間分離策略不容易執行，則可以嘗試用時間分離的策略，或者從創辦人開始思考導入個人式雙歧，讓創業團隊都能有雙歧的概念，而能進入情境雙歧策略。

也就是說，想要實踐創新雙歧，就要先建構雙歧管理，第五章已經有所敘述。

至於創新雙歧會達成怎樣的效果，根據過去研究成果 [8] 來看，應用型創新在現有技術知識之上，運用較新穎或較適用的技術知識，改進產品／服務的表現，或改進現有組織流程，加以強化以擴展現有產品／服務，從而建立更佳的市場回應，提高客戶需求滿意程度。此外，還可以獲得關於市場和客戶的更準確訊息，而提升互補性網絡的效率與信任。因為商模運作網絡的知識溝通與共享改善時，知識差距就會減少，進而降低商模參與者彼此之間的投機取巧心理。

應用型創新主要促進的是漸進性創新，對商模創新而言則是回應市場的校正式商模，同時藉由改善現有產品／服務技術、流程，與價值網絡和策略

---

8 He, Z. L., & Wong, P. K. (2004). Exploration vs. exploitation: An empirical test of the ambidexterity hypothesis. *Organization Science*, 15(4), 481-494.

時，也可能因結合不同類型的知識而調整甚至重新設計商模，並導致價值創造的創新——所謂量變產生質變。

探索型創新主要透過新的想法和知識，產生出新的技術、方法或資源，就商模而言，則通常是針對商模運作規則拆解後，捕捉其中可能的新技術機會，或是獲取其中隱性知識資源。畢竟新創企業越了解、越會利用知識的多樣性與新穎性，商模網絡的參與者就越可能主動建立彼此的關係，進而取得相關外部資源，尤其針對參與者或終端客戶的需求所進行的創新嘗試，可能取得新設計、新市場或新的交易管道，最終探索出合適的創新商模。

探索型創新主要促進的是激進性創新，對商模創新而言則是開發新設計、新管道或新的營收架構。無論是藉由激發內部成員的創造力，或是透過外部資源共同創新，都是開創式商模，將驅動市場的新需求、創造新價值。

事實上，在組織雙歧的管理思維之下，創新雙歧應該會是共同融合的表現，而無法如上述這樣分開觀察。但經由上述的推敲，創新雙歧確實可能具備企業層次的動態能力：無論是現有商模的持續調整、適應、滿足更好的市場需求，或是開發出新商模、創造新價值，兩者都能兼顧。相反的，如果沒有探索型創新，商模可能面臨過時風險，陷入眾所周知的解決方案，失去主動積極性；如果沒有應用型創新，企業則總是想要尋求更新的突破，而總是忽略現有營運業務的活動面上市場需求的即時反應，而錯失現有商機。

四、科技與商業模式

回顧本章內容，談的是商業模式，事實上無論是新創企業或是既有企業，都要面對商模的持續探索。由於**策略窗口**（strategic window）的不同，新創企業因資源較少，在進入市場的策略必須集中，但由於沒有發展路徑的僵固性（沒有歷史包袱），因此在進入市場時，可以搭配整體策略仔細設計商模。

在最後這個章節，將重點放在現代科技對於商模的意義。

由於資訊與網路的普及，以及摩爾定律持續推動晶片達到了高速的運算，使得科技提供的便利性已經超越消費者日常之所需，而有餘裕開始發展雲端運算（cloud computing）、人工智慧（AI）與物聯網（internet of things），5G 網路速度之快，也超出日常生活之所需，卻也恰能提供上述這些更先進科技的運用。

也因此，與這些新技術直接相關的廠商，已經透過探索型創新而提供了激進式創新的產品／服務。同時，也發展、設計出不少創新商模，且正在營運著。代表廠商便是前些年著名的 FAANG 這些科技大咖在科技相關的需求創新，例如：社群網路、雲端運算、串流視頻、搜尋、智慧裝置等，引領著現代新創業者汲汲於科技相關的進一步創新或發明，而紛紛促成產業的典範移轉——就是商模創新。

不談新需求或新價值的創造，既有的價值更迭，或甚至找出未被滿足的需求，哪怕只有一項，就可以形成一個成功的新創企業：即使快遞如此發達，Uber Eats、Lalamove 仍有立足之地！

事實上，更多的成功新創是朝 B2B 發展的——尤其對於新科技應用總是難以熟悉，卻又有龐大需求的傳統產業，其中，又以金融業最具代表性。但在此要說的並不是 FinTech 該如何發展，或預測趨勢，而是以 FinTech 為例，提示三個問題。

第一，科技要解決的是什麼問題？

金融業是規範性行業，首重安全穩定，而非速度感或科技感。使得金融業總難以滿足市場需求，科技業又礙於法規無法進入。同時，金融業的客戶需求都被要求自己負責，但因為技術能力不足，只能委外。在這樣的背景之下，一直以來，都由大型的科技業者包辦金融業的科技相關服務（幾乎都是專案開發）。

從破壞式創新商模的角度，應該要提供低成本、低價服務，以滿足部分低階需求客戶。例如：成交量偏低的證券戶，仍有低資金的理財需求，此時應提供的是低資金的智能投顧；低存款戶應提供接近免費的帳戶查詢……等。但事情沒那麼簡單，因為金融業其實不知道，而科技業不能經營，形成了需求認知的斷點。

第二，新創業者不應以競爭為策略方向，而是合作。但要如何合作？

所以新創業者除了新技術提供以滿足需求外，更應提早了解認知斷點。而要將斷點補足，卻往往需要更多的是彼此信任與合作開發。除了一開始的信任外（那少不了要展示武力），後續的合作過程需要不斷地說明、教

育,以及行銷、建議,這些能力都與前述的創新雙歧息息相關。

也就是說,即便是看似簡單的 B2B 商模,由於新創業者往往是站在典範移轉的助動者角色上,不得不與既有企業共同合作,協助數位轉型的過程中,就必須要能兼顧應用型創新與探索型創新的運用與拿捏了。

第三,科技如何結合?帶來怎樣的價值性?

尤其是當業者的需求必須結合兩家以上的新技術時,三方如何合作?例如:銀行開發支票影像辨識技術,之後結合區塊鏈的企業貸款,或是辦信用卡自動貸款也是結合影像 AI 辨識,與貸款模型運算或區塊鏈技術。不同技術如何結合?彼此有沒有共同開發的認知與默契?或是,是否一定要合作?該怎麼提供業者最具價值的建議?

這些問題,都逃不了商模設計與創新雙歧思維。即便是 B2B 的商模,除非不是運用科技的新創業者,否則,在現代科技驅使傳統產業典範移轉之下,該如何協助進行數位轉型以滿足其需求,可能都是難以避免的問題——若是 B2C 的新創業者,恐怕更是直接與生存相關了。

五、永續商業模式

什麼是永續商模?

隨著新冠疫情解封,全球環境問題不但未見緩解,反而日益嚴重,使得永續發展成為各國政府、企業和社會不得不共同關注並尋求解方的焦點。聯合國早於 2015 年即提出 17 項可持續發展目標(SDGs)和環境、社會及治理(ESG)標準,但近年才在歐盟的帶領之下,陸續被各國強制入法推行。

臺灣政府也持續大力推動 ESG 入法[9],上市櫃掛牌公司強制率先合規之外,其他等級的企業也將陸續適用。因此,對於將永續思維納入商模設計而言,成為臺灣新創企業的必要條件。

永續商模與傳統的商模有何異同呢?由於傳統商模設計是基於股東利益最大化,主要關注於經濟效益和市場競爭力,但永續商模則需以整體利害關

---

9 例如:公司治理 3.0 永續發展藍圖、氣候變遷因應法、碳費徵收等。

係人利益最大化，因此會在此基礎上，進一步考慮環境和社會影響。

簡單來說，有幾個面向的差異性：

1. **價值創造**：相較傳統商模設計專注於為股東創造財務價值，永續商模則較為強調兼顧所有利害關係人的綜合價值，也包括環境和社會價值。

2. **資源利用**：傳統商模專注在企業利潤或價值的獲取，且往往聚焦在短期；而永續商模則注重更廣泛資源的長期永續性利用，減少浪費和環境影響。

3. **創新驅動**：傳統商模的創新目標多集中在企業績效（如提高效率和降低成本），而永續商模則主要聚焦開發綠色成果（如技術、產品、循環經濟等）。

4. **風險管理**：傳統商模設計多只關注在財務面和經濟面的風險，而永續商模則也同時兼顧了較為長期社會面和環境面的風險。

永續商模的效果

事實上，對於新創公司和中小企業來說，將永續發展納入商模，不僅符合企業經營的基本假設，更能體現越來越受重視的環境與社會責任，且根據近期研究也發現，永續商模是提升競爭力和長期發展的關鍵。

研究表明，實施永續商模確實能提升企業的財務績效和市場競爭力[10]。在全球永續議題快速升溫之下，消費者對於環保產品和服務的需求也日益增加，企業若能提供符合永續標準的產品，將能吸引更多的顧客，提升市場占有率[11]。更進一步來說，永續商模不僅有助於提升企業的品牌形象和聲譽，吸引更多顧客，也同時因投資者越發重視 ESG 表現，使得執行永續商模將有助於企業獲得更多投資人的青睞[12]。

---

[10] Eccles, R. G., Ioannou, I., & Serafeim, G. (2014). The impact of corporate sustainability on organizational processes and performance. *Management Science*, 60(11), 2835-2857.

[11] Gazzola, P., Drago, C., Pavione, E., & Pignoni, M. T. (2024). Sustainable business models: An empirical analysis of environmental sustainability in leading manufacturing companies. *Sustainability*, 16(19), 8282.

[12] Du, S., Bhattacharya, C. B., & Sen, S. (2010). Maximizing business returns to corporate social responsibility (CSR): The role of CSR communication. *International Journal of*

此外，導入綠色人力資源管理（Green HRM）的企業，也已被證實能有效提升員工工作滿意度和生產力，且更能因此促進企業文化的變革，進而提升長期的企業績效表現 [13]。無論是否為新創企業，永續商模若能集中在綠色創新，或者聚焦在綠色供應鏈管理 [14]，也都會對於企業績效有所助益 [15]。

消極而言，隨著環保法規日益嚴格，企業若能提前採取永續措施，導入永續商模設計思維，將能有效避免因違規而產生的罰款和聲譽損失，至少有助於企業降低風險 [16]。

因此該如何導入永續商模呢？

如何建立永續商模

有些學者直接提出永續商模的概念框架，強調企業應該整合環境、社會和經濟三個方面的行動和結果，並著眼於利害關係人的視角並考慮長期參與 [17]。也有些學者與我們的看法雷同，亦即認同包括我們在本章所提供的商模畫布工具在內的許多設計工具，只要在設計過程中加入環境永續、社會責任與公司治理等要素共同考慮，甚或聚焦在 SDGs 目標中的幾項，即有助於設計出永續商模 [18]。

Management Reviews, 12(1), 8-19.

[13] AlKetbi, H., & Rice, G. (2024). The impact of green human resource management practices on employees, clients, and organizational performance: A literature review. *Administrative Sciences*, 14(4), 78.

[14] Feng, Y., Qamruzzaman, M., Sharmin, S., & Karim, A. (2024). Bridging environmental sustainability and organizational performance: The role of green supply chain management in the manufacturing industry. *Sustainability*, 16(14), 5918.

[15] Liu, X., Yue, C., Ijaz, M., Lutfi, A., & Mao, Y. (2023). Sustainable business performance: Examining the role of green HRM practices, green innovation and responsible leadership through the lens of pro-environmental behavior. *Sustainability*, 15(9), 7317.

[16] 同 11。

[17] Lee, S., & Fu, J. (2024). Conceptualizing sustainable business models aligning with corporate responsibility. *Sustainability*, 16(12), 5015.

[18] Hope, L. (2018). Sustainable business model design: A review of tools for developing responsible business models. In *Sustainable business models: Principles, promise, and practice* (pp. 377-394). Springer.

　　而在實務上，已有學者基於循環經濟（circular economy）理論[19]，針對目前製造業中的領先企業如何將 SDGs 整合到企業策略中，藉由多向度的數據分析方式，識別出不同的永續商模[20]。循環經濟理論強調資源的循環利用，減少浪費和環境影響，並透過設計、製造和回收過程中的創新來實現永續發展，歐盟也基於此，早在 2017 年就推出 Horizon 2020 這個計畫，同時企圖突顯循環經濟的價值，而打造一個雙環架構，並整理出七種可執行操作的循環經濟商業模式，相應這個架構。

　　雙環架構[21] 指的是內環與外環，「內環」是以循環經濟概念的設計階段爲核心，串接「製造」、「使用」、「廢棄」三個階段後，重新回到設計而形成閉環。「外環」則是在內環基礎上，蒐集過去產業各領域的經驗，發展出在各階段中相應可執行與操作的循環經濟商模。

1. **製造階段**：包括三種模式，**副產品再生模式**（co-product recovery，產品從價值鏈廢棄物或副產物轉成另一價值鏈的投入，例如：生態工業區內工廠交換多餘資源）；**再製造模式**（re-make，產品壽命結束，由製造商啟動重製，恢復至全新或更佳功能，並含保固承諾，例如：Google 伺服器、Canon 印表機等）；**翻修模式**（re-condition，產品仍在生命週期內，由原有供應商或第三方整修翻新，例如：二手產品）。

2. **使用階段**：包括兩種模式，**共享模式**（access，產品被不同使用者多次重複使用，例如：Ubike、Uber、Airbnb 等）；**服務化模式**（performance，即以租代買，使用者以用量或效能爲單位支付，所有權不轉換，例如：PHILIPS 照明租賃、UNIDO 化學品租賃）。

3. **廢棄階段**：**資源再生模式**（resource recovery，產品壽命結束後回收原料或仍可用之部件，作爲另一價值鏈的投入。其中封閉循環的物料可維持完整性、可多次循環甚至無限循環，例如：貴金屬回收；向上循環的物料則可被用於投入更高價值鏈產品，例如：主機板貴金屬重製飾品；

[19] Geissdoerfer, M., Savaget, P., Bocken, N. M. P., & Hultink, E. J. (2017). The circular economy: A new sustainability paradigm? *Journal of Cleaner Production*, 143, 757-768.

[20] 同 11。

[21] 可參見：https://www.sustainablereturns.com/2017/10/14/circular-economy-business-model-innovation/

向下循環的物料則被用於投入較低價值鏈產品，例如：鋼鐵爐渣用於道路鋪面）。

4. 重新設計階段：**循環替代模式**（circular sourcing，使用回收或可再生的原料取代自然資源初級原料。例如：Adidas 運動鞋藉遠東新世紀回收海洋廢棄物再製、喬福用生質原料製成可分解的農地膜取代傳統塑膠布）。

幾個基本原則

商模之間並無好壞高低之分，可貴的是，永續商模的思維更偏向以合作取代競爭，建構一個永續生態系，與其中的夥伴相互學習、分享。而廣義來說，永續商模是針對商模的漸進式創新，在累積過程終將成為激進式創新的迭代，為客戶行為、市場機會、收入模式和成本結構等商模價值提供新的洞見；於是必須藉由對永續商模的理解與創新、謹慎的驗證並實施，再重新理解與創新，如此循環運用，終會找出最適合自己企業價值觀與理念的永續商模。而過程中，對於新商模準備程度的整體規劃和評估也非常重要。

基於此，仍有一些基本原則，是在建構永續商模時所需依循或參照的。我們的建議包括：

1. 制定目標：企業應根據自身的業務特點和市場需求，制定出與聯合國 SDGs 和 ESG 標準相一致、具體可行的永續發展目標，並須納入企業策略規劃中。

2. 綠色價值鏈：在產品設計和服務提供過程中，務必考慮環境與社會因素，並與供應商合作，推動價值鏈的綠色轉型。

3. 企業文化變革：前面說過，永續企業文化很重要，企業應藉由培訓、宣傳等方法，鼓勵員工參與永續發展活動，重新建構企業永續文化。

4. 監測和評估：企業應建立完善的監測和評估機制，定期檢查評估永續發展目標的實施情況，並根據結果調整改進，以衡量進展並協助後續的投資決策。

另外，永續商模在長期發展上，須持續留意的重要議題，例如：永續商模如何依賴新技術（如物聯網、AI 等）來促進創新；各國政府政策和法規將持續推出，是否能運用資訊的落差做出創新；消費者行為如何隨永續產品

和服務產生變化，需求的增加與減少怎麼觀察等等，都將影響著永續商模如何做出調整。

綠色成本與綠天鵝

當然，永續商模的推動或綠色轉型並不是沒有風險，而且要知道相關的成本並不低。因此，在設計或導入永續商模的過程中，不得不面對綠色成本和綠天鵝這兩大挑戰。

所謂的綠色成本是指企業在實施永續發展措施時所需承擔的額外成本[22]。例如：實施永續發展措施可能需要高昂的初始投資，採用環保材料和技術可能會因為價格較為昂貴而增加生產成本，或在推動綠色供應鏈可能需要額外的管理費用。甚或更多是非財務性的成本，例如：推動永續發展需要全體員工的共同努力，這種企業文化的轉變可能面臨組織變革的阻力[23]。雖然，這些成本在長期推動成功之後，可以透過提升企業形象、吸引更多顧客和投資者等方式得到回報，但在短期經營上則將面臨困難。

甚至會有意想不到的風險或事件，稱之為綠天鵝。特別是指那些難以預測但對企業和社會具有重大影響的環境風險事件，例如：極端氣候事件、環境災害等自然因素，或是市場和法規風險等人為因素。對此，企業應事先制定出各種風險管理和災難應急之多種備案或演練，以提升應對綠天鵝事件的能力，減少其對企業營運的衝擊。

總結來說，永續商模不僅是企業應對環境挑戰的有效手段，更是提升競爭力和實現長期發展的關鍵。對於新創企業來說，應積極探索、導入或發展永續商模，除了為實現全球永續發展貢獻力量之外，也將在這股浪潮中獲取商機。

[22] Nosratabadi, S., Mosavi, A., Shamshirband, S., Zavadskas, E. K., Rakotonirainy, A., & Chau, K.-W. (2019). Sustainable business models: A review. *Sustainability*, 11(6), 1663.

[23] Feeney, M. K., Grohnert, T., Gijselaers, W., & Martens, R. (2023). Organizations, learning, and sustainability: A cross-disciplinary review and research agenda. *Journal of Business Ethics*, 184(2), 217-235.

think-about & take-away

1. 請試著將本章所提及的商模價值三重點、商模畫布原型，與商模九宮格畫在一起呈現。

2. 爲何激進式創新不算是破壞式創新？

3. 你覺得創新雙歧在實務上有可能執行嗎？試舉例說明，或說明困難之處。

4. 你覺得生成式 AI 將會怎樣帶來破壞式創新？

5. 爲何永續商模也是一種商模創新？

6. 你能畫出循環經濟模式的雙環架構嗎？

個案介紹

案例 11-2 ╱ 好馨晴綠生活：永續新創

Meet Angel 對所有新創企業而言，就是與天使投資人的見面媒合會，但當變成一家新創企業的公司名稱時，不禁令我們十分好奇究竟是怎樣的一家公司……。

創辦人 Angel 過去長年從事的是企業等級資訊硬體的銷售，早已成為業界的翹楚，卻在多年之後，機緣巧合之下，接觸到她自己也十分喜歡的香氛產品，學習了幾年之後，就又創立了屬於自己的公司與品牌。但這次，她說什麼也要與永續緊緊掛鉤了。

「我們創立之初，原本就想要朝解決環境荷爾蒙這個問題出發。」於 2022 年開始創業的 Angel，希望藉由推廣純天然產品，減少這個世界對於化學成分的使用，以解決環境荷爾蒙問題。「尤其是接觸肌膚的東西，或每天讓我們提神或放鬆的環境，卻可能傷害我們，這很衝突。」

「好馨晴綠生活」Meet Angel 以天然、環保為核心理念，致力於提供健康與環保兼具的生活體驗。目前產品已在全臺屈臣氏門市上架，產品包括精油滾珠、精油噴霧等，均經由 SGS 檢測認證，甚至有些產品「利用精油本身的特色」，具備 24 小時抗菌效果，主打的就是綠色＋香氛雙主軸形象。

創辦人跨領域的一家新創公司，他們是如何做到？

永續商模設計：綠色主張

(一) 商模設計核心

用 Angel 自己的話，「少點化學、多點天然」，簡單卻突顯了他們企業價值觀之所在，也成為公司永續商模的設計核心理念。他們的精油都是自己研發銷售，中間利潤較低（資本也較重）的製造生產部分，則委由配合的供應商。由於是自行研發精油配方，因此可以掌握想要的功能與香味。即便如此，從產品設計到生產過程都堅持使用天然材料，並採用低碳排的生產方式。

(二) 生產製造階段

由於是委外生產製造，因此會要求供應商只收具備成分分析檢驗報告

（COA）的原料來生產，因此可以確保原料的可靠性。產品包裝則也同樣全面使用再生牛皮紙材料，使產品從內到外都得以取得綠色相關認證。這樣的產品一旦問市，自然而然的就具備永續與天然的雙軸 DNA。

(三) 消費使用階段

主要挑選與自身價值觀及理念相近，且在永續發展著墨許多的相關通路商合作，目前選定臺灣屈臣氏。另外，Meet Angel 最獨特的部分，正是在於特別重視消費者的使用體驗，他們會開設許多芳療相關課程與講座，設定多種生活場景，讓精油不只是靜態的生活品質添加物，更是動態的生活角落必需品。例如：從簡單的芳療產業趨勢、芳療與照護課程，到芳香防身術、香氣解壓，甚至疼痛舒緩、情緒管理、能量手作……等，無論是到企業福委會或人資單位的講座，或是福利團體、學校的社會回饋，都充分發揮其企業的特色與專長，為其永續商模增添了許多創意創新的芬芳。

(四) 用罄回收階段

公司的產品主要為玻璃與金屬製品，消費者端已具備回收的管道，因此公司並沒有在這階段著墨。但或許，在不久的將來，或許可以看到公司的商模開始延伸到這個階段。即便如此，公司目前正打算導入碳足跡的追蹤計算，除了提早準備因應碳費政策，也是貫徹公司雙軸經營的使命。

若從環境經濟永續商模的觀點來看，Meet Angel 從商品的設計開發、生產製造、消費使用、回收利用都多少有部分的商模設計因素在其中，更加入了參與體驗的創新環節，使其產品足以達到生理與心理的舒適兼具。其中的關鍵是？

永續商模關鍵：兩大支柱

你是否以為我準備要說，Meet Angel 商模設計的兩大支柱在於產品價值鏈的設計與掌握，以及消費使用階段（運用企業特色進行推廣）的創新設計？

不然！所謂兩大支柱其實為國際芳療師（認證師等級），與永續管理師（認證師等級）！更有趣的，從兩位創辦人到創始團隊就具備雙重專家身分，企業組織天生就具備永續的雙軸 DNA。無怪乎能如此！

不過也不是所有員工都必須取得這兩項證照的資格，這並不是強制性的，甚

至，招募時的員工也不一定要先具備某一張證照，還是回到正常的招聘，選正確的人，再讓他去受訓。當然，如果在正確的候選人中，還是會優先選擇已經具備某張證照的人成為正式員工。

如此，在策略性人力資源的支持之下，Meet Angel 想要做到永續發展與天然產品的雙主軸策略，可以說在先天上就已經準備好了，原生企業就擁有雙軸基因。

無怪乎在其各項經營策略的發展，從產品研發與設計、生產製造的各項要求與合作、銷售與推廣時每個專案設計，無論對內還是對外，永續＋天然已是企業基調、企業共通語言，更是企業文化，藉由持續的與外界溝通或教育，更逐漸讓這雙主軸成為品牌與企業形象。例如：前面提到的課程、講座，都是具備專家等級的員工出面（而且可能不只一位），在基本的說服力之上更疊加了另一層概念，便可在無形之中提供企業強大的競爭力 —— 甚至難以取代。

當然，這也必須付出一定的代價。亦即我們所說的綠色成本。

綠色成本

Angel 承認「我們確實得要負擔較高的成本，尤其綠色通膨……但我們儘量讓產品能讓消費者負擔得起，即使利潤較低。」例如：像包裝材料都要符合 FSC（森林管理委員會）標準，使用再生牛皮紙（比塑膠材質貴）等環保材料；加上還有其他成本，例如：另需較長時間去教育各種通路、企業用戶，以及消費大眾。

採用綠色生產方式會增加一定的成本，尤其需同時顧及永續的目標以及天然產品的雙重標準，其實有形無形的成本真的相對都較高，「但也不得不做」，Angel 認為這是值得且必要的長期投資，「因為這是我們公司的使命，也是對消費者的承諾。」

未來發展

展望未來，Meet Angel 計畫在推展課程與講座持續獲得好評的基礎之上，要成立「好馨晴學院」，除了繼續提供香氛有關的永續＋天然教育，也將要準備著手培育種子教師，一方面讓既有專業員工更得以發揮所長，也將提供芳療師訓練，協助就業並推廣自有品牌，一方面也能在社會責任方面有所貢獻，例如：定

期下鄉服務獨居老人。這些設計不僅有助於公司業務的擴展，也能夠進一步推動社會的永續發展。

思考

1. 你覺得他們之後將持續成長，還是會遇到怎樣的困難呢？
2. 你會用怎樣的永續元素加入你目前的商模？會造成怎樣的變革？
3. 你會用怎樣的行動一起投入永續發展的行列呢？

Chapter

12

創業商業計畫書

個案介紹

案例 12-1 ／哈佛商學院論文摘要：讓最佳商業模式可長可久

《哈佛商業評論期刊》曾在 2011 年發表一篇文章[1]，題目為「The Great Repeatable Business Model」，中文官方網站譯為「讓最佳商業模式可長可久」，顧名思義，其內容重點在說明商模可維持長久的建議做法。

差異化策略的重要性

首先談到，企業採取差異化策略的重要性。由於差異化競爭策略提供客戶不同的價值、獲取更高利潤，形成了競爭優勢的重要來源。雖然利樂包裝公司（Tetra Pak）、Nike 與 Apple 所處產業、競爭形勢與策略內容各異，卻都因為秉持定義明確且簡單易懂的差異化競爭策略與商模，而能取得持續性的競爭優勢；研究也發現，能長期維持高水準績效表現的企業，約有八成是如此。

同時，研究也指出，策略的差異化設計比策略執行力對於企業績效表現的重要性要高出四倍，而領先企業也多半運用差異化策略。不過，差異化效果往往隨時間而減弱，其原因除了來自外部的競爭破壞，內部的組織發展趨於複雜而使運作失焦更是關鍵。因此，要如何打造持續性的差異化策略、建立簡單且可重複實施的商模，需要先了解自己的強項、辨識差異化來源，以及整體組織支持、建立穩健的學習能力。

辨識差異化來源

整體組織必須能清楚辨識差異化來源，才可能凝聚集體共識，也才能因應外界環境而產生策略變化。哈佛大學與經濟學人共同開發一套差異化地圖，將企業的資產或能力分成三大群（管理系統、營運能力、專屬資產），每群再依據顧客導向至後端管理導向的線性程度區分成五類別，繪製出 15 種差異化策略地圖，提供企業定位差異化策略。此外，也提供五個問題來釐清組織差異化策略：(1) 是否真有獨特性？(2) 能否與競爭對手比較？(3) 是否與核心客戶需求相關？

1　Zook, C., & Allen, J. (2011). The great repeatable business model. *Harvard Business Review*, 89(11), 107-114.

(4) 不同策略定位能否互補強化？(5) 是否企業各層級的人都了解差異策略？有助於找出關鍵性差異化因素，進而集中資源於自身的模式與成功因素。

　　一旦釐清差異化策略因素，再進一步將其轉化為組織中每個人皆能遵循的常例或規範，形成本書前面章節所述的動態能力，那麼在不同商業環境中複製優勢策略或設計最佳商模便容易得多。以農產品供應商 Olam 為例，利用垂直整合經驗所累積全球各地良好在地關係的資源，容易發覺機會前景，結合既有的收購能力，進而發展出企業併購與整合交易操作原則的動態能力。

組織如何支持差異化策略？

　　可重複實施商模的關鍵即在差異化，在實施時要有較高的專注度、較佳的組織彈性等組織支持性，歸納起來有以下兩個關鍵因素：

1. 明確的共同原則。這是讓商模能重複運作、讓組織協作的重要因素。研究發現，績效好的企業中有超過八成具備明確而廣知的原則。須留意的是，從企業創立那天起，管理層就開始和客戶及第一線遠離，而明確的定義、共同的原則與一線人員行為，這三者與企業績效息息相關。

2. 穩健的學習制度。迅速學習並因應環境是維持差異化的關鍵。相反來看，若企業不學習而故步自封，即便沒有破壞式創新等競爭，仍易致失敗，例如：柯達（Kodak）、全錄（Xerox）、Nokia、Kmart 等寫照。「淨推薦者分數」（net promoter score）回饋系統，是來自客戶直接而立即的學習方法，簡單而有效。

　　至於對 CEO 或高階管理而言，比因應環境速度越來越快的更大挑戰，是組織管理複雜度越來越高。組織越趨龐大、複雜，易陷於僵化、懶散，不知不覺就成為企業成長與獲利的阻礙。研究建議一套行動思維，讓組織人員能秉持差異化關鍵、予以內化，而持續複製成功商模：

1. 確保團隊成員對現在與未來的差異化有所共識：關鍵客戶認為關鍵競爭差異化來源為何？如何得知？是否夠穩健？

2. 第一線人員是否同意此差異化要素：各級成員能否同樣描述策略和差異化內容？他們自身是否覺得了解策略？策略是否夠簡單清楚？

3. 將策略寫成一頁：內容是否以關鍵差異化來源為核心？是否具說服力並有相

關數據？

4. 測試既有關鍵差異化因素：針對最近 10-20 筆投資或行動方案，尤其檢討最成功或最失望的原因。

5. 轉化策略為明確的共同原則：如何描述組織的簡單原則，以界定執行策略的關鍵行為、信念、價值觀？是否已嵌入常例中，或僅止於紙上規範？

6. 檢討監控關鍵差異化因素的關鍵指標：所用方法能否促進內部學習和因應外部環境變化？迅速反應能力是競爭優勢嗎？短期如何調整？長期投資什麼新能力？

　　新創企業在設計商模之前，都必須要清楚了解自身的關鍵競爭優勢，已如前面章節所述，實務上，有更多細節需要執行，例如：簡化後內化、各階層共識並協作、客觀數據監控、務實檢討……等，在反覆執行中可以形成動態能力，也能形成差異化策略，適當調整商模並複製執行，讓競爭力成為具持續性的優勢。

　　務實執行可能更加不容易，尤其在新創企業一步步實現夢想的同時，也要顧及各階段所需的資金募集，並將所累計的資源與能力予以記錄、撰寫，以使對內形成策略執行共識、對外突顯競爭優勢。這也是商業計畫書（business plan）的重要功能與目的！

千里之行，始於足下。當創業團隊捲起袖子準備跨出市場的第一步，就是必須面對「你們公司是做什麼的？」「你覺得有未來性嗎？」這類的問題，該怎麼具體又詳實的說明呢？商業計畫書便是創業的第一個工具。

一、創業商業計畫書真的有用嗎？

創業商業計畫的目的

把創業商業計畫書放在最後一章，是因為當前面章節都想清楚了、練習過了，創業商業計畫書（Business Plan，下稱 BP）也就幾乎完成了。剩下的只是做好思維的整理，與內容整理。

不過，還是要了解做創業 BP 的用途與目的為何，這樣才能將想表達的內容精確地、充分地，卻能簡要地、一針見血地表達出來。

總的來說，之所以需要寫 BP，主要目的除了對外募資／融資的需要，對內的了解與一致性的需要可能更加重要。

(一) 外在需要

募資／融資。資金需求對新創公司至關重要，凡事豫則立、不豫則廢，為了讓資金得以水到渠成，最好能在每次的募資／融資都能準備一份完整的 BP，讓投資人有所依據，尤其是專業投資人，更需要從 BP 來了解投資案的內容與價值。

(二) 內在需要

自我了解與團隊共識。比起對外募資更重要的，其實 BP 更能讓創辦人自己，或是創業團隊，對於企業本身的創業邏輯更為清晰，同時，經過審慎認真的分析與釐清後，也能讓創業團隊甚至整個企業組織成員，都能很快取得共識，了解企業短中長期的目標與願景，並清楚每個階段可能的競爭態勢，在自己所擔當的角色上得以全力以赴，並發揮組織的一致性與適應性。

BP 只是工具，募資成功還有其他條件

因此，BP 應該是動態性的，隨著企業在不同階段的發展，應該會有不同的內容或陳述——尤其對於外在的募資／融資需求而言，每次的募資對象

可能都有所不同，加上不同階段的發展成果，創業 BP 都要隨時調整。同時也可以當作創業的每個檢查點或成果報告。

　　然而，對於募資而言，想特別強調的是，BP 只是工具，是募資的標準內容之一，成功還有其他條件，最常見的，還是至少需要幾次的面對面簡報說明（或路演）。而這其中，有些不可少的要素，大致可分為理性元素與感性元素，由於投資——尤其是創投——是一個理性的思考分析，加上感性的直覺判斷，兩者皆須有極高表現的工作。因此，在募資時，務必先要了解募資的對象，同時也要在理性分析與感性表達上有足夠充分的展現，才可能獲得創投的青睞。理性元素如創業邏輯、商模運作、獲利預期……等，感性元素如創業動機與熱情、創業願景與夢想、團隊默契、企業文化塑造……等。再來就是與投資者之間的緣分與機運了。

(一) 書面介紹：理性分析，重在簡潔

　　BP 乃書面性質的陳述，沒有任何團隊能夠僅憑書面陳述的創業 BP 就取得資金（即使是親友，也至少要見面，反而不一定需要書面資料）。也有極少數例子是創投捧著現金請求加入，這時才在程序上補充書面資料——但真的是極少數。而書面陳述的重點，在於理性分析與說明，雖不可能三言兩語，但更無須長篇大論，重在簡潔。有時甚至幾個圖示就可以說明清楚的話，可能更好。

(二) 簡報（路演）：感性說明，重在熱情

　　須了解創投的積極度（有限的時間與有限的興趣），因此 BP 必須在簡單的內容中就抓住投資人最起碼的興趣，而在有限的時間中簡報完畢。此時，除了簡報的技巧外，如何表達創業團隊的熱情是相當重要的。並且，必須認知的是，即使創投不認同，不一定代表創業可能面臨失敗，還會有其他因素；另外，如果認同，還會有第二次以上的機會，那才是真正進入觀察期的開始。

　　話雖如此，BP 還是有其重要性。如同前面說過，一方面滿足對外募資／融資需求，成為足以讓投資人對新創企業的價值判斷與動態觀察依據；一方面在了解自己的創業邏輯、凝聚創業共識的同時，也能將創業理念付諸實現，將競爭環境、任務執行、商業模式……等關鍵環節都數據化，檢視自我

實現的步驟，順應市場變化來快速反應與調適，以有效累積競爭資源與動態能力。

二、目標與要點

BP 的對象為何？

就 BP 來說，由於在不同的募資階段，面對完全不同性質的投資人，有著完全不同的需求，因此 BP 的表達重點可能會有所不同。

(一) 親友 / 種子 / 天使投資人

可能更重視對創辦人個人的信任感。尤其是親友，對於創辦企業的夢想恐怕還沒有對創辦人個人的前途與夢想來得熱切或關心，此時需要的絕對不是 BP，反而是炯炯眼神透露的熱情，加上一點點的承諾，但實質支撐的應該是彼此的信任關係，以感性成分居多。至於種子或天使基金，一方面也是個人基金（多為成功企業家），一方面也因新創企業仍處於創業早期，多半還正在執行概念驗證（PMF），能否成功看不出來，但由於有過成功經驗，所以對於有興趣的議題或概念會給予支持，因此 BP 仍有其用處，但此時的表達重點應在於概念、願景或夢想。雖仍是以感性表達，但核心是創業團隊為此付出了什麼與多少，想法是否夠深刻、實際，而團隊（或個人）的經歷、創業熱情、動力等，也都是很重要的參考依據。

(二)A/B 輪創投

此時因產品或商模的 PMF 已經完成，甚至已經找出幾次的修正調適方式（以驗證組織彈性能力），因此這個階段的 BP 應將重點放在驗證成果的相關數據呈現，包括價值網絡的協調、需求端的體驗與回饋等，取得了小規模的成功商模，要如何擴大或者複製到下一個較大的，或其他的場域，而面臨產品迭代的各種問題；組織的調適與彈性能力在此初步展現，來因應組織面臨擴充時的不同問題，也是此階段的重點。這時候的理性分析成分已經大幅提高，畢竟已經有初步的營運成果得以驗證，但仍不可忽略感性的內容，包括前述的理想與願景、熱情與努力、團隊默契。

(三)C/D 輪創投與私募基金（PE fund）

創業越到後面階段，隨著可呈現的營運數據越來越多，越晚加入的創投也越渴望能短期獲利，使得 BP 內容也就越偏向理性分析，前期的創辦熱情與努力已經相對不那麼重要，此時要突顯組織運作的效率、財務策略及其正確性、未來的發展性，尤其重要的是獲利時點、能力，以及掛牌上市的可能性與步驟。

(四) 券商／銀行

此階段應該已經幾乎確認了上市掛牌時間，無論券商或是銀行，重點已經偏向營運風險的觀點與因應準備，甚至衝擊評估。

整體內容要點

既然已經知道 BP 所提供的對象，那麼開始撰寫之前，就要有所準備。思考邏輯必須清楚明白，不應龐雜冗長。

無論 BP 是團隊內部使用，亦或是對外募資使用，必須要先了解其目的，同時了解提供的對象，已如前述。並且最好應該直接了當的陳述目的為何。比如，目的就是募資，這太籠統，募資多少？有何計畫？有何好處？投資多久？憑什麼？可能的問題與風險？如何解決……都需要有確實的數據、計算、邏輯原因、與前後的關聯性。

如果是內部溝通與默契的形成，則要取得共同願景、共同目標，那是什麼？如何（共同）做到？角色？優劣勢資源？可使用人脈？里程碑？對手與標的情形……尤其重點應放在形成共同的認知才行。

所以依據目的而定，並且這些問題都必須一一確實地想清楚而回答。也就是說，針對目的所形成的 BP，不僅要能回答這些問題，並且應該要簡單明瞭、展現優勢、務實合理、具體可行、數據呈現。除了這些原則，在撰寫 BP 之前，也要先留意幾個整體性的要點：

1. 雖然是理性分析的工具，但務必先抱持創業的熱忱與信心來撰寫。然而並非一味樂觀，而是要有依據的樂觀。
2. 以所觀察到的真實產業情報展現自身的優勢與能力。
3. 蒐集的產業資料可以附件形式表示，以避免 BP 主體龐雜。同時留意完

整性、正確性與即時性。亦可附上自身的媒體報導、商標、著作權、專利等資料。

4. 陳述邏輯順序務必清楚，每個主題與內容則應簡單到位，且前後一致。盡可能使用表格或圖形表達，易讀又豐富。切忌複雜的表現。

5. 所有預估都應有相關數據與推論佐證，所有計畫執行也應具體可行，並有合理的流程。

6. 須注意檢查是否符合國內外相關法規。

7. 第一次的初稿，盡可能完整地描述，將所知的全貌都描繪出來。此時建議使用文字檔案先行完整描述各個章節，不要受到限制。完整地寫完初稿後，理當收獲良多、更清楚所有的思路，之後再將各個章節段落以最精簡的方式呈現——該段落若只能呈現一句話、一張圖表，那會是什麼？

8. 為避免錯別字，團隊應共同檢查，初稿完成後，可請相關專家給予意見（但千萬別找人捉刀）。

三、內容架構與重點

下筆之前，要先決定用什麼格式與方式。要了解，資訊時代都是用電子方式呈現，要決定的只有在電腦或是在雲端、用PPT還是用DOC檔案格式。

資料在雲端或電腦，要看資料保存與團隊作業方式而定，且交付投資人的內容也要看投資人的習慣與規定，並沒有一定。但檔案格式上，多半會使用PPT，尤其是創投及其之前的投資者（但有時評估者非決策者時，也可能需要提供 DOC 檔案）。

至於 BP 的內容架構，大致如後，內容的重點則應與本書之內容一致。

(一) 計畫摘要：簡述現在想要做的事情，或解決的問題

務必要讓投資人一目了然地知道現在正在看／聽什麼投資項目與內容，並且盡可能在第一印象上就產生好奇心，甚至感覺有賺頭、有看頭，而產生好感。為達此目的，就必須能以一句話、一張圖表，來表達整個事業（在此階段）的內容，所提供能滿足（特定）市場需求的解決方案。在此並

不須提到相關數字，並且通常會先寫一個版本，到最後整體完成後，再進行修正。若能使用前一節所說的，先寫完文字檔案後，再整理成 PPT 的內容，會更為清楚想表達的內容。

重點：破題、要解決的問題、滿足什麼需求，而這是有意義的。

(二) 前言 / 創業緣起 / 願景：創業動機與夢想

這是唯一說自己故事的空間，有時這個故事反而會引起投資人的興趣或情感因素，特別是創業動機或願景與夢想類似的創業家，如何看見與感受需求的缺乏，以及為何與如何提出解決方案。如果在創業較後面的階段，也可以將所形成的經營理念、企業文化或企業精神在此說明，以取得價值認同。

重點：創業動機、創業熱情在此表達。

(三) 創業團隊介紹：介紹志同道合的夥伴

一起創業的人應該要一起與投資人見面，創投多半希望看到創業團隊，畢竟共同創業者通常有著相同的理念與熱情，但若能適時扮演不同角色，將會讓這創業故事增色不少。但如果是一個人創業，則跳過也是沒關係。

重點：相同理念與熱情的夥伴介紹。

(四) 目標市場與產業分析：產業分析及其結果

應確實了解目標市場有多大，以及未來還有可能擴散出去的市場。無論使用哪種方式進行產業分析皆可，但通常會選擇採取對論述有利的方式，然而真實的結果應該要能帶給自己有所啟發，特別是針對相關的分析結果，進而發現現有市場未能滿足之需求，或者相關的問題；並且針對此所想到的解決方案。這部分應以確實的數據呈現較佳。整體思維可參考本書第十章內容。

重點：所瞄準的市場潛力，以及看見什麼未被滿足的需求，並提出什麼解決方案。

(五) 競爭分析與營運策略：對於競爭對手的分析，以及準備採取的因應措施

針對市場需求的解決方案，目前有哪些直接與間接競爭對手？如何客觀的比較？不可能完全沒有競爭對手，尤其在資訊軟體能提供的技術需求上，

除非是全新的技術，或是需求其實很小的市場。競爭對手在我們推出解決方案時會如何反應，我們又將如何因應。整體競爭會採取怎樣的策略，例如：直接競爭、特定需求市場、替代效果……等。

重點：有哪些直接與間接競爭者，以及競爭的策略為何。

(六) 產品服務創新優勢及關鍵資源分析：為何與如何展現優勢

既然經過與競爭對手的比較後，顯現出所提出解決方案的優勢，則進一步說明這些優勢從何而來，以及如何保持。通常針對關鍵資源與能力進行分析，特別是可持續性的資源／能力，這種競爭障礙會是取得投資人青睞的重點之一，同時若是難以模仿的關鍵，也不怕向投資方透露，反而可能取得對等的寶貴訊息。同樣可參考第十章內容。

重點：如何提供解決方案，以及為何能在競爭中勝出的關鍵。

(七) 商業模式／獲利模式分析：如何將關鍵資源串接形成獲利模式

這部分也是另一個重點，尤其如果真正的關鍵是在創新的商模，則可與前述要點合併說明。可以用簡單圖表或描述句來說明價值創造、價值網絡角色，以及各方如何獲取價值、什麼價值；而如果已經有所驗證，無論規模大小，都可以本身的數據來加以說明商模有效性，或經過怎樣的修正調整。現在是商模創新的時代，因此若有創新商模更容易獲得投資者認同，特別是能輔以其他類創新能力的新創團隊。可參考本書第十一章內容。

重點：解決方案的價值運作模式。

(八) 技術研發計畫：對於所提供解決方案的迭代需求，或相關的計畫與構想

所提供的解決方案是否有技術上的限制？有什麼關鍵資源？持續突破與迭代進步的構想為何？在價值創造上是否足以維持甚至擴大市場需求？競爭對手的動態如何？有些提供的解決方案並沒有技術研發的議題，就可以跳過。

重點：所提供的解決方案有怎樣的迭代升級計畫或構想。

(九) 行銷計畫與策略：如何有效讓解決方案在目標市場上曝光並獲客

所提供的解決方案會採取怎樣的行銷策略，可能在創業的不同階段，或者不同的迭代、競爭階段會有所不同。應針對目前階段會進行的策略想法進

行分析，同時呈現之前的成果以及未來可能的預測。當然，若能以數據呈現也是最佳，例如：獲客成本、行銷預算、競爭對手方式……等。可參考本書第六章。

重點：如何取得行銷成功，以及未來因應技術迭代而有所變化。

(十) 生產計畫與工廠管理：建廠或投產的階段與預計進度，以及相關資金運用預估

對於需要自行生產實體產品的計畫，由於此部分將會是資金集中處，也是募資的目的，同時也可能是取得關鍵優勢之處，因此這部分會是重點，應將預計的進度與資金規劃重點式陳述，通常會以圖表呈現，例如：甘特圖。生產過程會涉及哪些供應鏈廠商？要如何搭配合作？如何評估套牢風險、生產瓶頸、品質管理及相關專利？

重點：提供的產品如何生產製造，以及如何管理供應鏈。

(十一) 互補資源／合作策略：價值網絡中，各方利害關係人的激勵制度與合作策略

前述從商模設計開始，無論研發、生產、行銷，都會涉及與第三方的合作關係，在價值網絡中，針對不同的發展階段，會採取怎樣的合作策略？需要怎樣的資金支持？或設計怎樣的信任與合作制度？從單純的委外，到策略聯盟，甚至併購，都有不同的原因。可參考本書第七章。

重點：價值網絡中，如何與利害關係人合作。

(十二) 經營團隊與組織發展策略：內部現有組織營運及未來組織發展的規劃與原因

前面陳述了對外的競爭與內部能力的發展，最後要如何實現各項功能與競爭策略，就有賴經營團隊的管理。應展現經營團隊的組織能力，以及未來人才匯集的發展策略與構想。相關的組織氣氛、激勵制度與企業文化，也是組織發展的重要環節。可參考本書第五章。

重點：經營團隊介紹，與組織功能及動態發展關鍵。

(十三) 營運效益與財務預估分析：對於價值獲取的實際估算，以及包括投資效益的財務預估

價值獲取是營運的最後環節，應以數據呈現獲利情形。根據前述的各項資源與步驟，在每個階段或期間的各項重要財務的預估情形如何，都應忠實呈現。此處的關鍵在於假設基礎，應設定合理可行的參數，尤其針對資金需求與相關投資報酬率，除了要在投資人可接受的範圍，也應簡單地呈現，更須留意不同階段利害關係人的權益。有合理的範圍區間，才會有較可行的談判空間。

重點：價值獲取的預估、相關財務與獲利預估。

(十四) 風險評估：對於經營上的各種風險評估，包括系統風險、競爭風險、內部管理風險，以及因應措施

因為經營不可能凡事順利，尤其外在環境瞬息萬變、技術發展一日千里，經營團隊如何因應外在的變化也相當重要。這部分在募資的中後段將越來越受到重視。

重點：競爭的風險、外部系統風險、內部管理風險，以及相關的因應措施。

(十五) 附錄：將支持調查研究，或說明論述的所有相關佐證資料都分開依序放置在此，以供查驗

相關資料不一定越多越好，但需要有效、最新、有利，尤其是與既有數據有關，非常重要。而關於一些特殊經歷如得獎、媒體正面揭露，或是專利等證書，也可以放在此部分，一方面證明真實性，一方面證實具備的能力，以期發揮錦上添花之效。

重點：外部的相關詳細訊息或佐證資料，內部的相關歷程與實力證明。

以上的內容，正如前述，若能以 PPT 檔案格式來撰寫最好，尤其如果一個要點放在一頁 PPT 中，將會是最理想的呈現；然而卻不一定拘泥於呈現方式，只是在說明清楚的前提下，力求簡單。網路上已流傳著 Airbnb 當時向創投募資的 PPT 內容，應該是一個相當值得學習的例子。

四、其他觀點

BP 撰寫的整體邏輯、要點，以及內容架構已經知道，基本上就可以著手撰寫屬於自己的創業 BP 了。然而，在參考了 Airbnb 的例子後，若也有同樣令人驚豔的好點子、好創意，想要同樣也寫出令人驚豔的內容與呈現，可以進一步換位思考，究竟投資人想知道什麼。以下提供幾個投資人真正想知道的內容與觀點（除了新創的營運資訊之外），以期投其所好而取得認同，或至少有對話機會。

(一) 投資報酬

除非是早就準備提供創業基金的至親，或極少數有錢的成功人士提供的難得機會，否則任何個人，尤其是投資機構，都至少會要求還款利息。而取得股權則是絕大多數的情形，因此投資報酬就是這些投資人最想知道的事情，並且通常是抱持以小搏大的冒險精神，來參與前期的創業投資，投入（約當臺幣）幾百萬、數千萬，以期若干年後能以倍數回收，甚至十倍以上的獲利。因此，BP 中的營運成功合理性與可行性分析，就顯得十分重要。

(二) 募資金額與投資成員

就是新創業者究竟想要募到多少錢，找了誰來投資。合理來說，每個階段的募資計畫都有目標，並且在 A 輪之後，通常不會只找一家。因此理性上，都會想知道募資的計畫金額，這與新創企業的價值及股權稀釋比例有關（如後述）；但實際上，更想知道還找了哪些投資成員，太多太少都是問題，且彼此的市場地位最好相符。

(三) 企業價值預估

新創企業的當前市場價值，估算方法通常是以「PE 法」或「PB 法」，適用於營運趨於穩定、已準備或開始有獲利的 pre-IPO 階段。而在創投階段的各輪次，尚未有穩定獲利，但已經開始有營收之時，通常使用的評估方式是「營收倍數法」，即營收的幾倍當作市值，倍數則相較於營運項目或方式類似的新創業者（通常是近期成功者的早期募資經驗）作為參考標竿。例如：新創電動車企業，創投將多半會以 Tesla 當時的情形作為標竿進行比對；

而對於平台業者，或採訂閱制的新創業者，也有所謂的「平台營運數據價值」的評估方法，例如：訂閱用戶數、每月／日活躍用戶數，電商更有回購率、留存率等等的數據，用每個用戶的價值進行計算評估。至於更早期的天使輪、種子輪，面臨既無用戶、可能更無營收時，就只能單看募資計畫金額的合理性與稀釋比例，再加上後面敘述的「感覺」而定

(四) 股權稀釋比例

　　無論哪一階段的募資，新創企業在取得穩定獲利之前，要取得較為大筆的銀行貸款，難度頗高，因此多半都會以股權形式進行募資，即以發行新股的方式募資、臺灣所謂的對特定人現金增資，如此對於既有的股權結構便會有稀釋的效果；雖然稀釋是為必然，但稀釋的比例卻必須合理，如本書第九章所提及，新創經營團隊會有經營權影響，投資方則有出資過高的疑慮與風險。一般而言，較常見也較合理的比例約在 10-20%，合理來說應該每次都不會超過 30%。有些情形是投資方不願意比例過高，有些則剛好相反，無論其各自的不同原因，在同一輪次中，總稀釋比例是固定的，其中有意者出多點、僅參與者出少一點，也是以投資團形式參與的優點。而以募資規模，除以稀釋比例，就是在天使輪或 A 輪會使用的市值評價。

(五) 創業團隊的付出

　　尤其是指創業團隊出了多少錢、目前擁有多少股權。雖然創業團隊本來就因為口袋不夠深，才需要向外募資，其實投資人也很清楚這點，但也不可能全都由投資人出資——當然除非新創項目真的是好到不行，也是會有投資人拿著現金求加入的這種狀況——所以也都會看創業團隊為了股權而付出多少。這部分就沒有一定或慣例了。

(六) 憑「感覺」

　　什麼感覺？也可以算是一種潛規則，就是不同的輪次、不同投資目的的投資方，除了前述所有理性描述之外，還有彼此互不相同的其他重視之處。C/D 輪次之後的創投，尤其是 PE fund，大概都以上市時程為最重要考量。但在之前的創投，由於沒有穩定數據參考，因此除了前述的幾個觀點外，主要還會看解決方案的潛在市場、經營團隊與創業團隊，其中，潛在市

場是對產業發展前景的看法是否一致，經營與創業團隊則看彼此默契如何、是否熟悉，有時也會看與自己的關係是否夠近（這樣比較容易了解，也容易打聽），例如：親友關係、校友關係等，若是與技術相關的解決方案，也會看學歷。天使與種子輪更只是看創業家的個人感覺了，例如：家世背景、學歷、熱情度、夢想⋯⋯等，大多會以當年自己創業時類似的背景，而非一定要名門貴族或熱情洋溢，所以一般會歸納為緣分。

最後，提示一些一般認為儘量不要犯的問題或忌諱：

1. 不宜顯現憂慮倒閉的窘境。無論有意無意，透露現金缺乏的窘境，甚至因此而面臨倒閉的困境，都是不當的表現，失去了創業團隊應有的雄心壯志，也顯得過於自卑，給人撐不了多久的風險感。

2. 不應談「萬事俱備只欠錢」。這樣的說法總給人大言不慚的負面感覺。募資當然是需要錢，但創新與滿足市場需求才是真本事，還需要串起前面章節所提及各種基本與高階執行能力的實踐團隊。與上述的自卑相反，是呈現過度膨脹感。

3. 避免空談或誇大。夢想固然需要遠大，但更需要將想法實踐的具體做法，尤其針對 B 輪後的募資，更是如此。不能只說自己的夢想，或自己的故事，也不應誇大要成為「下一個台積電」、「○○領域的 Tesla」。但可以適度的類比，目的在讓投資人較快取得認知。

4. 切忌說沒有對手，或批評對手。現在是資訊爆炸年代，各種需求幾乎都被滿足，所提供的產品或解決方案不可能是完全創新或獨一無二的；而對於已經存在的競爭對手也應給予尊敬，僅針對市場需求的缺乏論述即可，以免反而顯得無知或無禮。畢竟，人外有人，天外有天。

5. 不能大談產業需求，似乎整個產業都是你的。除非市場都已經知道你了（如 Gogoro），即便如此，也會有競爭出現，應該確實地分析所要切入的市場或潛在市場，合理的告訴投資人所發掘的機會何在。

6. 不宜過度強調產品或商模的細節，尤其有很多技術面的問題，除非是重要關鍵所在，否則擺上大量的設計圖、流程圖、方塊圖，或者詳列太細的功能，其實更容易分心、不著邊際，重點仍應放在產品或解決方案能夠滿足什麼需求，或是商模有何創新不同之處。但這些細部可放在附錄中以供備詢。

7. 避免胡亂套用流行詞彙，或使用艱澀難懂的字眼。一些市場流行的詞彙，以為套用之後可以跟上潮流、吸引投資人認同，然而，應該要先清楚了解個中定義，例如：平台、破壞式創新、商模價值……等，否則引用錯誤，適得其反。而艱澀的專業字眼，除非學有專精的同行，否則往往產生距離感，反而不容易讓投資人買單。

8. 切忌猛拉關係。除非是連續創業家，在創業創投界已經累積一定的好評，否則誇口說認識什麼名人、哪些創投也在考慮投資，或說是什麼校友、同鄉之類，殊不知，創投的人脈往往更廣、更容易打聽，即便是真實的，多半也沒有特別加分作用（事前都調查過了，難道沒東西可講了）。

9. 切忌過分修飾、花俏不實，或者情緒性陳述。理性的陳述仍為優先，BP 呈現仍以簡樸為上，給予適當的圖樣尚可接受，過度修飾或花俏，難免給人金玉其外的感覺，尤其不宜使用情緒性陳述內容如「沒做到的話，我就……」、「這絕對沒問題……一定可以做到……」這種類似發誓、保證的方式。

　　BP 雖是一門不容易的功課，但只要將自己的創業想得夠清楚，分析得夠確實，甚至已經付諸實驗、驗證，那麼只是將這些構想或成果寫出來即可，完成初稿後再濃縮成精華，相信就是一份不錯的 BP 了。至於呈現的方式或格式，在資訊普及的現代，網路到處都有，政府機關與各大專院校的育成中心都提供許多制式的樣板報告書。

think-about & take-away

1. 如果你是投資方，你會想看到怎樣的 BP 架構？請以不同階段的投資人立場思考。

2. 本書提及的 BP 內容，你覺得哪些是必要的、哪些是非必要的？為什麼？

3. BP 的內容與呈現方式，會隨情境或時間而改變嗎？

個案介紹
案例 12-2 / 永虹先進的心路歷程

創業簡歷

永虹先進開發了一套碳纖維相關製造的新創技術，並創立公司，兩位共同創辦人中僅有一位是相關技術開發者，另一位則是原先非本業的主要出資者。藉此優良技術，幾經波折，終於在 5 年後、資金燃燒殆盡之際，取得關鍵投資人的青睞，並順利登入興櫃、進入資本市場，等待進一步正式掛牌上市。

他們的故事，可以說是臺灣新創企業的一種典型：自有良好技術、過度自信、用資金換資訊、轉型。

技術擁有者為王智永，在念清大材料博士班時發現微波技術可以產生出較低成本的碳纖維，且品質也不差，於是與原經營服務業的主要出資者吳家幸共同成立永虹先進。

最開始的經營策略就是用相同高品質但較低價格的產品，企圖逐漸侵蝕市場。即與 Porter 的低成本策略雷同，商業模式也很單純而直接的依循傳統碳纖維產品 B2B 的生產製造流程與方式。

出乎意料的，市場沒能接受這樣的產品與模式，一方面在客戶價值創造上忽略了客戶價值並非單純來自於產品價格，也須考慮客戶的經濟規模與其價值網絡搭配，一方面在產品多樣化上也無法一次滿足，難以與既有大型競爭者直接競爭，因此業務拓展不如預期。

如此煎熬了 2-3 年後，決定轉型，改為利用技術能力，提供碳纖維業者生產較低成本的製造技術，以「整廠輸出」（turn-key）的商業模式經營。

同時，也不斷持續依據客戶在使用上的直接回饋，修改調整製造技術與產品品質，逐漸能滿足不同客戶或不同應用面向的各種需求。

終於，從初期僅有單項技術，卻缺乏對市場競爭資訊與推演，在用資金與時間換得寶貴的資訊，藉以調整產品技術與商業模式後，迎來了重要的轉機。先是接獲 LG、中國精功科技、巨大機械的重要訂單，打開了市場知名度，後又取得日本 JAFCO、漢翔、新加坡主權基金的投資，總算完成了新創企業的初步目標：重要訂單，與導入關鍵投資人。

接著 2017 年再度通過新創企業的另一個重要關卡，順利在臺灣興櫃市場掛牌，進入資本市場，距離創業成功就剩最後一步了。

新創公司 6 年能進入資本市場，其實算是順利，但其間永虹先進也吃了不少苦頭，主要關鍵似乎在於未能先擬定競爭策略、設計適合的商業模式，並在動態競爭的環境中適當的調整。若從商模設計的角度，現在回頭來檢視的話，會有怎樣的心得呢？

商模轉型

永虹先進在最初 5 年中，業務拓展雖非四處碰壁，卻也遲遲難以一展長才，因此只得不斷燃燒資金，而從其公開說明書中推測得知，幸而創業家口袋夠深，並能募得類似天使創投者的資金，才能堅持到後來的轉型成功。

而這個轉型的成功，雖然不完全符合本書在前章所說，技術創新與商模創新的結合，但卻是憑藉在市場上真槍實彈的碰撞後，調整出來的最適合結果。技術的調整就不消說，尤其是新創製程技術，並非全新產品，當然無法一廂情願期待客戶直接使用低成本的新產品──尤其是關鍵材料，舊製程技術已經相當穩定，新技術最多只能一點一點慢慢導入，更何況還有經濟規模、合作契約等其他面向問題。幸而還有對於產品的堅持與資金的支持。

策略與商模部分，起初的策略以低成本導向，而採用的商模又以傳統方式，可以參考前兩章的內容，原則上有點問題，因為講究規模經濟的傳統商品，對小廠而言很難使用低價策略，除非以破壞式創新商模切入，但又必須朝向未被滿足的需求；加上沒有採用動態競爭策略觀察競爭對手動態，並擬定自身行動方案，因此在初期總是遇到困難，市場拓展不易。

幸運的事，在最初即清楚了解本身的關鍵性資源在於創新技術，並且能持續因應市場需求來調整產品，最終可以掌握整條生產製程的關鍵（一如 Tesla），也才能在後來的商模轉型中取得勝利方程式。雖然轉型似乎仍未思考價值創造、價值網絡與價值獲取，但由於技術的特殊性，在提供客戶關鍵材料低成本製程技術新商模的同時，與客戶共同找到新價值（客戶能掌握更多低成本自有產能），加上相同技術也開發出其他應用（如碳纖維回收），創造更多新價值，使新商模得以運轉起來。

　　至於未來發展，目前永虹先進是朝向多重解決方案發展，也就是利用單一技術能力朝水平發展，企圖將關鍵資源做最充分的使用，以獲取最大價值；並且在此發展過程中，逐漸累積組織流程、利用資產位勢，也因應競爭環境持續調整，如此累積動態能力，對外則朝小眾市場、共創價值、寡占策略發展。

　　另外，也可能朝破壞式創新商模應用，但就必須要先找出尚未被滿足的中低階市場，以低價、中高品質、低成本運作模式切入，同樣也是要從小市場逐漸培養。而由於商模不同，應由不同事業單位來運作為宜。

投資人觀點：關鍵資源與能力、未來展望、本身發展企圖

　　從其募資的過程約略可以知道，在關鍵資金 JAFCO 與漢翔加入之前，多為創業家本身的資金以及所認識的創投人脈，大約在天使與 A/B 輪的階段，即使已經有營收，規模也不大，更遑論獲利，加上商模簡單傳統，產品也單純，更還在市場測試實驗，因此，當時著眼點僅在於技術能力──該項技術即為永虹的最關鍵資源與核心能耐。

　　然而，起初以此技術能力，原欲從產品技術創新出發，提供高品質低價產品，但由於沒有結合其他類型（如商模）創新，競爭策略也過於簡單，因此遇到發展上的困難。轉型後，商模以提供低成本高品質產品的整套製程，從競爭轉為合作，協助原本競爭對手改善或更新製程，不僅商模調整更新，創新能力更從產品技術創新變成製程創新，加上開發出碳纖維產品循環回收的解決方案，滿足客戶更多需求，創造客戶新價值，也提升技術能力價值，多方結合之下，終獲成功。

　　也可以說，關鍵投資方的觀點更著眼於創新類型與商模的多元化及互補性，尤其是策略合作利害關係人，更在意商模與競爭策略的有效性！

　　永虹先進現在既已突破業務瓶頸，只剩下價值獲取的最後一塊拼圖，答案也許是規模，也許是水平拓展，也許是深耕技術，無論如何，其經營的企圖心與未來展望都已經相當清楚。

思考

1. 若再回到 6、7 年前，眼見資金燃燒殆盡、不得不向外大舉籌資時，那時的商業計畫書將要突顯什麼內容呢？又會尋求怎樣的投資者呢？會以如何方式與態度來進行簡報呢？
2. 若你遇到這樣的情況，又會採取怎樣的做法呢？

國家圖書館出版品預行編目(CIP)資料

創新創業全方位必修課/張譯尹，劉逸平著. --
初版. -- 臺北市 ： 五南圖書出版股份有限
公司, 2025.02
面 ； 公分
ISBN 978-626-423-152-7(平裝)

1.CST: 創業　2.CST: 創意
3.CST: 企業管理

494.1　　　　　　　　　　114000445

1FAV

創新創業全方位必修課

作　　者 ― 張譯尹、劉逸平

編輯主編 ― 侯家嵐

責任編輯 ― 吳瑀芳

文字校對 ― 黃淑真

封面設計 ― 封怡彤

出 版 者 ― 五南圖書出版股份有限公司

發 行 人 ― 楊榮川

總 經 理 ― 楊士清

總 編 輯 ― 楊秀麗

地　　址：106臺北市大安區和平東路二段339號4樓

電　　話：(02)2705-5066　　傳　　真：(02)2706-6100

網　　址：https://www.wunan.com.tw

電子郵件：wunan@wunan.com.tw

劃撥帳號：01068953

戶　　名：五南圖書出版股份有限公司

法律顧問：林勝安律師

出版日期：2025年2月初版一刷

定　　價：新臺幣580元

經典永恆・名著常在

五十週年的獻禮 —— 經典名著文庫

五南，五十年了，半個世紀，人生旅程的一大半，走過來了。

思索著，邁向百年的未來歷程，能為知識界、文化學術界作些什麼？

在速食文化的生態下，有什麼值得讓人雋永品味的？

歷代經典・當今名著，經過時間的洗禮，千錘百鍊，流傳至今，光芒耀人；

不僅使我們能領悟前人的智慧，同時也增深加廣我們思考的深度與視野。

我們決心投入巨資，有計畫的系統梳選，成立「經典名著文庫」，

希望收入古今中外思想性的、充滿睿智與獨見的經典、名著。

這是一項理想性的、永續性的巨大出版工程。

不在意讀者的眾寡，只考慮它的學術價值，力求完整展現先哲思想的軌跡；

為知識界開啟一片智慧之窗，營造一座百花綻放的世界文明公園，

任君遨遊、取菁吸蜜、嘉惠學子！